普通高等院校计算机基础教育“十四五”规划教材

大学计算机实训教程

（WPS Office 版）

钟　琦　曾春梅　严深海　周香英◎主　编
尹　华　范林秀　武　燕◎副主编

内 容 简 介

本书是“大学计算机”课程的配套实训教材。全书讲解采用 Windows 10 + WPS Office 教育版软件。全书分为五章共 15 个实训，主要包括操作系统与网络应用、WPS 文字处理、WPS 表格处理、WPS 演示文稿制作和 WPS PDF 文档处理等部分。书中以模块化结构设计实训内容，各实训安排由浅到深、由易到难，循序渐进地引导学生掌握信息技术常用技能。

本书内容新颖，实训安排恰当，符合多层次分级教学的需求，可作为高等院校计算机基础实训课程的教材，也可作为各类计算机应用人员的参考书。

图书在版编目（CIP）数据

大学计算机实训教程 ：WPS Office 版 / 钟琦等主编.
北京 ：中国铁道出版社有限公司, 2024. 12. -- (普通高等院校计算机基础教育“十四五”规划教材).
ISBN 978-7-113-31787-4

Ⅰ. TP317.1

中国国家版本馆 CIP 数据核字第 2024F2X990 号

书　　名：大学计算机实训教程（WPS Office 版）
作　　者：钟　琦　曾春梅　严深海　周香英

策　　划：曹莉群　　**编辑部电话：**（010）63549501
责任编辑：曹莉群　贾　星
封面设计：刘　莎
责任校对：刘　畅
责任印制：赵星辰

出版发行：中国铁道出版社有限公司（100054，北京市西城区右安门西街 8 号）
网　　址：https://www.tdpress.com/51eds
印　　刷：河北宝昌佳彩印刷有限公司
版　　次：2024 年 12 月第 1 版　2024 年 12 月第 1 次印刷
开　　本：787 mm×1 092 mm　1/16　**印张：**10.5　**字数：**259 千
书　　号：ISBN 978-7-113-31787-4
定　　价：29.50 元

前　言

习近平总书记在党的二十大报告中指出，要“统筹职业教育、高等教育、继续教育协同创新，推进职普融通、产教融合、科教融汇，优化职业教育类型定位”。站上新起点，如何创新人才培养模式，特别是如何深化产教融合培养创新型产业人才，为中国式现代化提供强有力的人才支撑，是时代赋予我们的新命题。

实践训练是创新应用型人才培养的重要途径，本书作为“大学计算机”课程的配套实训教材，通过大量的实践训练项目，使学生掌握信息技术和常用软件的应用，理解信息技术在社会生活中的应用场景，掌握数据提取、数据分析、数据处理的方法，进而帮助塑造和提升学生信息素养，为其后续的专业学习、生活和工作打下良好的信息技术基础。

本书共五章。第一章针对计算机资源的管理方法进行实训项目设计，通过操作使学生了解计算机系统的管理方式，掌握数据文件的存储方式；第二章指导学生掌握文本编辑排版方法，通过真实案例进行图文并茂的讲解；第三章指导学生掌握数据处理的常见技巧，掌握数据分析的基本方法，通过数据分析结果让学生认识数据的重要性；第四章指导学生对演示文稿编辑工具进行学习，从项目制作的角度出发，对演示文稿的设计、制作和应用进行全过程讲解；第五章指导学生对 PDF 文档基本编辑进行学习，从 PDF 实际应用的角度出发，对学生进行操作指导。

参与本书编写的都是长期从事计算机基础教育一线教学的高校教师和企业资深从业人员，由钟琦、曾春梅、严深海、周香英任主编，尹华、范林秀、武燕任副主编。全书由钟琦统稿，杨欢爱完成所有实训校对。感谢珠海金山办公软件有限公司教育事业部副总经理万斌、高级培训专家邓华对本书编写提供的技术指导及对本书提出的宝贵意见。

本书是赣南师范大学校企合作教材资助项目，是全国高等院校计算机基础教育研究会计算机基础教育教学研究项目成果，是教育部产学合作协同育人项目成果。

由于时间仓促，编者水平有限，书中难免有疏漏与不妥之处，恳请广大读者批评指正，并提出宝贵的意见和建议。

编　者

2024 年 5 月

目　录

第一章　操作系统与网络应用

实训一　Windows 10 文件系统的基本操作

一、实训目的

1. 了解文件系统的基本知识。
2. 掌握 Windows 10 文件系统的常用操作。

二、实训内容

1. 浏览 Windows 资源。

（1）利用 Windows 中的“文件资源管理器”查看 C 盘的信息，并记录在表 1-1-1 中。

表 1-1-1　C 盘有关信息

项　　目	信　　息
文件系统	
可用空间	
已用空间	
容量（总的空间）	

操作提要

① 选择“开始”|“所有应用”|“Windows 系统”|“文件资源管理器”命令。

② 单击“桌面”|“任务栏”中的“文件资源管理器”按钮。

③ 通过“文件资源管理器”|“计算机”|“位置”|“属性”查看，或在“文件资源管理器”中右击“本地磁盘 C:”，选择“属性”命令查看。

注　意：可尝试“文件资源管理器”|“计算机”|“系统”中的“打开设置”“系统属性”“管理”功能，观察其使用情况。

（2）分别选用小图标、列表、详细信息、内容等方式浏览 Windows 中所有文件资源，观察各种显示方式之间的区别。

操作提要

通过“文件资源管理器”窗口中“查看”选项卡“布局”组中相关功能浏览计算机中的文件资源。

（3）分别按名称、大小、文件类型和修改时间对 Windows 主目录中进行排序，观察 4 种排序方式的区别。

操作提要

选择“查看”|“当前视图”|“排序方式”选项设置不同排序类型。

（4）设置项目复选框为可见状态。

操作提要

通过“查看”|“显示/隐藏”组中的“项目复选框”设置各资源图标上的复选框可见。

2. 设置文件夹选项。

（1）显示隐藏的文件、文件夹或驱动器。

（2）隐藏受保护的操作系统文件。

（3）显示已知文件类型的扩展名。

（4）在同一个窗口中打开每个文件夹或在不同窗口中打开不同的文件夹。

操作提要

在“文件资源管理器”窗口中选择“文件”|“更改文件夹和搜索选项”选项，在打开的“文件夹选项”对话框“查看”选项卡“高级设置”列表框中进行设置。

3. Windows 10 文件系统为每一个用户创建了自己独立的类型文件夹，请记录当前用户默认文档和默认桌面的文件夹及其路径：

（1）桌面：________________________。

（2）我的文档：________________________。

4. 在 C 盘根目录下创建图 1-1-1 所示的文件夹和子文件夹结构。

5. 文件的创建、移动、复制和删除。

（1）在“jsj1”和“jsj2”文件夹中各创建一个文本文档，名为“file1.txt”和“file2.txt”，内容任意输入；在“jsj2”文件夹中创建一个图像文件，文件名为“picture.bmp”。

（2）在“jsj1”文件夹中为“jsj2”创建一个快捷方式；对“GNNU_jsj”创建桌面快捷方式。

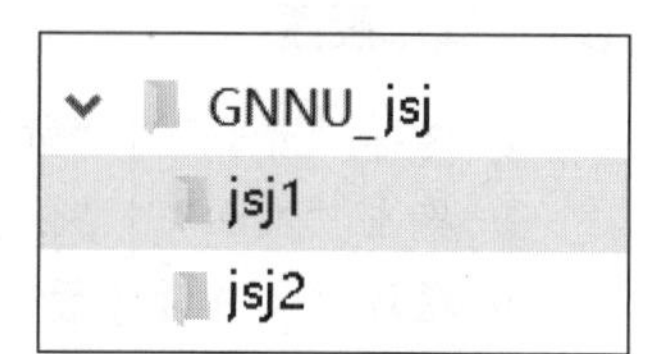

图 1-1-1 文件夹结构

操作提要

在“jsj1”文件夹空白处右击，选择“新建”|“快捷方式”命令，在弹出的“创建新的快捷方式”对话框中单击“浏览”按钮，在弹出的对话框中选择目标对象即可；创建桌面快捷方式，可在对象上右击，选择“发送到”|“桌面快捷方式”命令。

（3）将文件夹“jsj1”中的“file1.txt”，移动到文件夹“jsj2”中；将文件夹“jsj2”中的“file2.txt”，移动到文件夹“jsj1”中。

（4）将文件夹名“GNNU_jsj”的所有对象，复制到新文件夹“GNNU_复件”中。

（5）将文件夹“GNNU_jsj”下“jsj1”中的“file2.txt”删除；将文件夹“GNNU_jsj”下“jsj2”中的图像文件“picture.bmp”永久删除。

操作提要

注　意：“移动”与“复制”操作的不同，“移动”的快捷操作是按【Ctrl+X】与【Ctrl+V】组合键；“复制”的快捷操作是按【Ctrl+C】与【Ctrl+V】组合键。“删除”指将对象放入“回收站”文件夹中；“永久删除”指在硬盘中彻底删除对象。“删除”使用【Delete】键；“永久删除”还需要将回收站中的对象清除。

（6）恢复刚刚被删除的文件。

（7）用快捷方式永久删除文件夹“jsj2”中的“file1.txt”删除。

操作提要

“永久删除”的快捷方式是使用【Shift+Delete】组合键。

6. 查看 C:\GNNU_jsj \ jsj1 \ file2.txt 文件属性，并把它设置为“只读”和“隐藏”。

7. 搜索文件或文件夹，要求如下：

（1）查找 C 盘上所有扩展名为.txt 的文件。

操作提要

搜索时，可以使用“?”和“*”。“? ”表示任一个字符，“*”表示任一个字符串。在该题中应输入“*.txt”作为文件名。

（2）查找 C 盘上文件名中第三个字符为 a，扩展名为.bmp 的文件，并以“BMP 文件.fnd”为文件名将搜索条件保存在桌面上。

操作提要

搜索时输入“??a*.bmp”作为文件名。搜索完成后，使用“文件 | 保存搜索”命令保存搜索结果。

（3）查找 C 盘中含有文字“Win”，且大小在 1~128MB 的所有文档，并把前 3 个文件名复制到 C:\GNNU_jsj \ jsj2 \ file1.txt 文件中。

操作提要

在“文件资源管理器”窗口的“搜索栏”中输入要查找的关键字，然后在“文件资源管理器”|“搜索工具”|“优化”|“选项”|“高级选项”中设置相关参数。

（4）查找 C 盘上在去年一年内修改过的所有.bmp 文件，并使用画图工具将查找结果保存到 C:\GNNU_jsj \ jsj2 中，文件命名为“BMP.bmp”。

（5）查找计算机中所有大文件（大小在 128 MB~1 GB），并使用画图工具将查找结果保存到 C:\GNNU_jsj \ jsj2 中，文件命名为“大文件.jpg”。

8. 库的创建、添加和删除。

（1）浏览当前计算机中默认“库”，并记录________、________、________、________。

（2）在“库”中创建新库“GNNU_jsj”。

（3）将文件夹“jsj2”包含到库中。

（4）将库中原有的“音乐”删除，并将“此电脑”中的“音乐”添加到库“文档”中。

操作提要

打开“此电脑”窗口，在“查看”|“窗格”组中单击“导航窗格”按钮，在展开的下拉菜单中选择“显示库”选项，则可在导航窗格中显示“库”文件夹。

9. 常用工具软件使用。

（1）进制换算：

1234_D=________________$_B$；

2345_D=________________$_O$；

3456_D=________________$_H$；

1011010011100111_B=________________$_D$；

$11100110010001101010 1_B$=________________$_O$；

10010011100101000111_B=________________$_H$；

$17B_H$=________________$_D$；

62_H=________________$_B$；

453_H=________________$_O$；

操作提要

使用“Windows 附件”中的“计算器”工具软件，将其标准计算器界面切换成“程序员”界面。

（2）在 C 盘新建一个文本文档，文件名为“数学计算.txt”，内容为：圆的面积=π ×*r*×*r*。

操作提要

文本的输入可使用软键盘。

（3）使用“画图”或“画图 3D”工具软件创作绘图作品。

操作提要

“画图”工具软件用于平面图像处理，可创建.png、.jpg、.bmp 和.gif 等格式的图像；“画图 3D”工具软件用于三维模型处理，可创建.glb、.3mf 和.fdx 等格式的 3D 模型。

（4）将当前屏幕截图保存为.png 格式图像文件。

操作提要

使用“Windows 附件”中“截图工具”工具软件或使用【Print Screen】键。

实训二　系统设置与管理

一、实训目的

1. 掌握 Windows 10 操作系统环境的查看与设置。
2. 掌握 Windows 10 操作系统的管理。
3. 掌握 Windows 10 自带的实用工具的使用。

二、实训内容

1. 查看本台计算机系统信息。

（1）Windows 操作系统安装的盘符。

（2）当前系统类型。

（3）CPU 型号。

（4）内存容量。

（5）计算机名称。

（6）工作组等。

操作提要

使用“开始”菜单|“设置”命令，在打开的“Windows 设置”窗口中选择“系统”|“关于”命令，如图 1-2-1 所示，或者在桌面上右击“此电脑”，在弹出的快捷菜单中选择的“属性”命令，打开系统信息窗口查看。CPU 型号等硬件信息可从“设备管理器”窗口中查看，如图 1-2-2 所示。

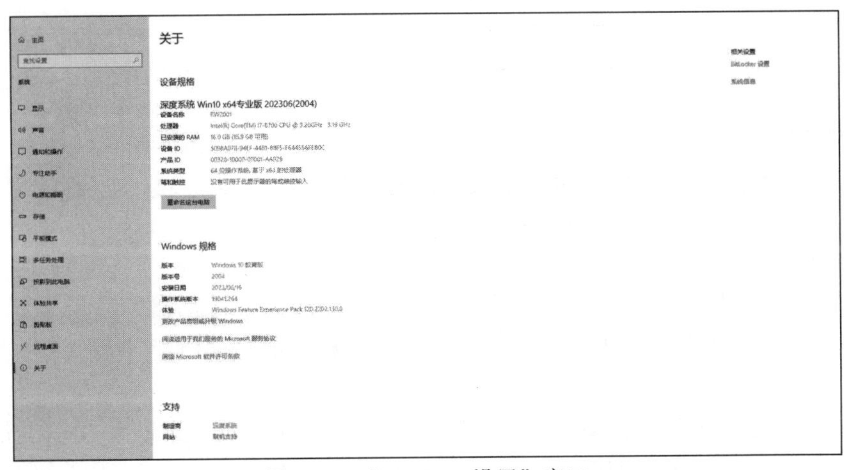

图 1-2-1 “Windows 设置”窗口

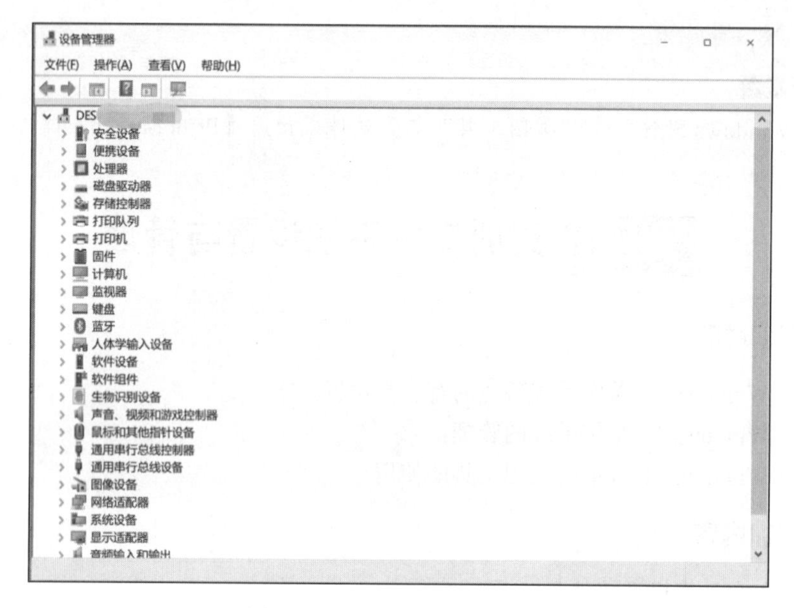

图 1-2-2 “设备管理器”窗口

2. 存储管理。

观察并在表 1-2-1 中记录当前操作系统中磁盘的分区信息。

表 1-2-1 磁盘分区信息

存储器		盘符	文件系统类型	容量
磁盘 0	主分区 1			
	主分区 2			
	主分区 3			
	扩展分区			
CD-ROM				

操作提要

在桌面上右击“此电脑”，弹出快捷菜单，选择“管理”命令，在打开的“计算机管理”窗口的左侧窗格中选择“磁盘管理”选项，如图 1-2-3 所示。

3. 桌面设置。

（1）桌面个性化。

① 设置桌面主题为“鲜花”，设置桌面背景图片无序切换，切换频率设置为 1 分钟，契合度为“填充”。

② 选用“3D 文字”屏幕保护程序，等待时间为 1 分钟，文本设置为 GNNU_jsj，字体设置为 Monotype Corsiva，斜体，RGB 颜色为 128、128、192。

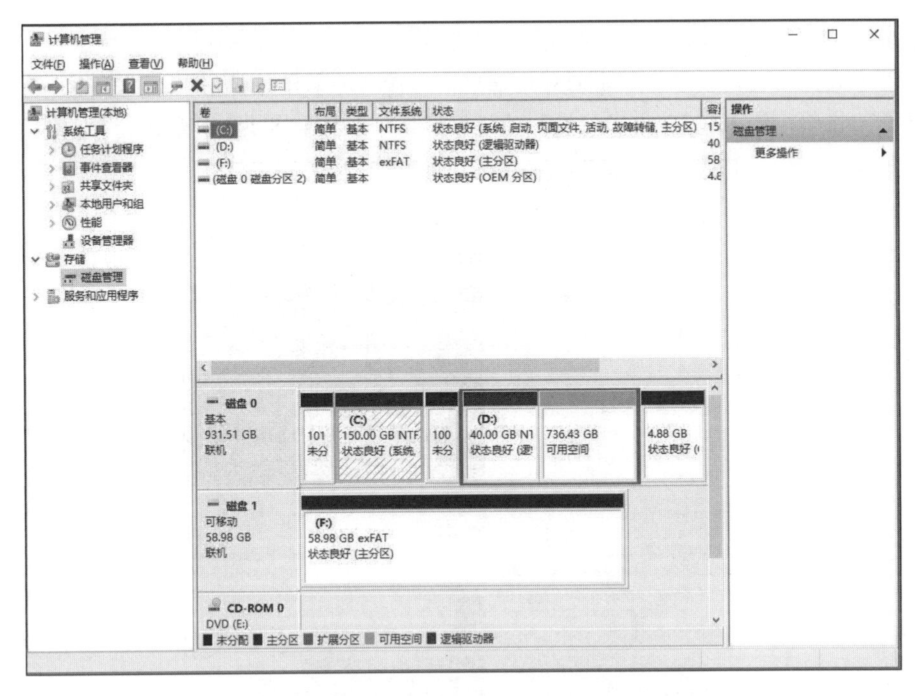

图 1-2-3 “计算机管理”窗口

操作提要

① 右击桌面空白区|“个性化”|“主题”|“鲜花”。

② 在“Windows 设置”|“个性化”|“背景”选项中设置，设置参数如图 1-2-4 所示。

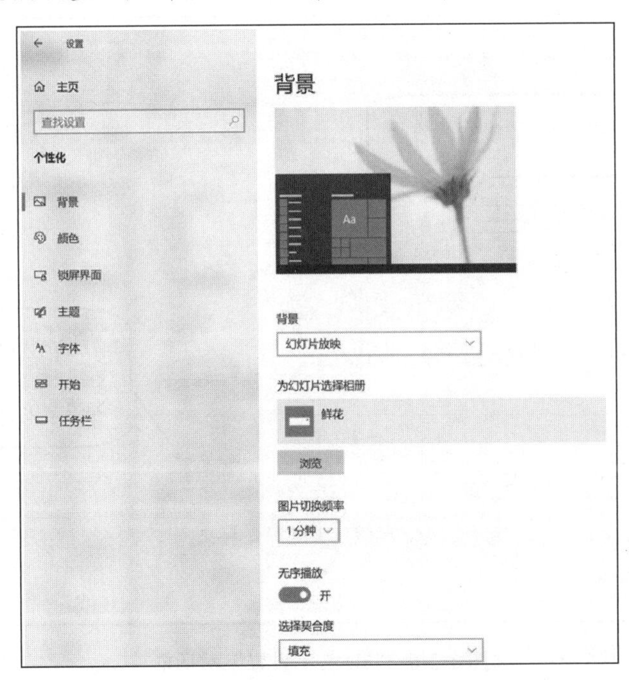

图 1-2-4 背景图片设置

③ 在“Windows 设置”|“个性化”|“锁屏界面”选项中，如图 1-2-5 所示，单击“屏幕保护程序设置”超链接，在弹出的对话框中，选择“屏幕保护程序”为“3D 文字”，并单击“设置”按钮，进入“3D 文字设置”对话框设置。参数如图 1-2-6 所示。

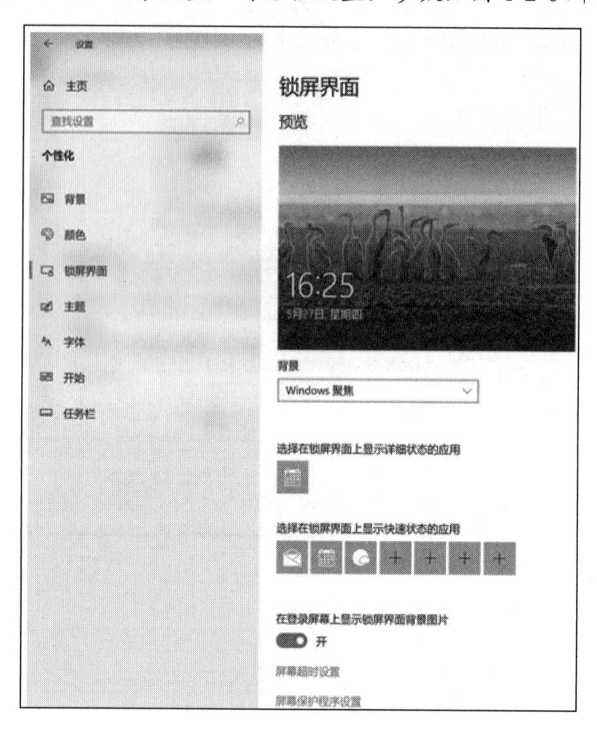

图 1-2-5 屏幕保护设置

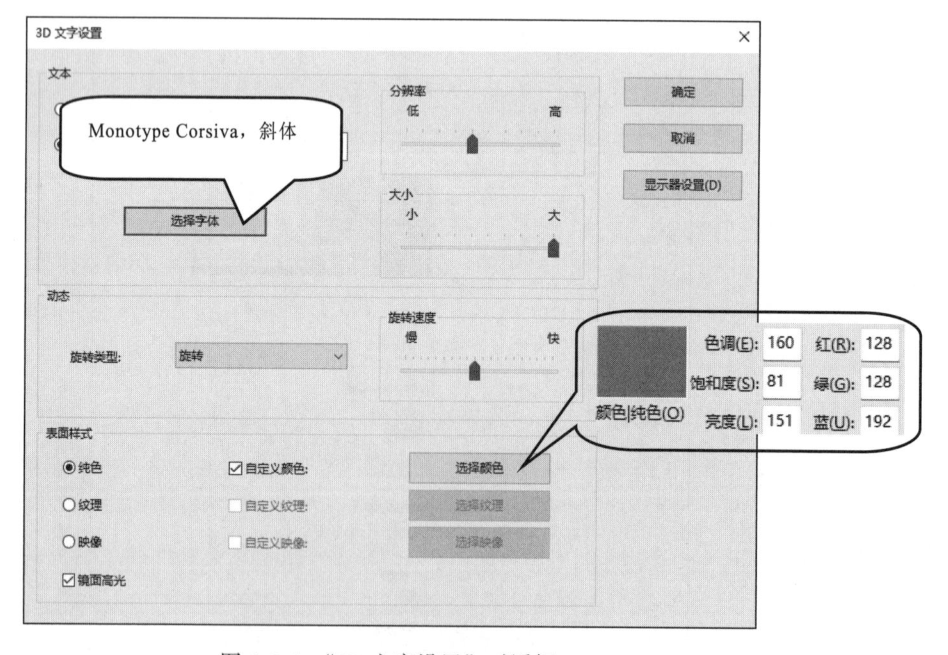

图 1-2-6 “3D 文字设置”对话框

（2） 将桌面图标与文字大小设置为 150%。

操作提要

① 在桌面空白处右击，在弹出的快捷菜单中选择“显示设置”命令。

② 在弹出的“设置”对话框中，选择“缩放与布局”，在打开的“更改文本、应用等项目的大小”下拉菜单中选择“150%”。

（3）将屏幕分辨率设置为 1280×1024 像素。

操作提要

① 在桌面空白处右击，在打开的快捷菜单中选择“显示设置”命令。

② 在弹出的“设置”对话框中，单击“显示分辨率”按钮，在打开的下拉菜单中选择“1280×1024”选项。

（4）“开始”菜单设置。

① 在“个性化”窗口下“开始”功能中，关闭“最近添加的应用”“最常用的应用”，并将“文档”“图片”“视频”显示到“开始”菜单中。

② 在“开始”菜单中，将“画图”放入“磁贴”，并设置其组名为“工具”。

4. 任务栏设置。

（1）取消或设置锁定任务栏。

（2）取消或设置自动隐藏任务栏。

（3）将“文件资源管理器”从“任务栏”中取消固定，并将“任务栏”显示在右侧。

（4）启动“记事本”和“画图”程序，对窗口进行“层叠窗口”“堆叠显示窗口”“并排显示窗口”操作。

操作提要

① 在“Windows 设置”|“个性化”|“任务栏”窗口中进行设置。

② 在“任务栏”右击打开快捷菜单，从中选择或取消相应选项。

5. 回收站设置。

设置 C 盘回收站为 10 000 MB，不显示删除确认对话框。

操作提要

右击“回收站”，在打开的快捷菜单中选择“属性”命令进行设置。

6. 打开 Windows 10 的控制面板。

操作提要

右击“此电脑”，在快捷菜单中选择“属性”命令，可打开“控制面板”。

注　意：“控制面板”与“Windows 设置”略有不同，可将两者打开进行比对。

7. “Windows 任务管理器”的使用。

（1）启动“画图”程序，打开 Windows“任务管理器”窗口，记录系统当前信息：

① “画图”程序的 CPU 使用率：________；

② “画图”程序的内存使用率：________；

③ 系统当前应用数:__________;后台进程数:_________;Windows 进程数:__________;

④ “画图”程序的线程数：_______________。

操作提要

按【Ctrl+Alt+Delete】组合键，打开“任务管理器”窗口可查看系统当前信息；选择“详细信息”选项卡，在列表框中标题栏右击，选中“选择列”命令设置“线程”可见，如图 1-2-7 所示。

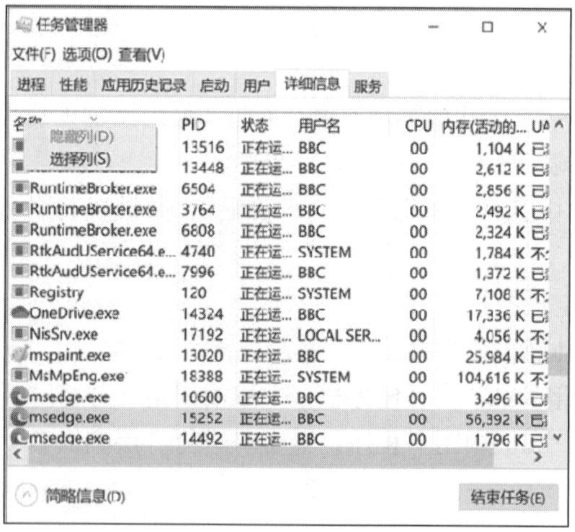

图 1-2-7　设置显示线程数

（2）通过 Windows“任务管理器”窗口终止“画图”程序的运行。

操作提要

在“任务管理器”|“进程”|“应用”|“画图”处，右击打开快捷菜单，选择“结束任务”命令即可。

8. 启动“磁盘清理”程序，尝试对 C 盘进行清理，查看下列可释放的文件大小：

（1）已下载的程序文件：____________；

（2）Internet 临时文件：_____________；

（3）回收站：_____________；

（4）缩略图：_____________。

9. 使用 Windows 的搜索功能。

在 Windows 中查找“计算器”工具，将程序员模式的界面截图保存为“calculator.jpg”文件，并保存到路径“C:\GNNU_jsj\jsj1”中。

操作提要

在“任务栏”|“搜索”文本框中，输入“计算器”或“calculator”，在左上角菜单中打开“程序员”式使用界面。

10. 虚拟桌面的创建。

用户根据自己的需要，可以在同一个操作系统中创建多个桌面，不仅能快速地在不同桌面之间进行切换，还能在不同的窗口中以某种推荐的方式显示其他窗口。

新建一个虚拟桌面，并将当前桌面打开的部分应用程序窗口移至新建虚拟桌面中。

操作提要

按【Win+Tab】组合键，单击窗口内“新建桌面”即可完成新建，按【Esc】键可退出窗口。

11. 系统备份与恢复。

通过“Windows 设置”|“更新和安全”|“备份”|“转到备份和还原”|“创建系统映像”进行系统备份。

12. 软件管理。

（1）安装软件 WinRAR 和 QQ。

操作提要

软件安装时直接双击其.exe 文件。

（2）删除 Windows 10 中自带的“Windows Media Player”应用程序。

操作提要

应用程序的删除要通过“卸载”来完成，对于系统自带应用程序的卸载，可在“Windows 设置”|“应用”|“可选功能”选项中查找出，再进行卸载删除，如图 1-2-8 所示。

应用和功能
可选功能
应用执行别名
按驱动器搜索、排序和筛选。如果想要卸载或移动某个应用，请从列表中选择它。
搜索此列表
排序依据: 安装日期 筛选条件: 所有驱动器
找到 76 个应用
WPS Office (11.1.0.10009) 657 MB 2024/07/13
Microsoft Visual Studio Code (User) 369 MB 2024/02/27
Mythware Document Converter 2.86 MB 2023/08/31
极域电子教室软件 v4.0 2015 豪华版 - 2.7.13058 2023/08/31
手机连接 Microsoft Corporation 224 KB 2023/07/08
天气 Microsoft Corporation 16.0 KB 2023/07/08
英特尔® 管理引擎组件 110 MB 2023/07/08

图 1-2-8 删除系统自带应用程序

13. 打印设置。

在“Windows 设置”窗口中选择“设备”中的“打印机和扫描仪”，通过“添加打印机或扫描仪”中的手动方式，安装打印机。将“打印测试页”下的“打印输出另存为”设置到文件“C:\GNNU_jsj\ test.prn”中。

操作提要

在“Windows 设置”|“设备”|“打印机和扫描仪”中，选择“添加打印机和扫描仪”|“我需要的打印机不在列表中”|“通过手动设置添加本地打印机或网络打印机”，然后在“使用现有的端口”下拉菜单中选择“打印到文件”选项，如图 1-2-9 和图 1-2-10 所示，即可安

装一个可打印预览的虚拟打印机，为没有连接打印机的计算机输出文件。

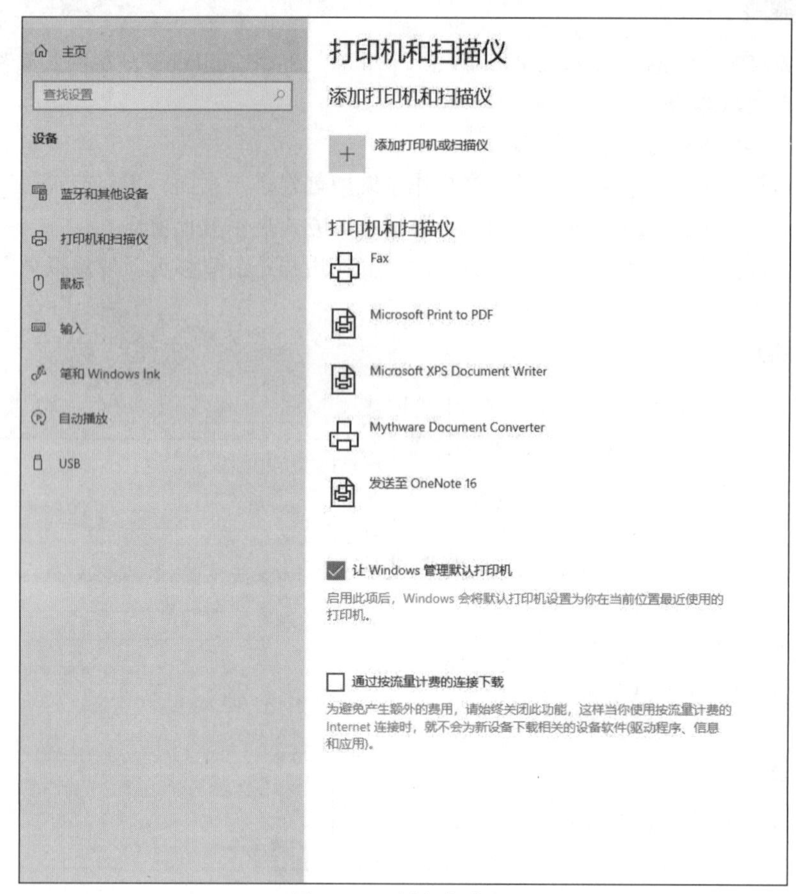

图 1-2-9　添加打印机

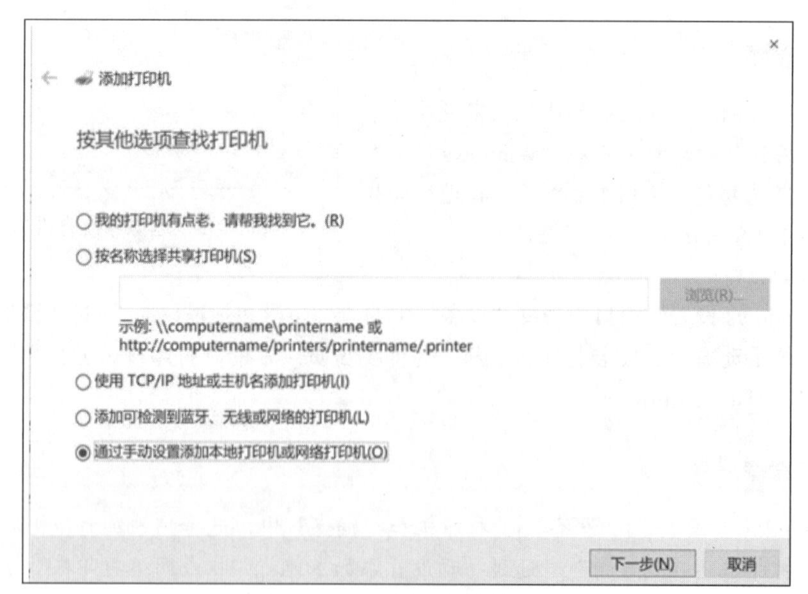

图 1-2-10　手动添加打印机

实训三　互联网的基本操作

一、实训目的

1. 掌握计算机网络信息查看方法。
2. 掌握互联网应用基本操作。

二、实训内容

1. 查看本机网络信息和连通情况

（1）使用 ipconfig 命令，查看本机物理地址、IP 地址、子网掩码、默认网关、DNS 等信息，并将结果复制到文件“ipconfig.txt”中，并存到路径“C:\GNNU_jsj\jsj1”中。

操作提要

① 选择“开始”|“所有应用”|“Windows 系统”|“命令提示符”选项，在打开的“命令提示符”窗口中输入“ipconfig”命令，如图 1-3-1 所示。

(a)

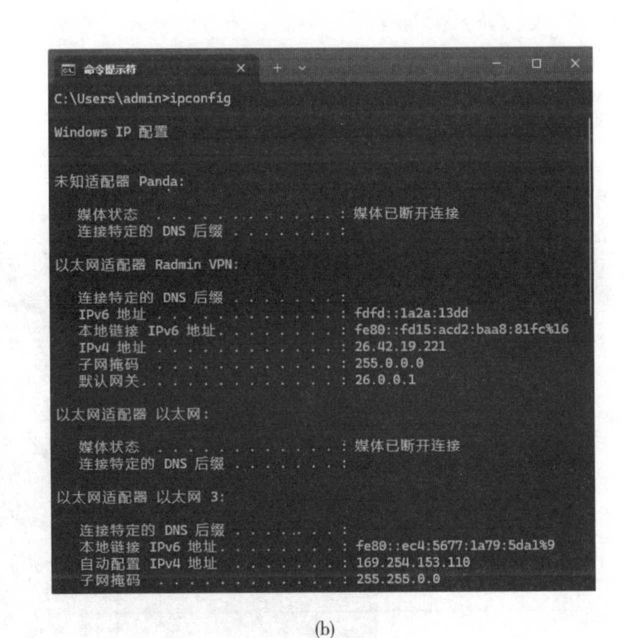

(b)

图 1-3-1　命令提示符窗口使用

② 从图 1-3-1（b）中可以看出 IP 地址、子网掩码、默认网关等信息，计算机网络相关信息还有很多，可使用 ipconfig 命令提示符附加其他的选项来查看。例如，增加“/all”选项查看，如图 1-3-2 所示。

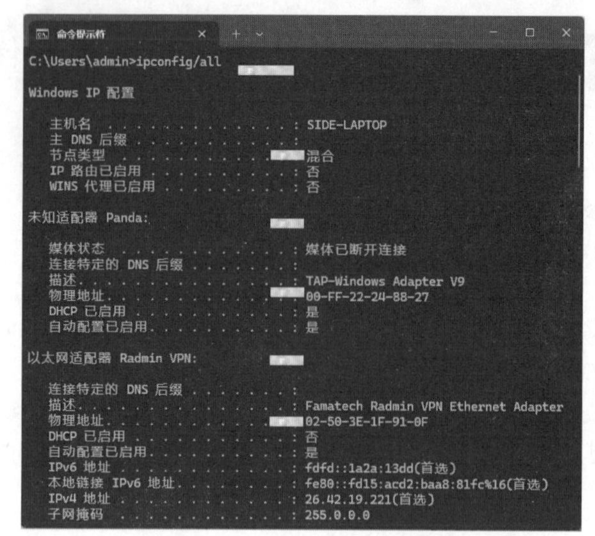

图 1-3-2 ipconfig/all 命令

注 意： 由于篇幅问题，图 1-3-2 并未全部显示出已获得信息。

（2）使用 ping 命令，查看本机连通情况，并将结果复制到文件“ping.txt”中，并保存到路径“C:\GNNU_jsj\jsj1”中。

操作提要

① 在“命令提示符”窗口中，输入“ping”命令，如图 1-3-3 所示，可查看此命令的用法选项。

```
命令提示符
C:\Users\admin>ping

用法: ping [-t] [-a] [-n count] [-l size] [-f] [-i TTL] [-v TOS]
            [-r count] [-s count] [[-j host-list] | [-k host-list]]
            [-w timeout] [-R] [-S srcaddr] [-c compartment] [-p]
            [-4] [-6] target_name

选项:
    -t             Ping 指定的主机，直到停止。
                   若要查看统计信息并继续操作，请键入 Ctrl+Break;
                   若要停止，请键入 Ctrl+C。
    -a             将地址解析为主机名。
    -n count       要发送的回显请求数。
    -l size        发送缓冲区大小。
    -f             在数据包中设置"不分段"标记(仅适用于 IPv4)。
    -i TTL         生存时间。
    -v TOS         服务类型(仅适用于 IPv4。该设置已被弃用，
                   对 IP 标头中的服务类型字段没有任何
                   影响)。
    -r count       记录计数跃点的路由(仅适用于 IPv4)。
    -s count       计数跃点的时间戳(仅适用于 IPv4)。
    -j host-list   与主机列表一起使用的松散源路由(仅适用于 IPv4)。
    -k host-list   与主机列表一起使用的严格源路由(仅适用于 IPv4)。
    -w timeout     等待每次回复的超时时间(毫秒)。
    -R             同样使用路由标头测试反向路由(仅适用于 IPv6)。
                   根据 RFC 5095，已弃用此路由标头。
                   如果使用此标头，某些系统可能丢弃
                   回显请求。
    -S srcaddr     要使用的源地址。
    -c compartment 路由隔离舱标识符。
```

图 1-3-3 ping 命令

② 查看本机网络情况时，需要从“ipconfig.txt”文件中复制本机 IP 地址，配合使用“ping”命令，如图 1-3-4 所示，ping+本机 IP。

注　意：ping+本机 IP，指 ping 命令向本机 IP 发送数据包（通常默认为 4 次），从图 1-3-4 的统计信息中可看出，本次数据包传输 0%丢失，说明本机网络状态良好。

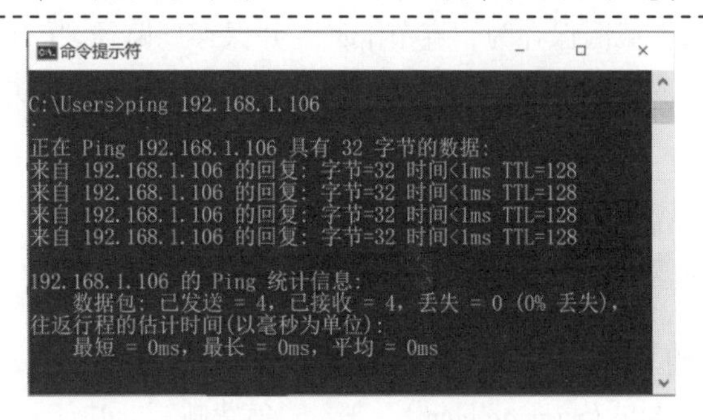

图 1-3-4　ping 本机地址

（3）使用 ping 命令，查看“百度”网站连通情况，并将结果复制到文件“ping.txt”中，在本机网络信息之后（域名查看示例，如图 1-3-5 所示）。

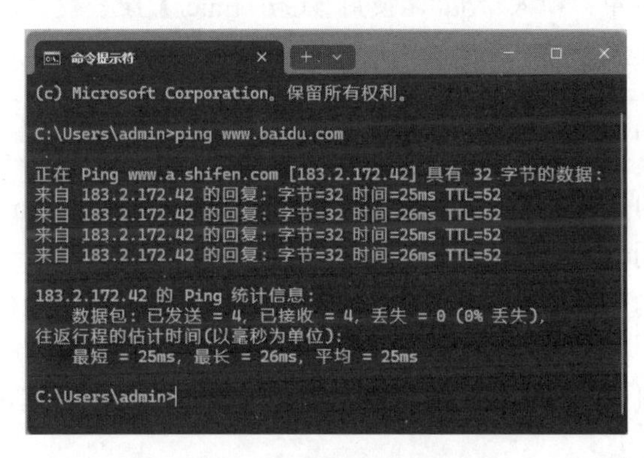

图 1-3-5　ping 域名

2. 一般网络浏览

（1）使用浏览器，查看“赣南师范大学”官网中“历史沿革”的内容，截图保存为“校史.png”，并保存到路径“C:\GNNU_jsj\jsj1”中。

操作提要

Windows 10 中默认有 2 种浏览器 Microsoft Edge 和 Internet Explorer，这两种浏览器都可实现网络浏览，Microsoft Edge 是 Windows 10 之后推出的浏览器，由于内核更轻度，其打开网页的速度更快。

（2）使用 Microsoft Edge，在地址栏输入“中国高等教育学生信息网”，进入“中国高等教育学生信息网”（学信网）官网，在“学信档案”中注册个人账户，查看个人学籍情况，截图保存为“学信信息.jpg”，并保存到路径“C:\GNNU_jsj\jsj1”中。

3. 搜索引擎“百度”的使用

（1）进入“百度”官网，利用“地图”查找从“赣南师范大学”到“赣州自然博物馆”，公交线路方式的路线图，截图保存为“路线图.jpg”，并存到路径“C:\GNNU_jsj\jsj1”中。

（2）利用“图片”搜索方式，查找“拓扑网络”的简单示意图，将图片保存为“拓扑网络.jpg”，并保存到路径“C:\GNNU_jsj\jsj1”中。

（3）利用“更多”中的“百科”功能，查找中国传统节日“春节”的介绍，以及“春节”的其他义项。将搜索结果截图保存为“春节.jpg”，并保存到路径“C:\GNNU_jsj\jsj1”中。

（4）利用“文库”功能，查找“计算机网络”pptx 文件，下载其中一篇，保存到路径“C:\GNNU_jsj\jsj1”中。

.pptx 是文件扩展名。

4. 电子邮箱的使用

（1）登录“腾讯”（http://www.qq.com），进入“免费邮箱”功能，使用个人免费邮箱。

可在浏览器地址栏中，输入“qq”，使用【Ctrl+Enter】组合键，即可直接进入网站，系统自动填入以.com 结尾的域名。

注　意：腾讯邮箱（QQ 邮箱）的用户名就是 QQ 号。

（2）使用已注册的个人邮箱，发一封邮件给“GNNU_jsj@163.com”和一位同宿舍同学，并抄送给班级另一位同学，邮件内容为学生班级、姓名、学号。

（3）使用已注册的个人邮箱，查看已接收到的邮件，并回复给同宿舍同学一封带有“图片附件”的邮件。

（4）新建邮箱通讯录，设置分组名称为“同学”，并将同宿舍同学邮箱加入该分组中。

5. 学术网站的使用

（1）打开“中国知网”（http://www.cnki.net），以“信息技术”为“关键词”进行查找，再使用“技能”一词在“结果中检索”。

（2）按“被引”数量为顺序进行排序，将被引量最高的文章打开，截图保存为“被引最高.jpg”，并保存到路径“C:\GNNU_jsj\jsj1”中。

（3）使用“高级检索”，按主题词“高职”和关键词“信息技术”，查找发表于 2020 年 1 月 1 日到当前日期的文章，截图保存为“高级检索.jpg”，并保存到路径“C:\GNNU_jsj\jsj1”中。

操作提要

“高级检索”可查找多个关键词的组合，也可使用在“结果中检索”，将多个关键词分多次查找。

6. 下载软件

在互联网中查找“360 杀毒”“360 安全卫士”两款软件，并下载安装到计算机 C 盘。

操作提要

下载时确认软件支持的系统版本。

第二章　WPS 文字处理

实训一　文字文档的基本排版

一、实训目的

1. 熟练掌握文字文档的建立和保存操作。
2. 熟练掌握文本的查找与替换操作。
3. 熟练掌握文本的选定、剪切、复制和粘贴操作。
4. 熟练掌握对文档中字符格式、段落格式和页面格式的设置操作。

二、实训内容

任　务　一

对提供的“文字素材 1_1.docx”素材文档，运用 WPS 文字功能，熟练完成对文档的基本编辑与排版，最终效果如图 2-1-1 所示。

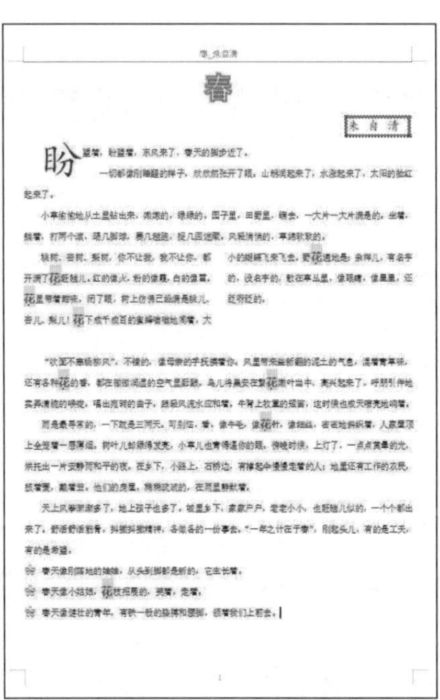

图 2-1-1　任务一样张效果图

具体操作要求如下：

（1）打开素材文档“文字素材 1_1.docx”，在正文的前面插入两行文字：“春”和“朱自清”。

（2）将标题“春天”的字体设置为“黑体”，字形设置为“加粗”，字号设置为“小初”、文字效果为“填充-白色，轮廓-着色 1”且居中显示。段前 0.5 行、段后 0.5 行。

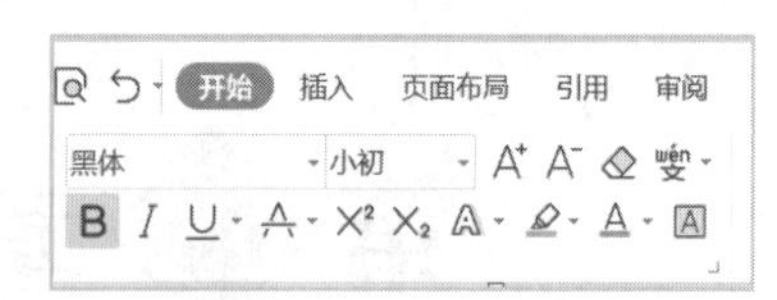

图 2-1-2　字体设置选项

① 选中文本“春天”，单击“开始”选项卡中的“字体”“字号”和“加粗”按钮进行设置，如图 2-1-2 所示。文字效果设置如图 2-1-3 所示。

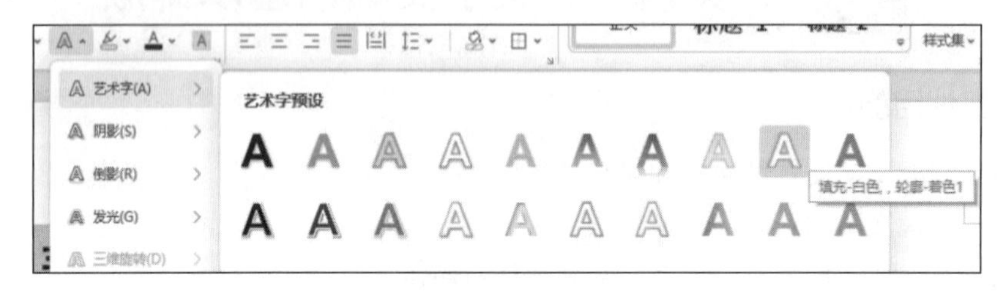

图 2-1-3　文字效果设置

② 选中文本“春天”，单击“开始”选项卡中“段落”对话框按钮，打开“段落”对话框，对齐方式选择“居中对齐”，间距设置为“段前 0.5 行，段后 0.5 行”，如图 2-1-4 所示。

（3）将“朱自清”的字体设置为“楷体”、字号设置为“小三”，字符间距加宽 5 磅，文字右对齐加双曲线边框，线型宽度应用系统默认值显示。

操作提要

① 选中文本“朱自清”，单击“开始”选项卡中“字体”对话框按钮，在打开的“字体”对话框中进行设置，如图 2-1-5 所示。

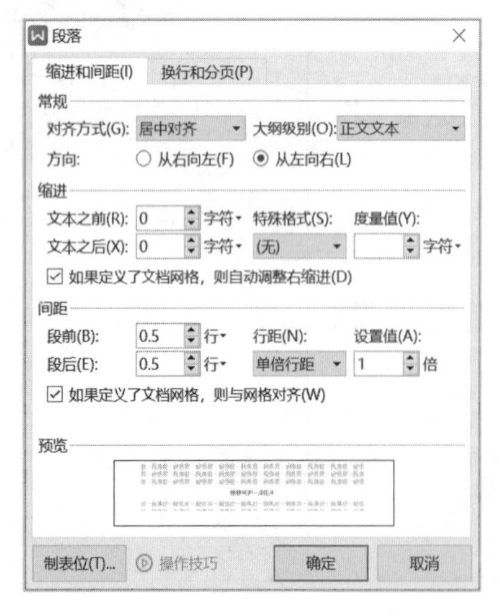

图 2-1-4　段落格式设置

图 2-1-5　字符间距设置

② 单击“开始”选项卡中“边框”按钮，在下拉菜单中选择“边框与底纹”命令，在打开的“边框与底纹”对话框“边框”选项卡中，设置选择“方框”，线型选择“双曲线”，应用于选择“文字”，如图 2-1-6 所示。

（4）将正文各段落设置为首行缩进 2 字符，行距设置为 25 磅，两端对齐，宋体，五号字。

操作提要

选中正文各段落文本，单击“开始”选项卡中“段落”对话框按钮，在“段落”对话框的“缩进与间距”选项卡中，对齐方式选择“两端对齐”，特殊格式选择“首行缩进”，度量值“2 字符”，行距选择“固定值”，设置值“25 磅”，如图 2-1-7 所示。

图 2-1-6　边框设置

图 2-1-7　正文段落格式设置

（5）设置第一段首字下沉，首字字体为楷体，下沉行数为 2 行，将正文文本中的所有“花”字的格式替换成字号为四号，字体为微软雅黑、加粗、红色，加着重号，突出显示。

操作提要

① 选中正文第一段落，单击“插入”选项卡中“首字下沉”按钮，在“首字下沉”对话框中，位置选择“下沉”，字体设置“楷体”，下沉行数设置“2”，如图 2-1-8 所示。

图 2-1-8　首字下沉设置

② 将光标移至正文第一段落的首字处，单击“开始”选项卡中“查找替换”按钮，在下拉菜单中选择“替换”命令，在打开的“查找和替换”对话框中，查找内容选择“花”，格式替换为“字体为微软雅黑、加粗、四号，字体颜色：红色，突出显示”，如图 2-1-9 所示。

（6）设置文档的页边距：上、下、左、右均为 2 cm；页眉、页脚距页边距均为 1.5 厘米；纸张大小为 A4。

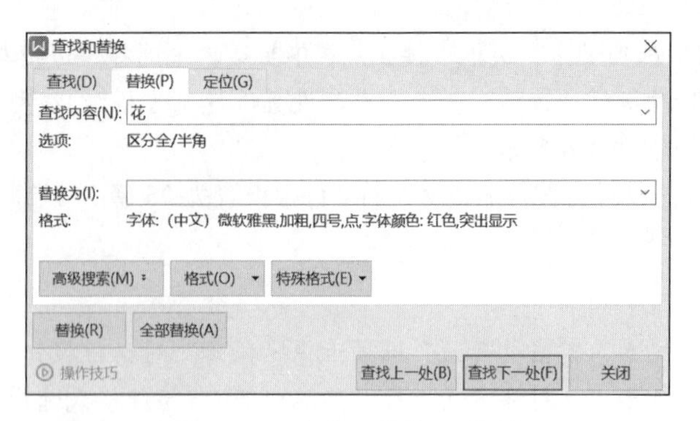

图 2-1-9 “查找和替换”对话框

操作提要

① 在“页面布局”选项卡中“页边距”按钮旁边的上、下、左、右边距文本框中设置值为 2 cm，如图 2-1-10 所示。

② 单击“页面布局”选项卡中“页面设置”对话框按钮，在打开的“页面设置”对话框的“版式”选项卡中，设置页眉、页脚距边界为 1.5 厘米，如图 2-1-11 所示。

图 2-1-10 设置页边距

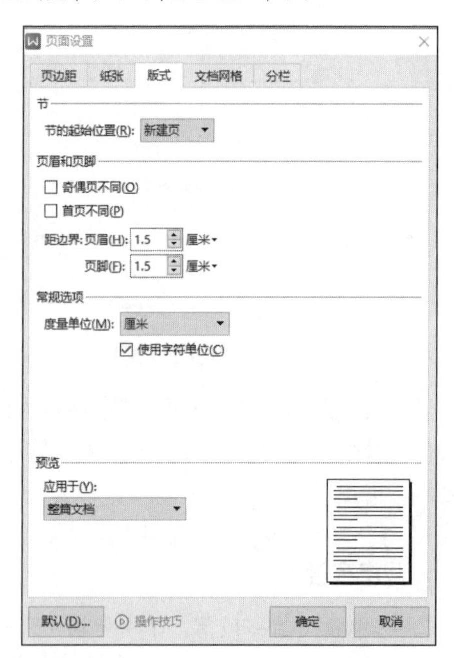

图 2-1-11 “页面设置”对话框

③ 单击“页面布局”选项卡中“纸张大小”按钮，在下拉菜单中选择“A4”命令，如图 2-1-12 所示。

（7）设置分栏，将正文第四自然段分成两栏，有分隔线，栏宽相等，栏间距 2 字符。

操作提要

单击“页面布局”选项卡中“分栏”按钮，在下拉菜单中选择“更多分栏”命令，在弹出的“分栏”对话框中，预设选择“两栏”，勾选“栏宽相等”和“分隔线”复选框，间距选择“2 字符”，如图 2-1-13 所示。

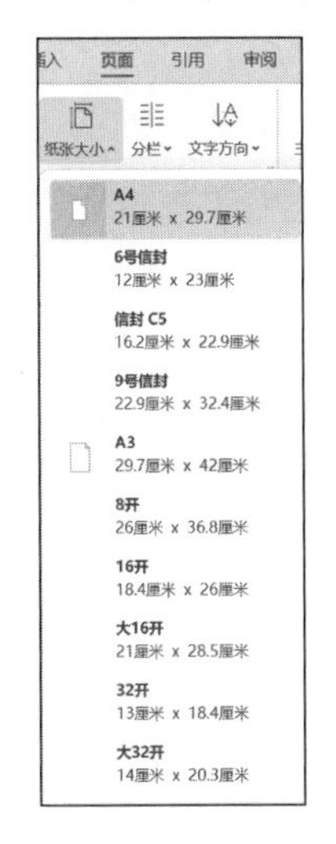

图 2-1-12 页面纸张选择

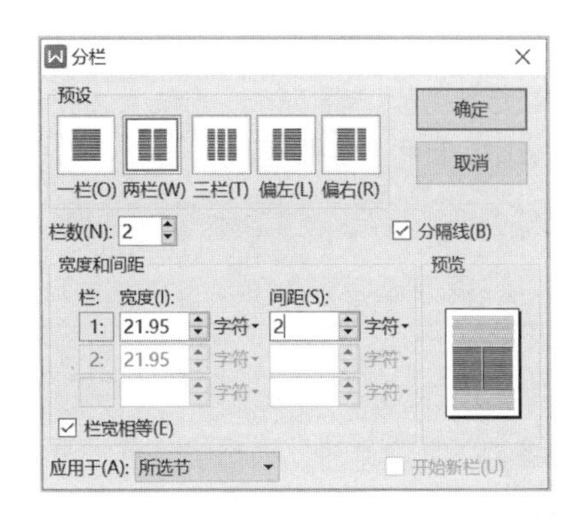

图 2-1-13 “分栏”对话框

（8）正文最后 3 个自然段落添加项目符号❀，颜色为深红色，字号为四号。

操作提要

选中正文最后 3 个自然段落文本，单击“开始”选项卡中“项目符号”下拉按钮，在打开的下拉菜单中选择“自定义项目符号”命令；在弹出的“项目符号和编号”对话框中单击“自定义”按钮，打开“自定义项目符号列表”对话框，如图 2-1-14 所示，单击“字符”按钮，在“符号”对话框中选择“Yu Gothic”字体，“装饰标志”子集中的符号❀，如图 2-1-15 所示，单击“插入”按钮；单击“字体”按钮，设置符号❀的颜色为深红色，字号为四号；将文字缩进位置设为 0 厘米。

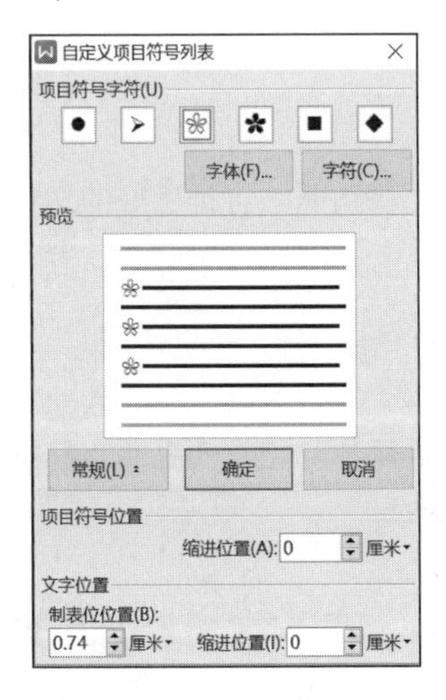

图 2-1-14 自定义项目符号列表

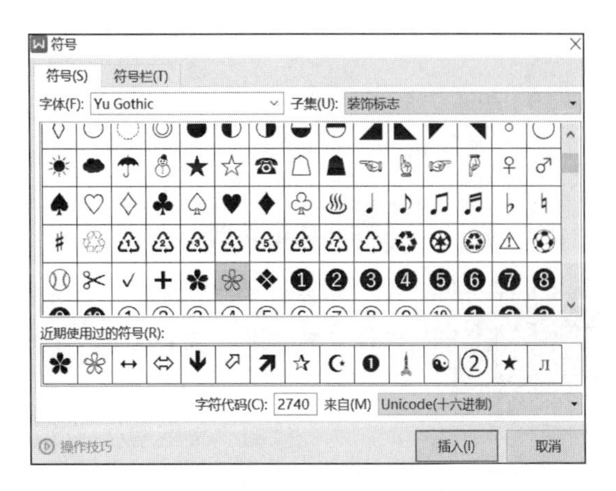

图 2-1-15 符号选择

（9）页眉页脚：插入页眉，内容为“春_朱自清”，页脚为当前页码，字体均为华文楷体、五号、居中，并对页眉加上横线。

操作提要

① 单击“插入”选项卡中“页眉页脚”按钮，会进入页眉页脚的编辑状态，同时出现“页眉页脚”选项卡，如图 2-1-16 所示，单击“页眉”按钮，在下拉菜单中选择“编辑页眉”命令，输入文字“春_朱自清”，并设置文字的字体为华文楷体、五号，居中对齐；再单击“页眉页脚”选项卡中“页眉横线”按钮，在下拉菜单中选择“单实线”选项。

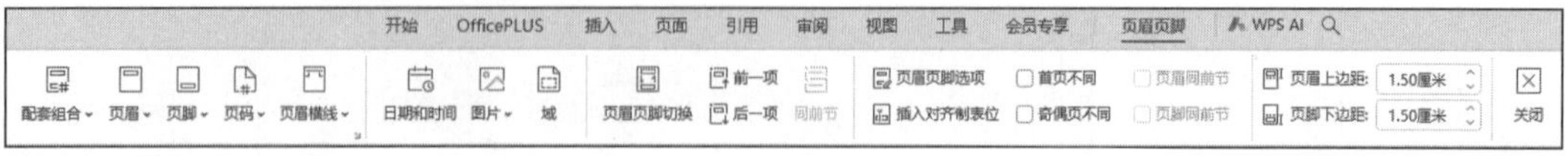

图 2-1-16 “页眉页脚”选项卡

② 单击“页眉页脚”选项卡中的“页眉页脚切换”按钮，转到页脚编辑处，单击“页码”按钮，在下拉菜单中选择“页码...”命令，弹出“页码”对话框如图 2-1-17 所示。插入页码之后，选中页码信息，设置其字体为华文楷体、五号。

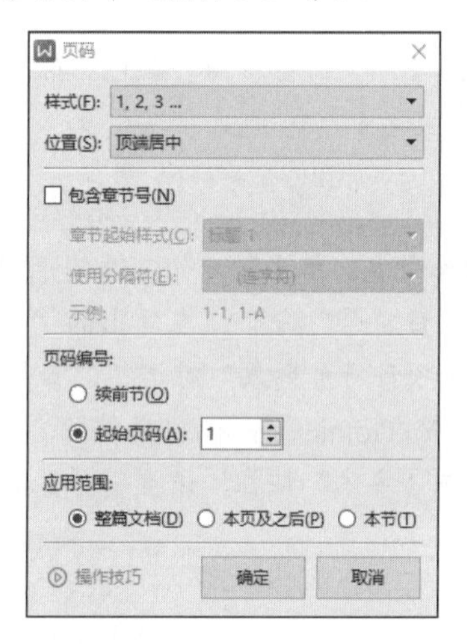

图 2-1-17 “页码”对话框

（10）单击“页眉页脚”选项卡中“关闭”按钮，退出页眉页脚编辑。将排版好的文档以“文字素材-学号.docx”保存。

视 频

任务二

操作提要

单击“文件”菜单中“另存为”按钮，在打开的“另存文件”对话框中设定文件名，设置完成后单击“保存”按钮。

任 务 二

对提供的“文字素材 1_2.docx”素材文档，运用 WPS 文字功能，熟练完成对文档的基本编辑与排版，最终效果如图 2-1-18 所示。

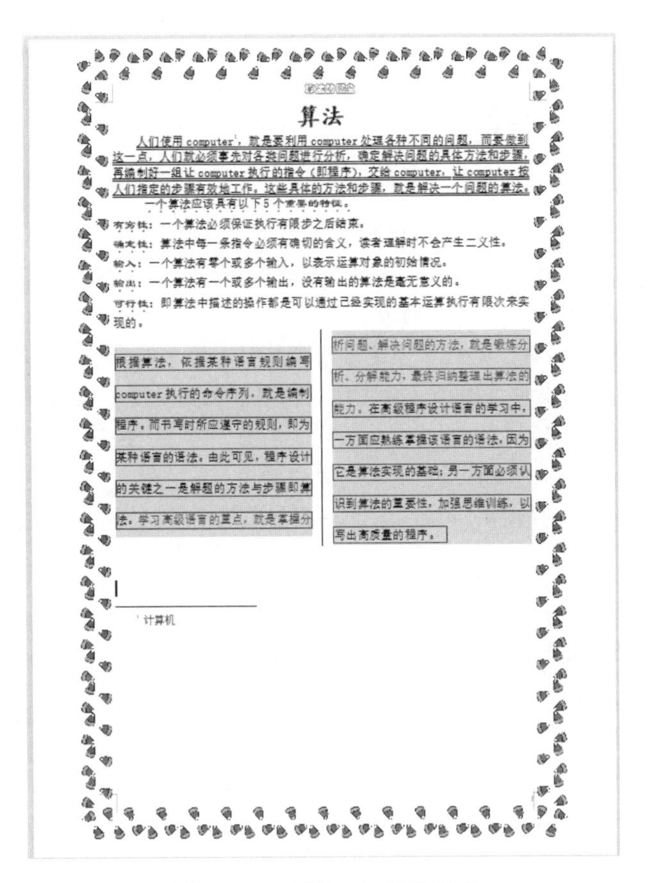

算法

人们使用 computer[1]，就是要利用 computer 处理各种不同的问题，而要做到这一点，人们就必须事先对各类问题进行分析，确定解决问题的具体方法和步骤，再编制好一组让 computer 执行的指令（即程序），交给 computer，让 computer 按人们指定的步骤有效地工作。这些具体的方法和步骤，就是解决一个问题的算法。

一个算法应该具有以下 5 个重要的特征。

有穷性：一个算法必须保证执行有限步之后结束。

确定性：算法中每一条指令必须有确切的含义，读者理解时不会产生二义性。

输入：一个算法有零个或多个输入，以表示运算对象的初始情况。

输出：一个算法有一个或多个输出，没有输出的算法是毫无意义的。

可行性：即算法中描述的操作都是可以通过已经实现的基本运算执行有限次来实现的。

根据算法，依据某种语言规则编写 computer 执行的命令序列，就是编制程序。而书写时所应遵守的规则，即为某种语言的语法。由此可见，程序设计的关键之一是解题的方法与步骤即算法。学习高级语言的重点，就是掌握分析问题、解决问题的方法，就是锻炼分析、分解能力，最终归纳整理出算法的能力。在高级程序设计语言的学习中，一方面应熟练掌握该语言的语法，因为它是算法实现的基础；另一方面必须认识到算法的重要性，加强思维训练，以写出高质量的程序。

[1] 计算机

图 2-1-18　任务二样张效果图

具体操作要求如下：

（1）新建一个 WPS 文档并输入以下几段文字，保存到 C 盘根目录，文件名为“文字素材-学号.docx”。

人们使用计算机，就是要利用计算机处理各种不同的问题，而要做到这一点，人们就必须事先对各类问题进行分析，确定解决问题的具体方法和步骤，再编制好一组让计算机执行的指令（即程序），交给计算机，让计算机按人们指定的步骤有效地工作。这些具体的方法和步骤，就是解决一个问题的算法。这就是算法的概念。

一个算法应该具有以下 5 个重要的特征。

有穷性：一个算法必须保证执行有限步之后结束。

确定性：算法中每一条指令必须有确切的含义，读者理解时不会产生二义性。

输入：一个算法有零个或多个输入，以表示运算对象的初始情况。

输出：一个算法有一个或多个输出，没有输出的算法是毫无意义的。

可行性：即算法中描述的操作都是可以通过已经实现的基本运算执行有限次来实现的。

根据算法，依据某种语言规则编写计算机执行的命令序列，就是编制程序。而书写时所应遵守的规则，即为某种语言的语法。由此可见，程序设计的关键之一是解题的方法与步骤即算法。学习高级语言的重点，就是掌握分析问题、解决问题的方法，就是锻炼分析、分解能力，最终归纳整理出算法的能力。在高级程序设计语言的学习中，一方面应熟练掌握该语言的语法，因为它是算法实现的基础；另一方面必须认识到算法的重要性，加强思维训练，以写出高质量的程序。

操作提要

① 单击“WPS Office”首页左侧导航条的“新建”按钮。在“新建”页面的顶部导航条中选择“文字”选项卡，在打开的“推荐模板”中选择“新建空白文档”选项，打开程序后第一次新建文档默认文件名为“文字文稿 1”。

② 新建文档第一次保存：单击“快速访问工具栏”的“保存”按钮，打开“另存为”对话框。在“另存为”对话框中，选择保存文档的位置和文件类型，然后输入文件名（“文字素材-学号.docx”，系统默认的扩展名为：“docx”），单击“保存”按钮完成文档的保存操作。返回 WPS 工作区，在标题栏可以看到已更名的文件名。

（2）删除第一自然段的最后一句话。在第一自然段之前插入文字“算法”作为本文的标题。

操作提要

选中第一自然段的最后一句话，按【Delete】键。

（3）将正文中所有的“计算机”替换成“computer”。

操作提要

单击“开始”选项卡中“查找替换”按钮，在打开的下拉菜单中选择“替换”命令，在弹出的“查找与替换”对话框“查找内容”文本框内输入“计算机”，“替换为”文本框中输入“computer”，单击“全部替换”按钮即可实现全部替换，如图 2-1-19 所示。

（4）在第一自然段的第一个“computer”之后插入尾注“计算机”，尾注编号格式：1，2，3，…。

操作提要

单击“引用”选项卡中“脚注和尾注”对话框按钮，在弹出的“脚注和尾注”对话框中，选择“编号格式”为“1，2，3，...”，如图 2-1-20 所示，在正文的结尾处输入文字“计算机”。

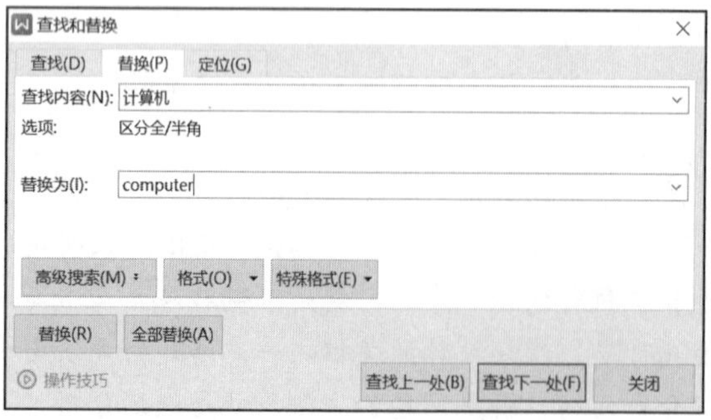

图 2-1-19 查找和替换

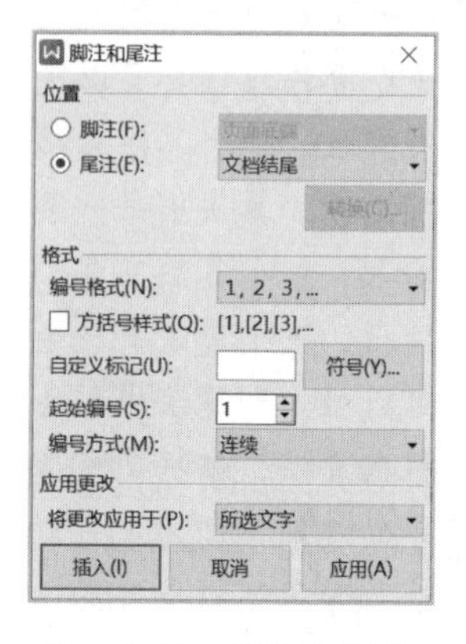

图 2-1-20 脚注和尾注

（5）将文档纸张大小设置为大 16 开，并将文档的上、下边距调整为 2.2 cm，左、右边距调整为 3.0 cm。

操作提要

在“页面布局”选项卡中单击“纸张大小”“页边距”按钮进行参数设置。

（6）在第一自然段之前输入“算法”作为本文的标题，并将标题文本设置为楷体、小一号、加粗、居中对齐，正文字体设置为宋体，字号为小四号。

操作提要

选中相应的文本，在“开始”选项卡中单击“字体”和“段落”相对应的按钮进行设置。

（7）为第一自然段文字设置双下划线标记，为第二自然段文字加着重号；将第八段中“学习高级语言的重点，就是掌握分析问题、解决问题的方法，就是锻炼分析、分解能力，最终归纳整理出算法的能力。”的字体颜色设置为红色。

操作提要

选中相应的文本，在“字体”对话框中的“字体”选项卡进行参数设置。

（8）将第一自然段设置为首行缩进 2 字符。将第二自然段设置为左缩进 3 个字符、右缩进 4 个字符。将第八段的段前间距设置为 1 行，段内行距设置为 1.5 倍行距。

操作提要

选中相应的段落，在“段落”对话框中的“缩进与间距”选项卡进行参数设置。

（9）将第二自然段中“重要的特征”字体设置为隶书，并使用“格式刷”将后面的“有穷性”“确定性”“输入”“输出”“可行性”设置为与其相同的格式。

操作提要

① 选中相应的文本，在“开始”选项卡中选择“字体”组，字体选择“隶书”。

② 先选中已设置字体为“隶书”的第二段中“重要的特征”，再双击“开始”选项卡中“格式刷”按钮，最后依次单击“有穷性”“确定性”“输入”“输出”“可行性”文字。

（10）将第八自然段分为栏宽相等的两栏，加分隔线。

操作提要

选中第 8 自然段，在“分栏”对话框中设置相关参数。

（11）第 8 自然段设置边框（红色 0.5 磅单实线）和底纹（颜色：“巧克力黄,着色 2,浅色 80%”，图案样式：“清除”），并为整篇文档设置艺术型边框。

操作提要

① 选中第 8 自然段，单击“开始”选项卡中“边框”按钮，在下拉菜单中选择“边框与

底纹”命令，在打开的“边框与底纹”对话框中“边框”选项卡中，设置选择“方框”，线型选择“单实线”，颜色选择“红色”，宽度为“0.5 磅”，应用于选择“文字”，如图 2-1-21 所示。

② 选中第八自然段，单击“开始”选项卡中“边框”按钮，在打开的下拉菜单中选择“边框与底纹”命令，在弹出的“边框与底纹”对话框中选择“底纹”命令，填充选择“巧克力黄,着色 2,浅色 80%”，图案样式选择“清除”，应用于选择“段落”，如图 2-1-22 所示。

图 2-1-21　边框设置

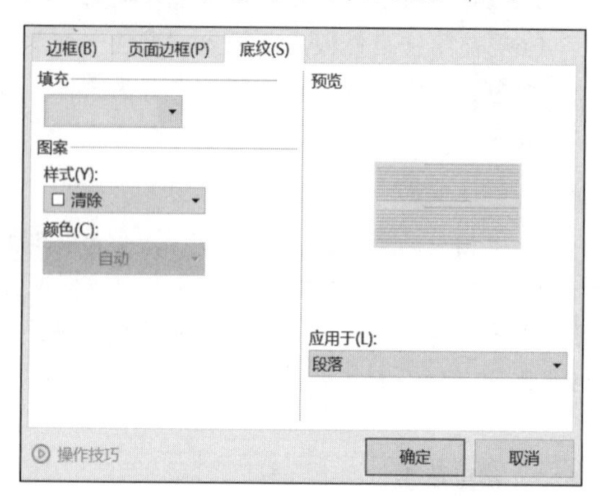

图 2-1-22　底纹设置

③ 单击“开始”选项卡中“边框”按钮，在下拉菜单中选择“边框与底纹”命令，在弹出的“边框与底纹”对话框“页面边框”选项卡中选择如图 2-2-23 所示的艺术型边框；在弹出的“选项”对话框中，勾选“环绕页眉”、“环绕页脚”复选框。

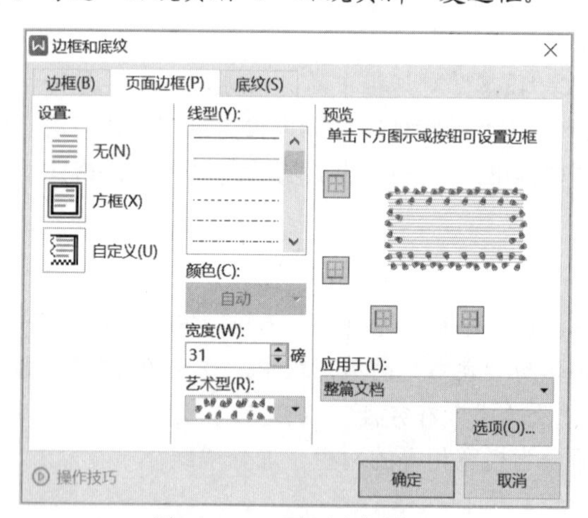

图 2-1-23　页面边框设置

（12）为文档设置页眉“算法的概念”，字体：“华文彩云”，字号：“五号”，居中对齐；在页脚右端插入页码，页码格式：Ⅰ,Ⅱ,…。

使用“页眉页脚”选项卡中相关命令完成操作。

（13）保存文件。

单击“快速访问工具栏”中的“保存”按钮即可。

实训二　表格的排版与应用

一、实训目的

1. 熟练掌握表格的建立及内容的输入。
2. 熟练掌握表格的编辑操作。
3. 熟练掌握对表格的格式化操作。
4. 熟练掌握对表格单元格进行计算、表格排序操作。

二、实训内容

视　频

任务一

任　务　一

高校为更好地了解学生的基本情况（如学生基本信息、家庭住址、教育经历等），要求新生在入学后需要填写个人基本情况表。要求新建一个 WPS 文字空白文档，将文件保存为“学生信息表.docx”，运用 WPS 文字表格功能，熟练实现表格的创建与编辑操作等，最终效果如图 2-2-1 所示。

学生信息表

<table>
<tr><td>姓名</td><td></td><td>学号</td><td></td><td>性别</td><td></td><td rowspan="3">照片</td></tr>
<tr><td>专业</td><td></td><td>民族</td><td></td><td>出生年月</td><td></td></tr>
<tr><td>籍贯</td><td></td><td>曾用名</td><td></td><td>政治面貌</td><td></td></tr>
<tr><td>联系电话</td><td></td><td>健康状况</td><td></td><td>爱好特长</td><td colspan="2"></td></tr>
<tr><td>身份证号</td><td colspan="3"></td><td>QQ 号</td><td colspan="2"></td></tr>
<tr><td>家庭住址</td><td colspan="3"></td><td>电子邮箱</td><td colspan="2"></td></tr>
<tr><td rowspan="5">学习经历</td><td>起止年月</td><td colspan="2">在何处</td><td>职务</td><td colspan="2">证明人</td></tr>
<tr><td></td><td colspan="2"></td><td></td><td colspan="2"></td></tr>
<tr><td></td><td colspan="2"></td><td></td><td colspan="2"></td></tr>
<tr><td></td><td colspan="2"></td><td></td><td colspan="2"></td></tr>
<tr><td></td><td colspan="2"></td><td></td><td colspan="2"></td></tr>
<tr><td>备注</td><td colspan="6"></td></tr>
<tr><td colspan="7">欢迎来到×××学院，携手共创美好明天！</td></tr>
</table>

图 2-2-1　任务一效果图

具体要求如下：

（1）将文档的纸张大小设置为大 16 开，并将文档的上、下页边距调整为 2 厘米；左、右边距调整为 1.8 厘米。

操作提要

① 单击“页面布局”选项卡上的“纸张大小”下拉按钮，如图 2-2-2 所示，在打开的下拉菜单中选中“大 16 开”命令，设置文档纸张大小。

② 单击“页面布局”选项卡上的“页边距”下拉按钮，在打开的下拉菜单中选中“自定义页边距”命令，在弹出的“页面设置”对话框中，选择“页边距”选项卡，如图 2-2-3 所示，完成上、下、左、右页边距的设置。

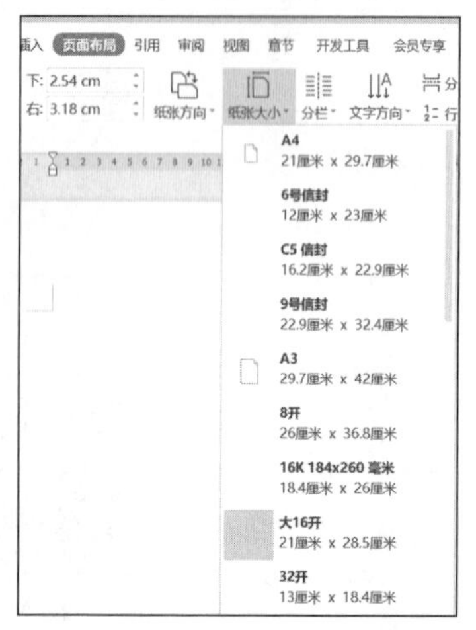

图 2-2-2 纸张设置

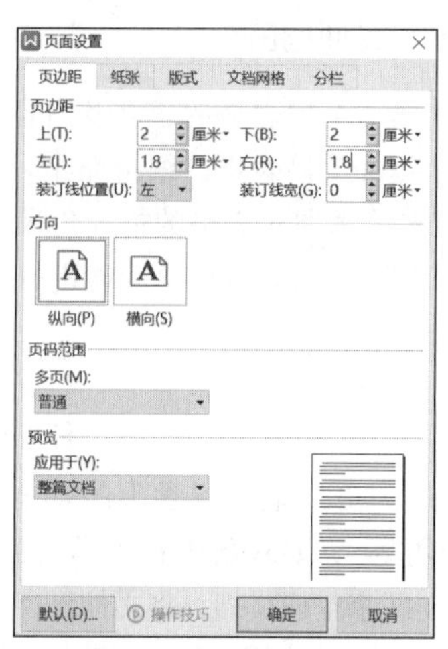

图 2-2-3 “页边距”选项卡

（2）在文档中插入一个 13 行、7 列的表格，调整表格自动适应窗口大小。

操作提要

① 单击“插入”选项卡上的“表格”下拉按钮，在弹出的下拉菜单中选择“插入表格”命令，在弹出的“插入表格”对话框中，输入“列数”为“7”，“行数”为“13”，单击“确定”按钮，完成表格的创建，如图 2-2-4 所示。

② 在文档中选中创建的表格对象，单击“表格工具”选项卡上的“自动调整”下拉按钮，在弹出的下拉菜单中选择“适应窗口大小”命令，如图 2-2-5 所示。

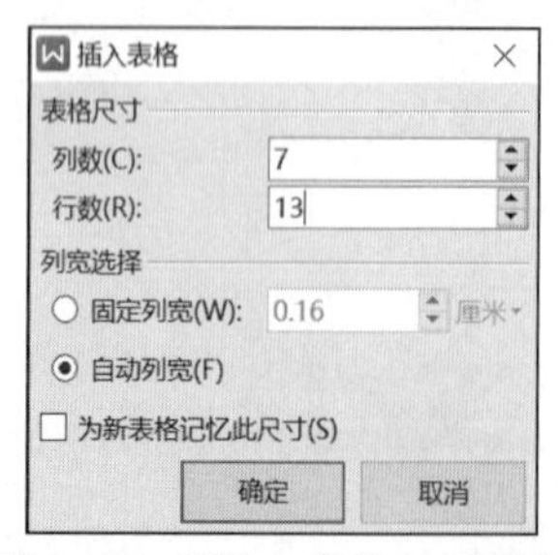

图 2-2-4 “插入表格”对话框

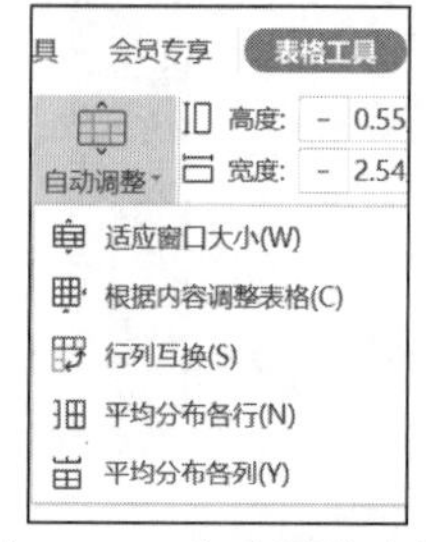

图 2-2-5 自动调整表格

（3）表格的标题为“学生信息表”，将标题格式设置为“黑体，二号”，并将所有行的行高设为 1.3 cm，前 6 列的列宽设置为 2 cm，最后一列的列宽设置为 3 cm。

操作提要

① 在表格前插入一行，输入文字信息“学生信息表”，并按要求完成字体，字号和对齐方式的设置。

② 选中表格中的指定行或列，单击“表格工具”选项卡上的“表格属性”按钮，如图 2-2-6 所示，在弹出的“表格属性”对话框中分别单击“行”或“列”标签，可对表格的行高或列宽进行设置，单击“确定”按钮完成设置。

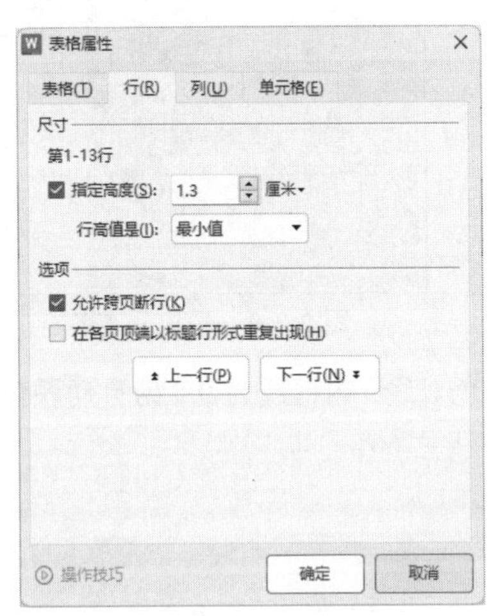

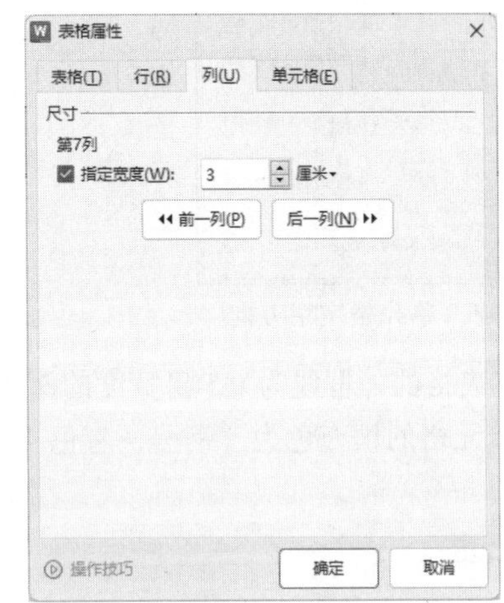

图 2-2-6 “行”和“列”选项卡

（4）按样张合并表格内相应的单元格，按样张在对应单元格输入相应文字，将所有单元格中的文字格式设置为“微软雅黑，五号”，对齐方式为水平居中和垂直居中。

操作提要

① 选中表格中要合并的单元格对象，单击“表格工具”中的“合并单元格”按钮，完成合并单元格设置。

② 选中整张表格，设置字体：“微软雅黑”，字号：“五号”，对齐：居中。

③ 选中表格，在“表格工具”选项卡上的对齐方式中选择“垂直居中”和“水平居中”，如图 2-2-7 所示。

④ 在表格中输入样张所示文字。

图 2-2-7 单元格对齐方式

（5）设置“学习经历”单元格的文字方向为“垂直方向从左到右”，其后 2 列的列宽为“平均分布各列”。

操作提要

① 选中单元格中的“学习经历”文本，单击“表格工具”选项卡上的“文字方向”下拉按钮，在打开的下拉菜单中选择“垂直方向从左往右”命令，如图 2-2-8 所示。

② 选中其后 2 列，单击“表格工具”选项卡上的“自动调整”下拉按钮，在打开的下拉

菜单中选择“平均分布各列”命令，如图 2-2-9 所示。

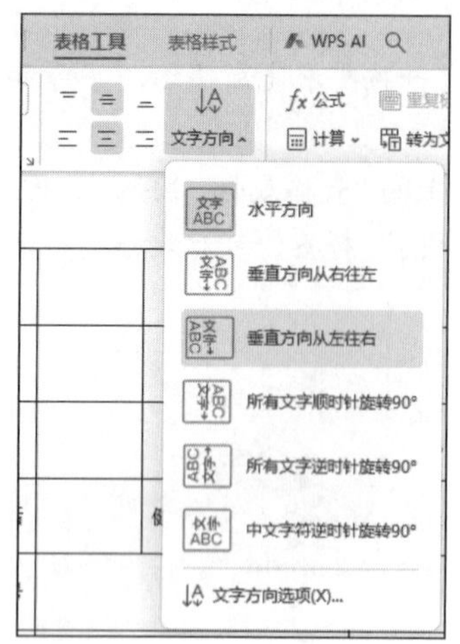

图 2-2-8　单元格文字方向

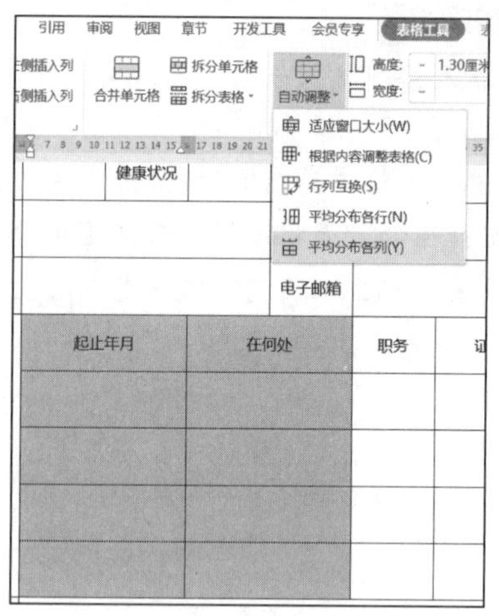

图 2-2-9　平均分布各行

（6）设置表格的外框线为 0.5 磅宽度的深蓝色双线，内框线为 0.5 磅自动颜色的虚线；表内所有标题单元格的填充色为“钢蓝，着色 1，浅色 60%”。

操作提要

① 选中表格，在“表格样式”中线型框中选择“双线”，边框颜色选择“深蓝色”，线型粗细选择“0.5 磅”，边框选择“外侧框线”。

② 选中表格，在“表格样式”中线型框中选择“虚线”，边框颜色选择“自动”，线型粗细选择“0.5 磅”，边框选择“内侧框线”，如图 2-2-10 所示。

③ 选中表格的标题单元格，单击“开始”选项卡中的“边框”按钮，在打开的下拉菜单中选择“边框与底纹”命令，在弹出的“边框与底纹”对话框的“底纹”选项卡中，填充选择“钢蓝，着色 1，浅色 60%”，应用于选择“单元格”，如图 2-2-11 所示。

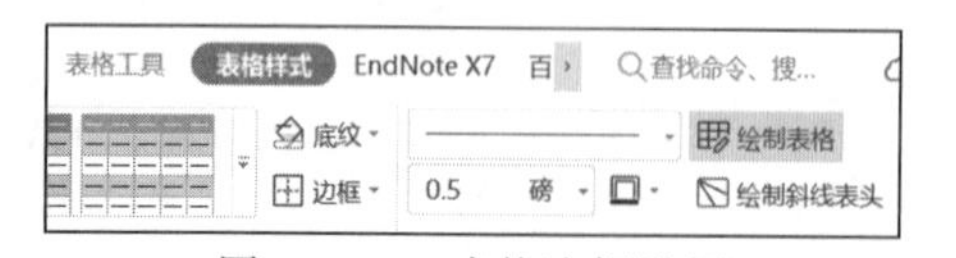

图 2-2-10　表格边框设置

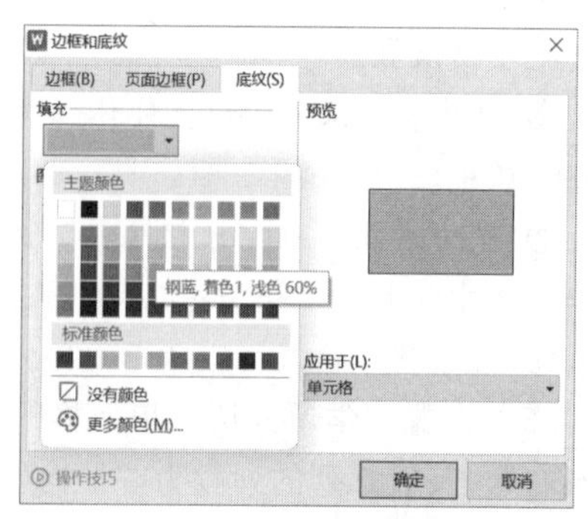

图 2-2-11　边框和底纹

（7）保存文件。

任　务　二

“学生成绩表”主要有学生姓名及课程成绩等信息。文档制作完成后的效果如图2-2-12所示。

视　频

任务二

学生成绩表

课程 姓名	大学语文	马原	高等数学	大学英语	C语言程序	总分	名次
王成凯	85	82	92	83	90	432	1
刘礼成	86	84	78	90	86	424	2
宋红杰	93	82	68	95	85	423	3
曾菲	93	76	80	90	83	422	4
陈刚	82	81	86	78	94	421	5
钟琴	76	93	84	82	81	416	6
李高宏	68	92	90	80	85	415	7
严浩一	78	69	73	93	87	400	8
何娟	73	81	76	80	88	398	9
陆威	81	75	70	90	80	396	10

图 2-2-12　任务二效果图

具体要求如下：

（1）新建 WPS 文档，并以文件名为“学生成绩表.docx”保存。

（2）将文档纸张大小设置为 A4，纸张方向为横向，并将文档的上、下边距调整为 2.5 厘米，左、右边距调整为 3 厘米。

操作提要

单击“页面布局”选项卡中的“纸张方向”按钮，在下拉菜单中选择“横向”命令。

（3）打开“学生成绩表.txt”文件，并将相关文字信息复制到当前文档中。

（4）将复制的文字（除标题外）转换成表格，在表格的最右边增加 2 列，第一列标题为“总分”，第 2 列标题为“名次”。

操作提要

① 选中相应文字信息，单击“插入”选项卡中的“表格”按钮，在下拉菜单中选择“文本转换成表格”命令，如图 2-2-13 所示。

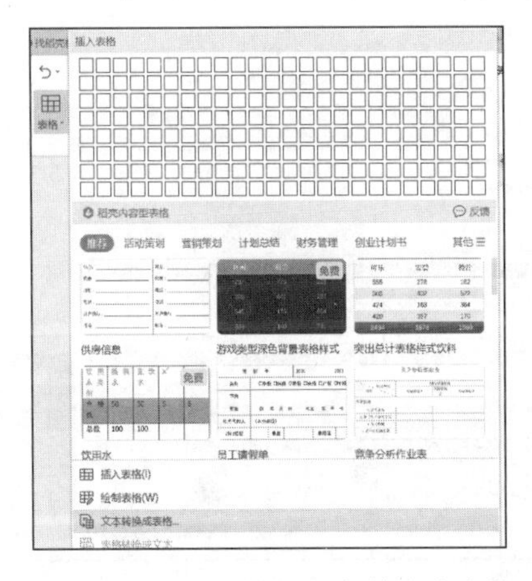

图 2-2-13　插入表格-文本转换成表格

② 在弹出的“将文字转换成表格”对话框中，文字分隔符位置选择“制表符”，如图 2-2-14 所示。

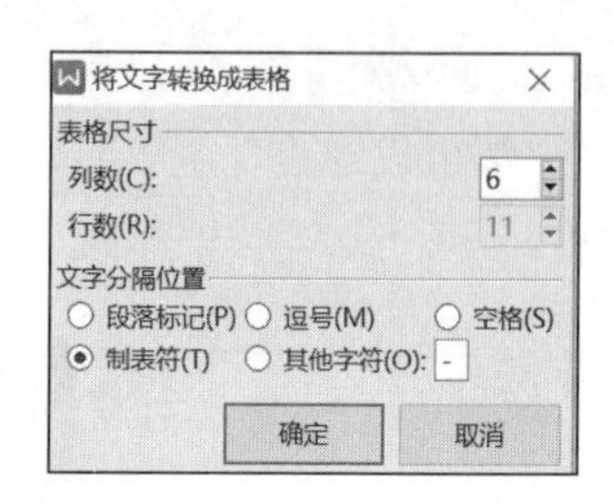

图 2-2-14　将文字转换成表格

③ 单击表格最右侧一列的某个单元格，执行两次在“表格工具”选项卡中单击“在右侧插入列”按钮操作，如图 2-2-15 所示，在新增列中按照样张要求依次输入相应的列标题“总分”“名次”。

（5）设置表格各列列宽均为 3 厘米，第一行行高为 2 厘米，其余各行行高为 1.2 厘米，并为表格中的第一个单元格绘制斜线表头，加上“课程”字段。

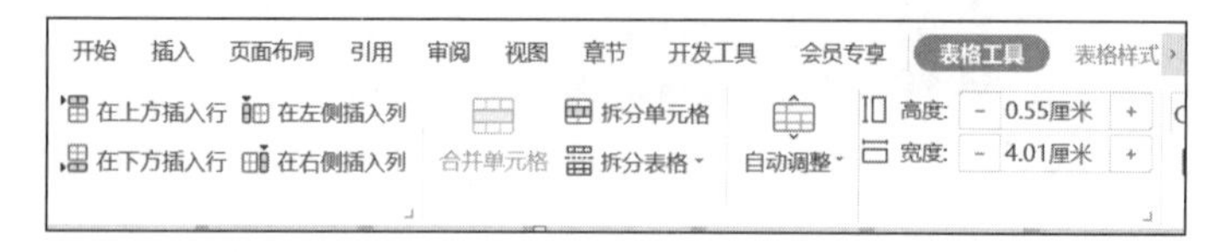

图 2-2-15　插入列

操作提要

首先将光标移至第一个单元格，其次单击“表格样式”选项卡中的“绘制斜线表头”按钮，在打开的下拉菜单中选择合适的斜线类型，如图 2-2-16 所示，最后在第一单元格中输入文字“课程”。

图 2-2-16　绘制斜线表头

（6）将表格样式设置为“中色系-中色样式 2-强调 1”，填充“首行、首列、隔行、隔列”。

操作提要

选中表格，在“表格样式”下的“预设样式”中选择“中色系”选项卡下的“中色系-中色样式 2-强调 1”，在“表格样式”中勾选“首行填充”“首列填充”“隔行填充”和“隔列填充”四个复选项，如图 2-2-17 所示。

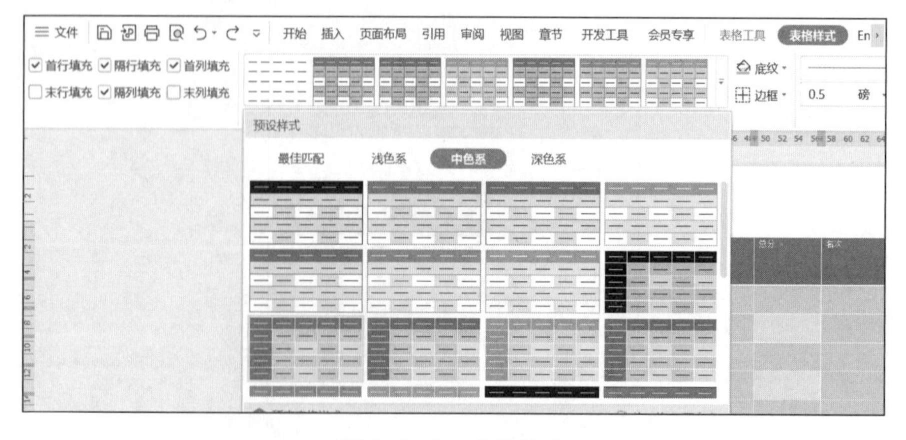

图 2-2-17　表格样式

（7）将标题文字设置为“宋体，小一号，加粗，深蓝色，居中”，表格中所有单元格设置为水平和垂直居中，首行和首列文字格式设置为“黑体，小四号”，所有数字格式设置为“Times New Roman，15 磅”。

操作提要

① 选中标题文本“学生成绩表”，单击“开始”选项卡中的“字体”和“段落”设置命令完成相关操作。

② 选中表格，选择“表格工具”选项卡中的“对齐方式”命令，在打开的下拉菜单中选择“水平居中”选项。

③ 选中表格首行或首列，选择“开始”选项卡中的“字体”设置命令完成相关操作。

④ 选中表格除首行和首列之外其他单元格，选择“开始”选项卡中的“字体”设置命令完成相关操作。

（8）使用公式计算出每位同学的总分，并对总分降序排序后将名次填入对应单元格。

操作提要

① 选中所有同学各课程的分数及总分单元格，单击“表格工具”选项卡中的“快速计算”按钮，在打开的下拉菜单中选择“求和”命令，即可计算出所有同学的总分，如图 2-2-18 所示。

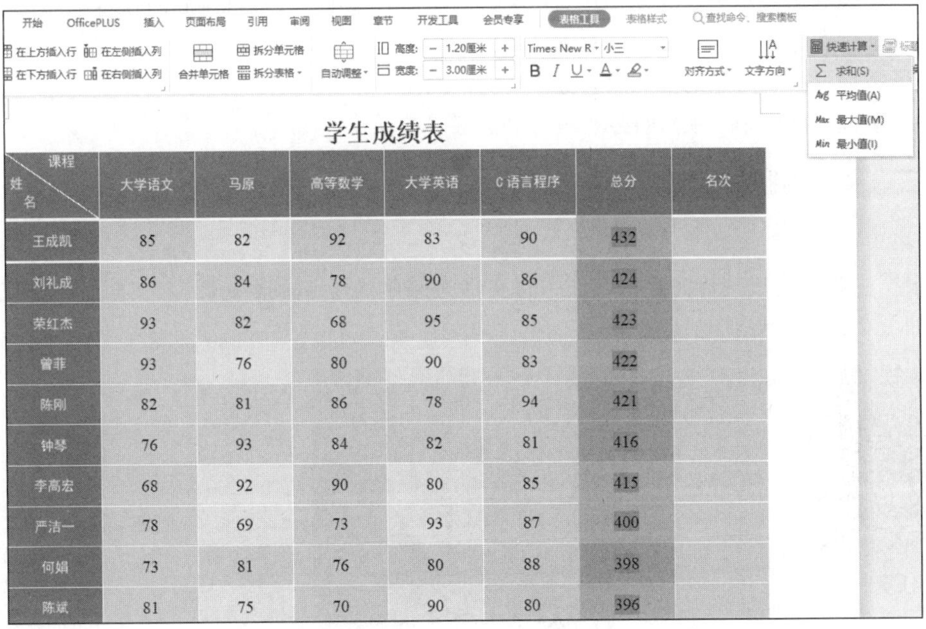

学生成绩表

课程 / 姓名	大学语文	马原	高等数学	大学英语	C 语言程序	总分	名次
王成凯	85	82	92	83	90	432	
刘礼成	86	84	78	90	86	424	
荣红杰	93	82	68	95	85	423	
曾菲	93	76	80	90	83	422	
陈刚	82	81	86	78	94	421	
钟琴	76	93	84	82	81	416	
李高宏	68	92	90	80	85	415	
严洁一	78	69	73	93	87	400	
何娟	73	81	76	80	88	398	
陈斌	81	75	70	90	80	396	

图 2-2-18　快速计算总分

② 选中表格，单击“表格工具”选项卡中“排序”按钮，在弹出的“排序”对话框中，主要关键字选择“总分”，类型选择“数字”，排序方式选择“降序”，单击“确定”按钮，如图 2-2-19 所示，最后在名次列依降序排序后得到名次信息。

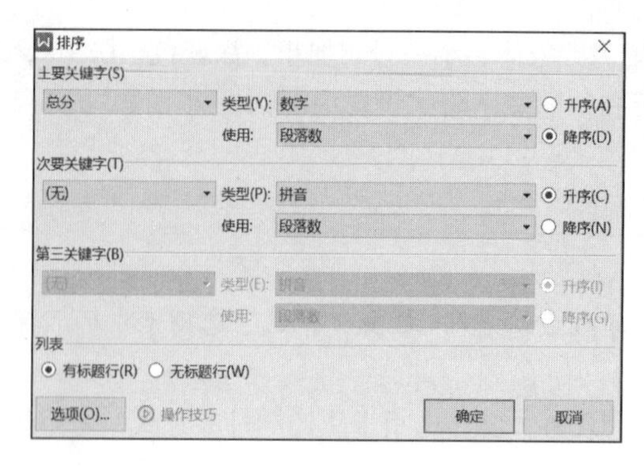

图 2-2-19　排序

（9）保存文件。

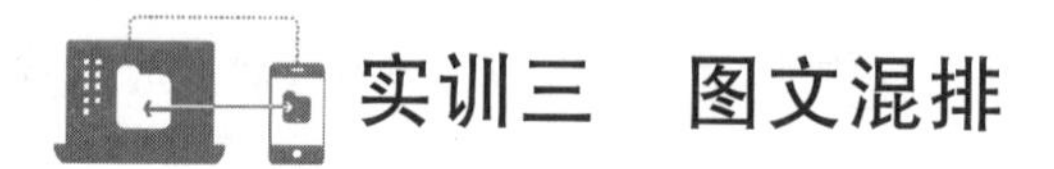

实训三　图文混排

一、实训目的

1. 巩固字符格式、段落格式和页面格式等排版技术。
2. 掌握利用艺术字、SmartArt、文本框、首字下沉等手段进行排版的技术。
3. 掌握图像的插入、设置以及图文混排。
4. 掌握形状、对象的插入及设置。
5. 掌握表格处理、项目符号、编号和分栏等的操作。

二、实训内容

任　务　一

根据主题，完成宣传海报的制作，将文件为保存“宣传海报.docx”。文档制作完成后的效果如图 2-3-1 所示。

视　频

任务一

图 2-3-1　宣传海报效果图

具体要求如下：

（1）在 WPS 中新建“宣传海报.docx”文档，页面背景颜色的设置为 RGB(215，60，50)。

操作提要

① 单击“页面布局”选项卡中的“背景”按钮，在打开的下拉菜单中选择“其他填充颜色”命令，如图 2-3-2 所示。

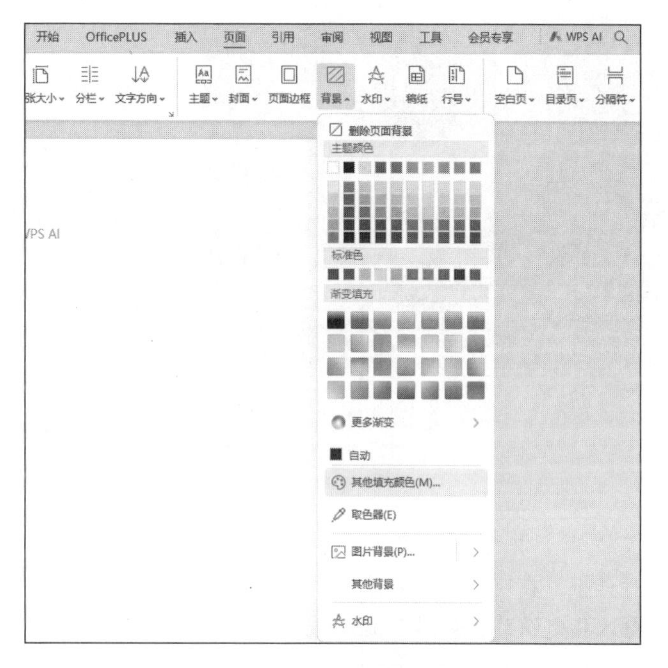

图 2-3-2　页面背景颜色设置

② 在弹出的“颜色”对话框的“自定义”选项卡中，“红色”“绿色”“蓝色”分别输入“215”“60”和“50”，单击“确定”按钮，如图 2-3-3 所示，完成页面背景颜色的设置。

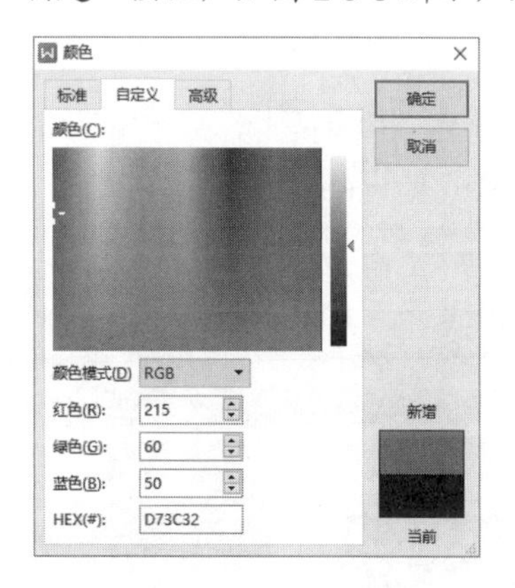

图 2-3-3　自定义颜色

（2）添加“手捧爱心”图片（素材图片 3_1.jpg），去除图片的白色背景，设置图片的高度为“16 厘米”，宽度为“17 厘米”，设置效果为“发光，白色，背景 1，深色 5%，大小

30 磅，透明度 5”，效果如图 2-3-4 所示。

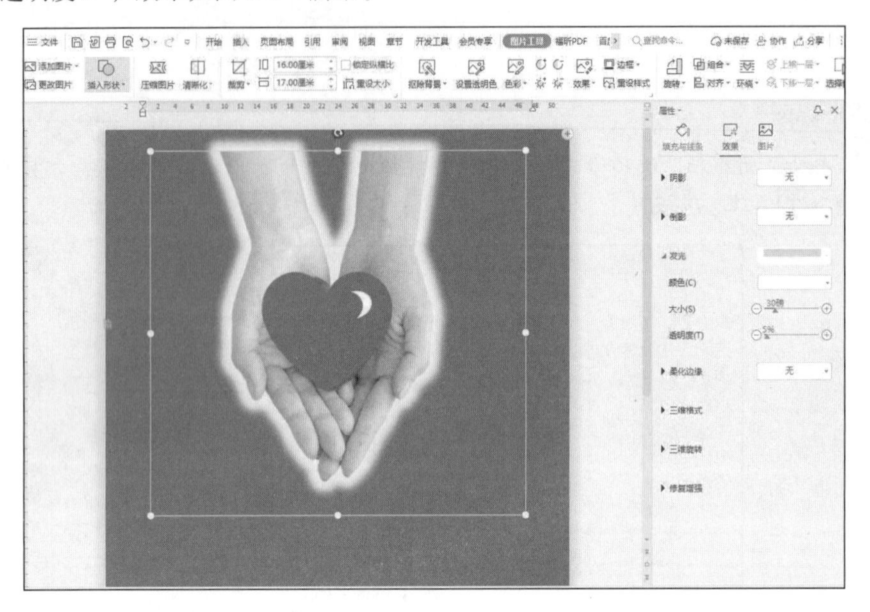

图 2-3-4　图片设置效果图

操作提要

① 单击“插入”选项卡中的“图片”按钮，在打开的下拉菜单中选择“来自文件”命令，弹出“插入图片”对话框，在地址栏中选择图片所在位置，选中“素材图片 3_1.jpg”文件，单击“确定”按钮插入指定图片，如图 2-3-5 所示。

图 2-3-5　插入图片

② 返回文档选中该图片，单击“图片工具”选项卡中的“环绕”按钮，在打开的下拉菜单中选择“浮于文字上方”命令，如图 2-3-6 所示。

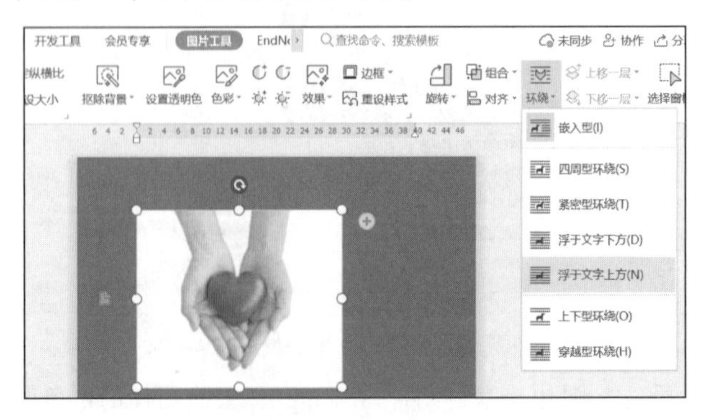

图 2-3-6　浮于文字上方

③ 单击“图片工具”选项卡中的“抠除背景”按钮，在打开的下拉菜单中选择“抠除背景”命令，如图 2-3-7 所示。

④ 将插入的图片移动到页面顶端的中间位置，在“图片工具”选项卡中高度和宽度数值框中分别设置为“16 厘米”“17 厘米”。如图 2-3-8 所示。

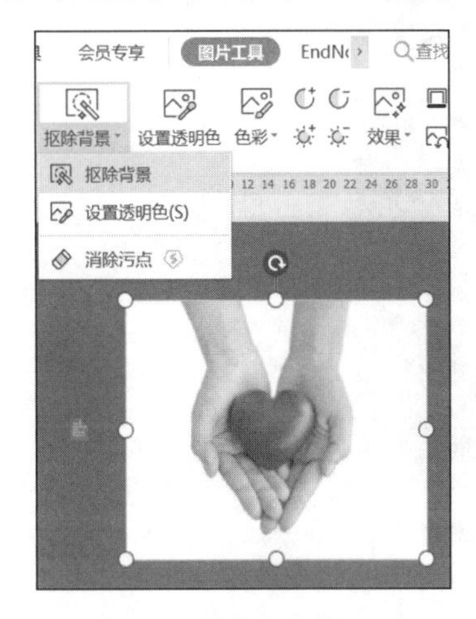

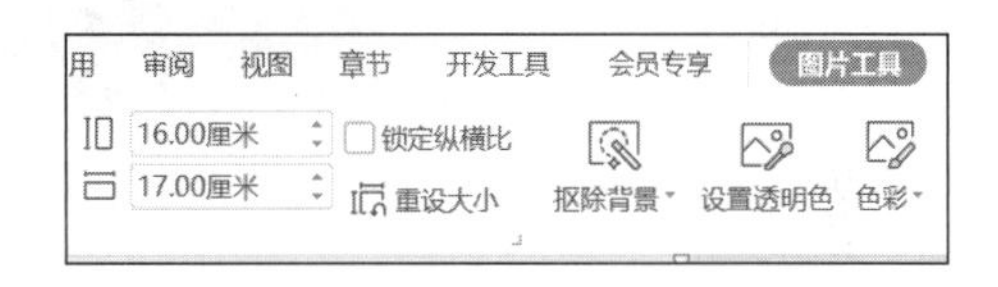

图 2-3-7 “抠除背景”命令　　　　图 2-3-8 图片高度宽度设置

⑤ 单击“图片工具”选项卡中的“效果”按钮，在打开的下拉菜单选择“更多设置”命令，如图 2-3-9（a）所示；在打开的图片“属性”任务窗格中，设置图片“效果”为“发光”：“颜色”白色，背景 1，深色 5%；“大小”30 磅，“透明度”5%，如图 2-3-9（b）所示。

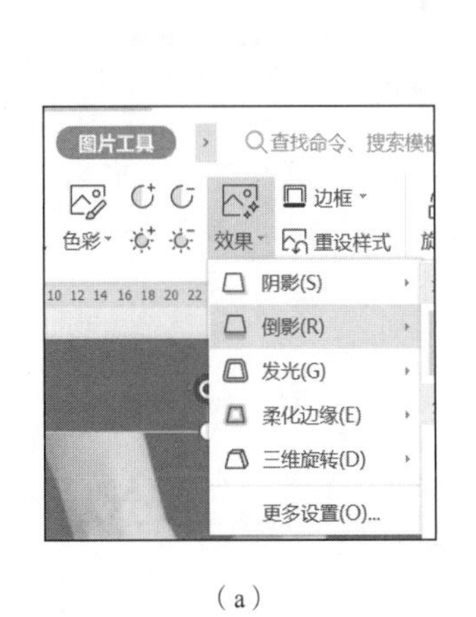

（a）

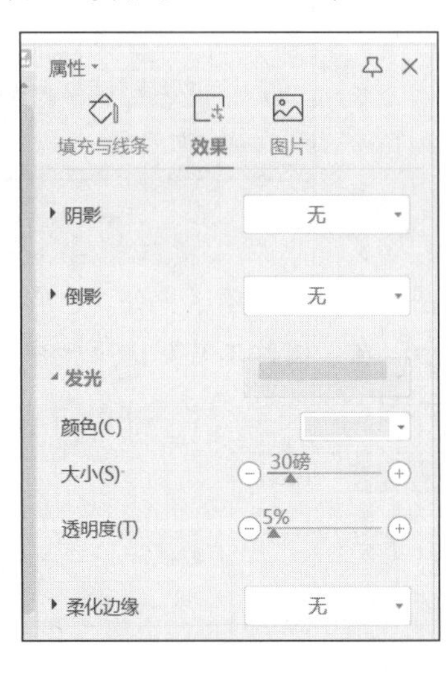

（b）

图 2-3-9 图片效果设置

（3）使用相同的方法插入“素材图片 3_2jpg”，设置图片的环绕方式为“浮于文字上方”，抠除图片背景，将图片放到页面下方并调整图片大小与页面宽度一致，适当降低图片的亮度，效果如图 2-3-10 所示。

图 2-3-10　插入并设置图片效果

操作提要

① 在“图片工具”选项卡中单击“裁剪”按钮，在打开的下拉菜单中选择“重设形状与大小”命令，直接拖动鼠标以调整图片的大小，如图 2-3-11 所示。

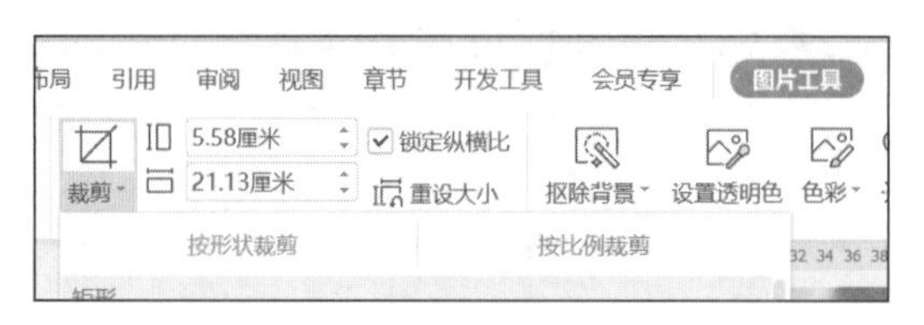

图 2-3-11　裁剪命令

② 单击“图片工具”选项卡中的“色彩”按钮，在打开的下拉菜单中选择“灰度”选项，如图 2-3-12 所示；在“图片工具”选项卡中单击一次“降低亮度”按钮，提高图片对比度，如图 2-3-13 所示。

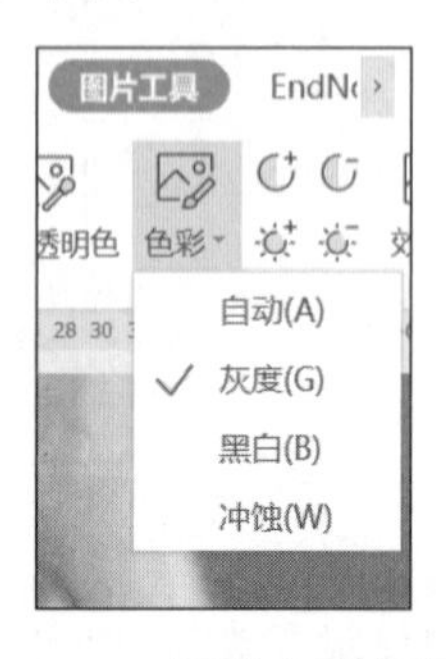

图 2-3-12　图片色彩的调整

图 2-3-13　降低图片亮度

（4）添加并编辑图片后，因图片中的心形不能修改，如需调整图片中的心形的颜色和大小，需要重新绘制心形并对其进行编辑，如图 2-3-14 所示。

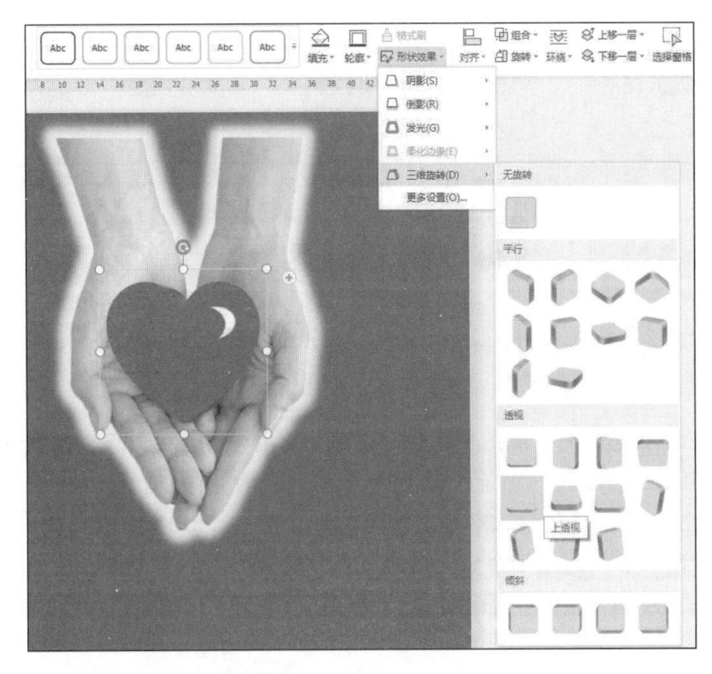

图 2-3-14 绘制心形并编辑

操作提要

① 单击“插入”选项卡中的“形状”按钮，在打开的下拉菜单中选择“基本形状”栏中的“心形”选项。

② 拖动鼠标绘制心形后，在“绘图工具”选项卡中将心形的填充颜色设置为“深红”，轮廓设置为“无轮廓”，选择“编辑形状”命令。单击心形下方的控制点，向上拖动控制点到合适的位置后，拖动控制点右侧的控制柄，以调整心形的弧度。如图 2-3-15 所示。

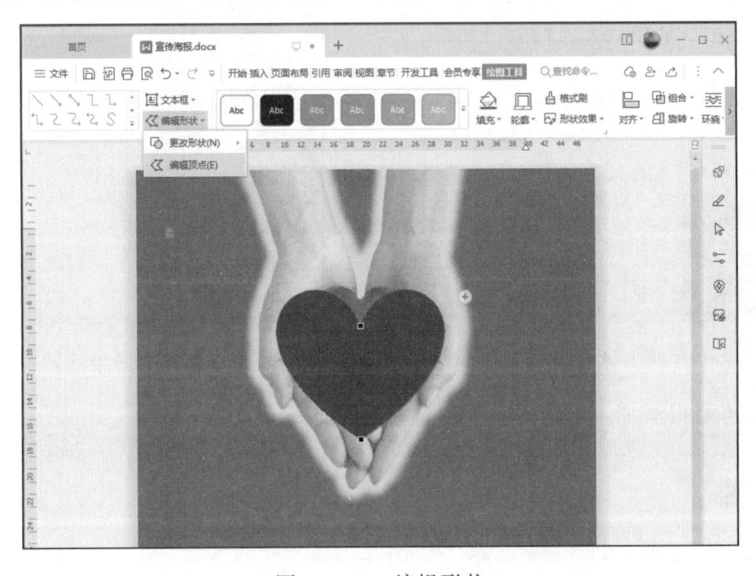

图 2-3-15 编辑形状

③ 单击“绘图工具”选项卡中的“编辑形状”按钮，在打开的下拉菜单中选择“编辑顶点”命令，如图 2-3-16 所示，调整心形上方的控制点，完成后调整心形的大小，使其完全遮住原图中的心形。

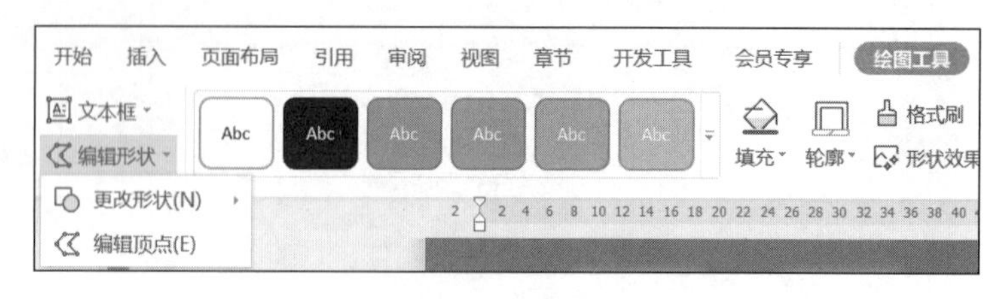

图 2-3-16　调整心形

④ 根据前述方法绘制一个填充颜色为“白色，背景 1”，轮廓为“无轮廓”的“新月形”形状，选择“绘图工具”选项卡中的“旋转”命令，在打开的下拉菜单中选择“水平翻转”命令，如图 2-3-17 所示，使该形状水平翻转后，将其置于心形的右侧。

⑤ 单击“绘图工具”选项卡中的“形状效果”按钮，在打开的下拉菜单中选择“三维旋转”|“三维旋转-上透视”选项，如图 2-3-18 所示。

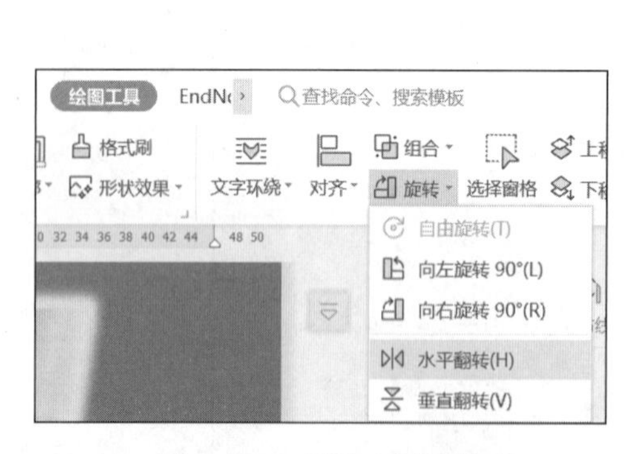

图 2-3-17　图片水平翻转

图 2-3-18　三维旋转-上透视

（5）为宣传海报添加主题艺术字文本“传递温暖奉献爱心”。

操作提要

①在“插入”选项卡中单击“艺术字”按钮，在打开的下拉菜单中选择“填充-白色，轮廓-着色 2，清晰阴影-着色 2”选项，如图 2-3-19 所示。

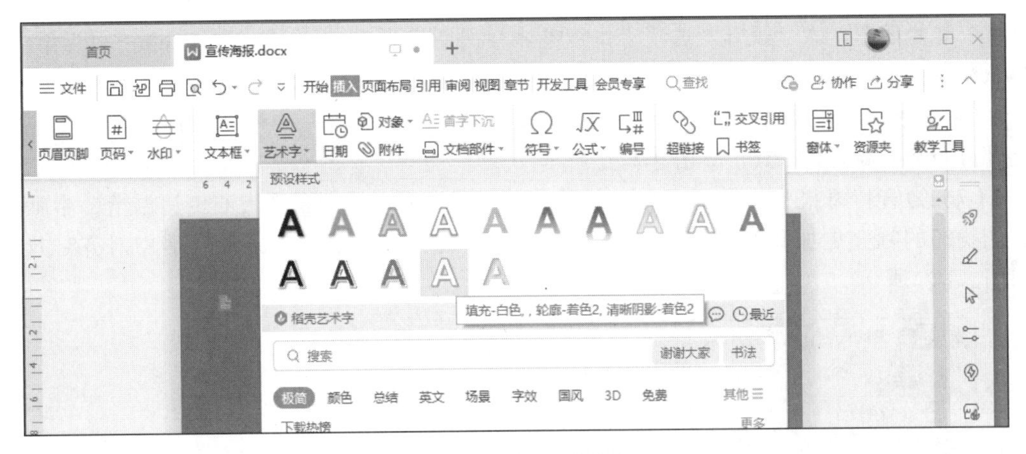

图 2-3-19 插入艺术字

② 将艺术字文本修改为“传递温暖奉献爱心”，并将其移动至心形图片的下方，选择艺术字，在“文本工具”选项卡中单击“文本填充”按钮，在打开的下拉菜单中选择“白色，背景 1”，文本轮廓为“无轮廓”。

③ 在“开始”选项卡中设置艺术字的字体为“华文隶书”，字号为“48”，然后拖动艺术字框上的控制点使艺术字完整显示。

（6）为了更好突出海报主题，添加高度为 1.6 cm，宽度为 15 cm 的“流程”智能图形，在智能图形中输入“微软雅黑，三号，加粗”“一分爱心”，“一分希望”和“一分成长”文本。效果如图 2-3-20 所示。

图 2-3-20 插入智能图形的效果

操作提要

① 在“插入”选项卡中单击“智能图形”按钮，弹出“智能图形”对话框在“流程”选项卡中选择“基本流程”，如图 2-3-21 所示。即可在文中插入该流程图。将其环绕方式设置为“浮于文字上方”，移至艺术字的下方。

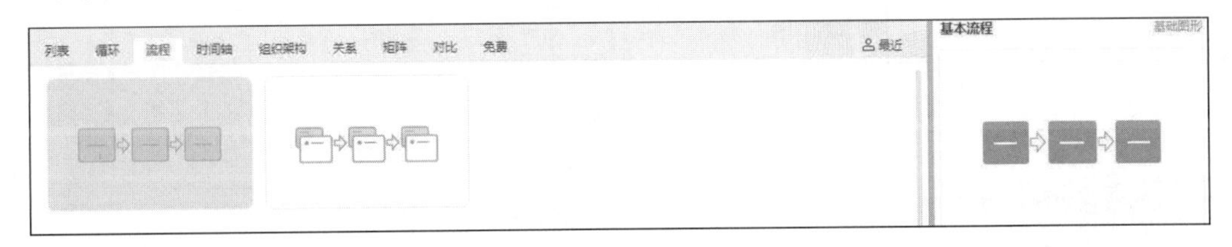

图 2-3-21 插入智能图形

② 在“基本流程”智能图形的对应文本框中分别输入“一分爱心”“一分希望”“一分成长”文本，在“开始”选项卡中设置文本字体格式为“微软雅黑，三号，加粗”；选中“基本

流程”智能图形，在“设计”选项卡中调整流程图高度为1.6 cm，宽度为15 cm；应用第5个形状样式。

③ 选中“基本流程”智能图形，在“格式”选项卡中对“基本流程”的所有对象填充色设置为和页面背景色一致，如图 2-3-22 所示。

（7）为宣传海报中添加更多文字“用爱心照亮世界用温情温暖人心传递温情，奉献爱心让我们的社会更加和谐美好”，并设置文本字体为“华文中宋，20磅”,居中对齐，效果如图2-3-23所示。

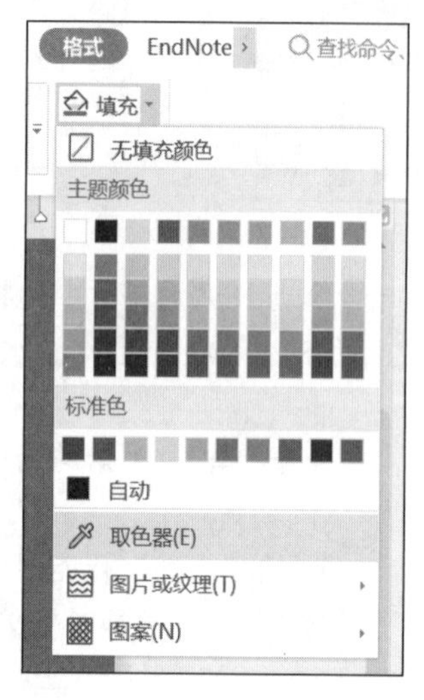

图 2-3-22　智能图形颜色的填充

图 2-3-23　添加更多文字

① 在“插入”选项卡中单击“文本框”按钮，在打开的下拉菜单中选择“横向”选项，通过拖动鼠标绘制文本框。

② 在文本框中输入“用爱心照亮世界用温情温暖人心传递温情，奉献爱心让我们的社会更加和谐美好”，并在“开始”选项卡中设置文本字体为“华文中宋，20磅”,字体颜色为白色，居中对齐。

③ 选择文本框，在“文本工具”选项卡中设置文本框的形状填充为“无填充颜色”，形状轮廓为“无边框颜色”，调整文本框的大小和位置，如图 2-3-24 所示。

图 2-3-24　文本工具

视 频

任务二

（8）保存文件。

任　务　二

某校摄影社团进行本社团招纳新成员活动，需要制作招新活动的宣传海报。根据主题，完成宣传海报的制作，将文件保存为“社团招新.docx”。文档制作完成后的效果如图 2-3-25 所示。

具体要求如下：

（1）在 WPS 中新建文字文档，以文件名“社团招新.docx”保存。页面大小为 A4，上、下边距为 2 cm，左、右边距为 2 cm。

图 2-3-25 “社团招新”效果图

操作提要

在“页面布局”选项卡中设置页面大小为 A4，上、下边距为 2 cm，左、右边距为 2 cm。

（2）设置页面背景为渐变填充，颜色为“雨后初晴”，透明度为“从 0%到 76%”,底纹样式设置为“斜上”。

操作提要

在“页面布局”选项卡中单击“背景”按钮，在打开的下拉菜单中选择“其他背景”下的“渐变”选项，弹出“填充效果”对话框，如图 2-3-26 所示。

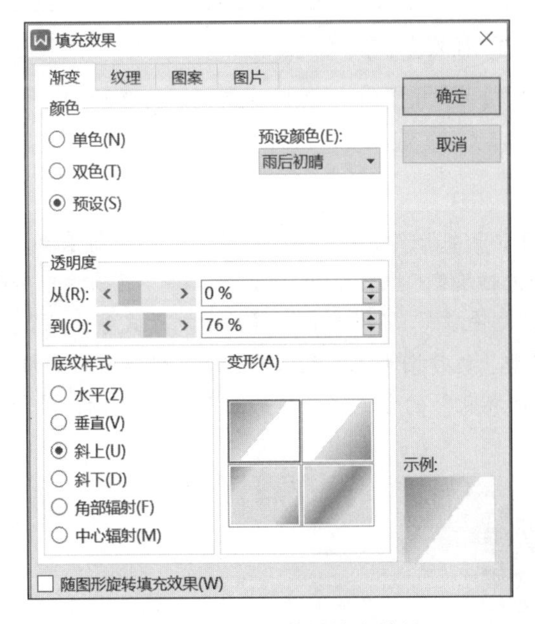

图 2-3-26 页面背景填充效果

（3）标题“社团招新”设置为“填充-黑色，文本 1，轮廓-背景 1，清晰阴影-着色 5”的竖排艺术字，右对齐。

操作提要

① 在“插入”选项卡中单击“艺术字”按钮，预设样式“填充-黑色，文本 1，轮廓-背景 1，清晰阴影-着色 5”。输入文字“社团招新”，字体设置为“华文琥珀”，字号设置为“100”

磅，如图 2-3-27 所示；在“绘图工具”选项卡中单击“对齐”按钮，在打开的下拉菜单中选择“右对齐”命令。

② 选中标题文本，在“页面布局”选项卡中单击“文字方向”按钮，在打开的下拉菜单中选择“垂直方向从右往左”命令，如图 2-3-28 所示。

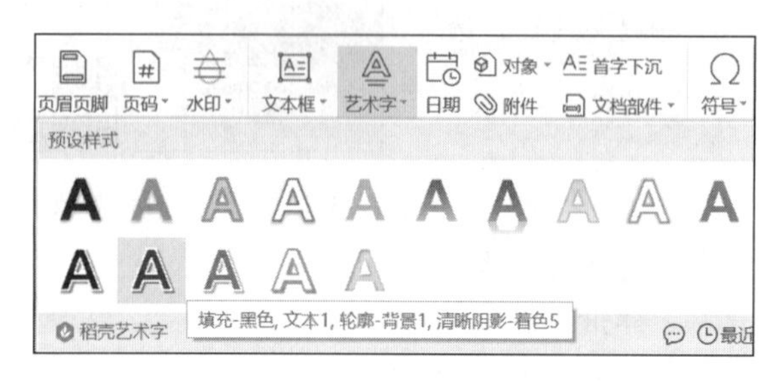

图 2-3-27　插入艺术字

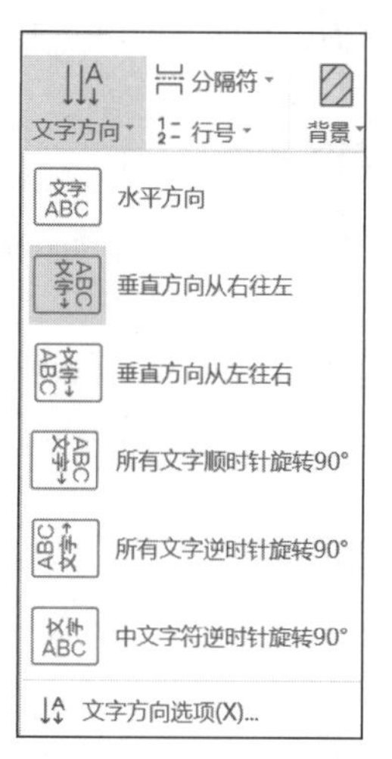

图 2-3-28　文字方向

（4）在“社团招新”文字信息加上“心形”图形，效果如图 2-3-29 所示。

操作提要

① 在“插入”选项卡中单击“形状”按钮，在打开的下拉菜单中选择“基本形状”栏中的“心形”选项。拖动鼠标绘制心形后，在“绘图工具”选项卡中将心形的填充颜色设置为“红色”，轮廓设置为“无轮廓”，环绕方式设置为“衬于文字上方”。

② 选中“心形”图形，选择图形上方的旋转控制，适当旋转角度。拖动设置好的“心形”图形，放置到标题“社团招新”的合适位置，如图 2-3-30 所示。其余的“心形”图形也同样操作。

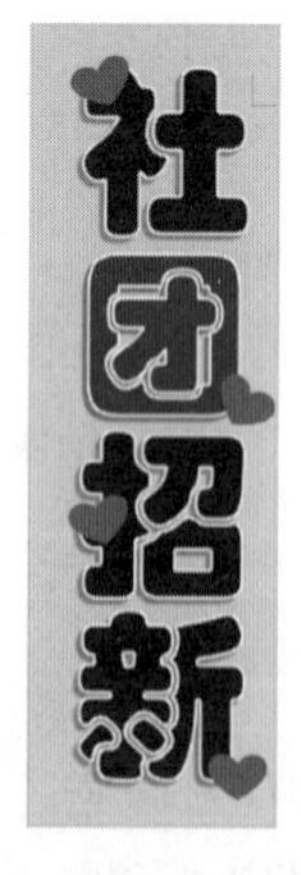

图 2-3-29　加上“心形”图形

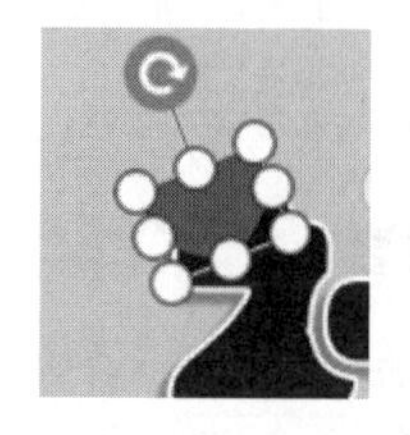

图 2-3-30　旋转控制“心形”图形

（5）插入 3 张对齐的摄影图片素材，裁剪为心形，将图片边缘做一定的模糊处理。

操作提要

① 在文档中插入“素材图片 3_3.jpeg”，在“图片工具”选项卡中调整其大小：高度设置为“8 厘米”，宽度设置为“12.08 厘米”；选中图片，在浮动工具栏中将环绕方式设置“衬于文字上方”，如图 2-3-31 所示。

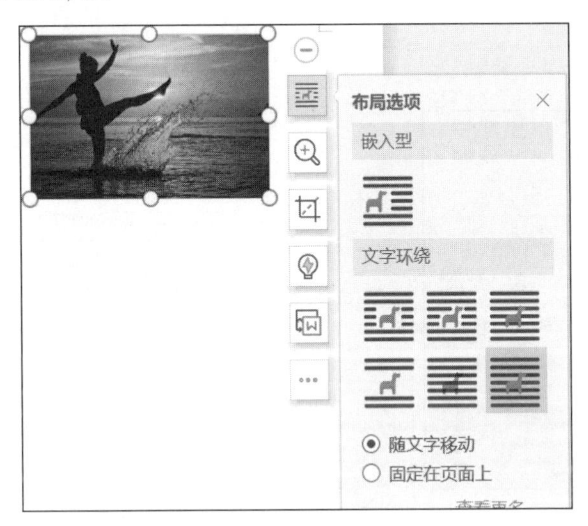

图 2-3-31　浮动工具栏

② 选中图片，在“图片工具”选项卡中单击“裁剪”按钮，在展开的“按形状裁剪”选项卡中选择“心形”进行“按形状裁剪”操作，如图 2-3-32 所示。

图 2-3-32　形状裁剪

③ 在“图片工具”中单击“效果”按钮，在打开的下拉菜单中选择“柔化边缘”|“10 磅”选项，如图 2-3-33 所示。

④ 插入图片素材“素材图片 3_4.jpg”，调整其大小：高度设置为“8 厘米”，宽度设置为“12.08 厘米”，环绕方式设置为“衬于文字上方”。利用“格式刷”将图片“素材图片 3_3.jpeg”的格式复制到图片“素材图片 3_4.jpg”。

⑤ 插入图片素材“素材图片 3_5.jpeg”，调整其大小：高度设置为“8 厘米”，宽度设置为“12.08 厘米”，环绕方式设置为“衬于文字上方”。利用“格式刷”将图片“素材图片 3_3.jpge”的格式复制到图片“素材图片 3_5.jpeg”。

⑥ 同时选中 3 张图片（选择文件时，同步按住【Ctrl】键），在“图片工具”选项卡中单击“对齐”按钮，在打开的下拉菜单中选择“左对齐”和“纵向分布”选项，如图 2-3-34 所示。

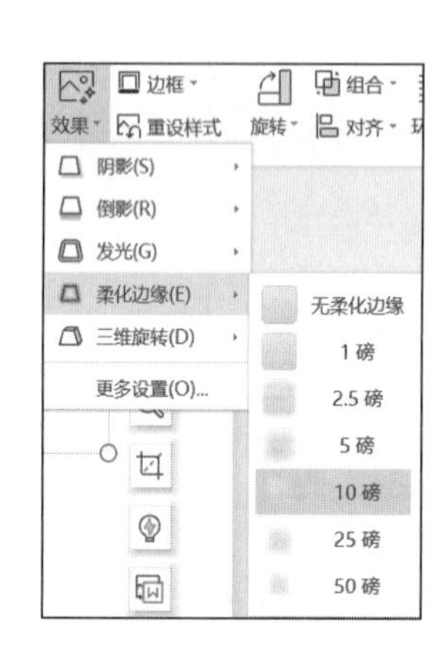

图 2-3-33　柔化边缘

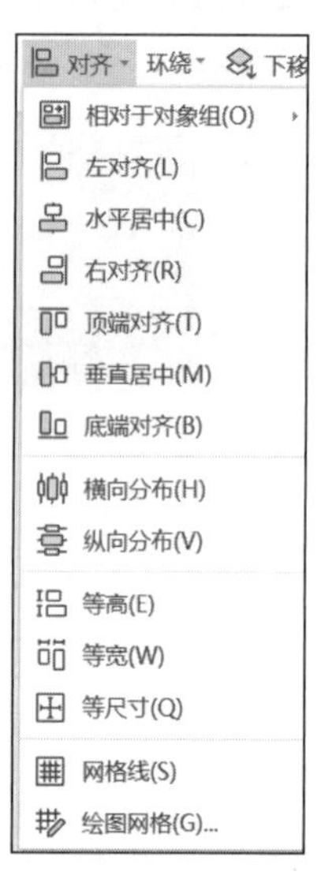

图 2-3-34　图片对齐方式

（6）在海报上添加“欢迎加入”欢迎词，字体设置为“48 磅华文彩云”，字体颜色设置为“蓝色”，字符间加宽“10 磅”。

操作提要

① 在标题“社团招新”的正下方，插入“横向文本框”，输入文字信息“欢迎加入”；在“开始”选项卡中将字体设置为“华文彩云”，字号设置为“48”磅，字体颜色设置为“蓝色”。

② 在“字体”对话框的字符间距选项卡中设置间距为“加宽，10 磅”。适当调整文本框大小，让“欢迎加入”呈两行显示；将“迎”字位置设置为“下降，10 磅”，同时“加”字位置设置为“上升，10 磅”，如图 2-3-35 所示。

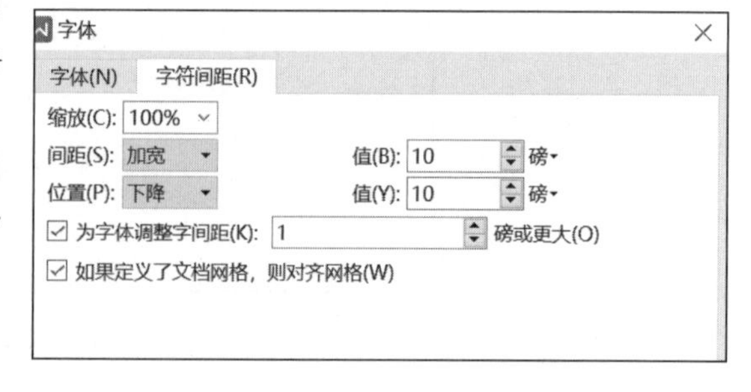

图 2-3-35　字符间距设置

③ 设置文本框：填充为“无填充颜色”，轮廓为“无边框颜色”。

（7）在海报的右下角添加招新二维码。

操作提要

① 在“插入”选项卡中单击“更多”按钮，在打开的下拉菜单中选择“二维码”选项，

如图 2-3-36 所示；在弹出的“插入二维码”对话框中输入内容“欢迎加入本社团!”，在二维码参数设置中将“嵌入文字”参数设置为：输入文本“摄影社团”，字号“36”磅，文字颜色“红色”，单击文本框右侧的“确定”按钮完成设置，如图 2-3-37 所示。

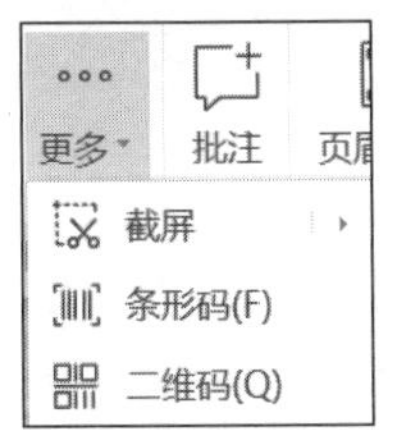

图 2-3-36　插入二维码

图 2-3-37　二维码参数设置

② 使用浮动工具栏将二维码的环绕方式设置为“衬于文字上方”，拖动到海报文档的右下角，并适当调整大小。

（8）保存文件。

实训四　长文档编辑

一、实训目的

视　频

任务一

1. 掌握长文档的编辑和管理等操作。
2. 掌握文档的修订共享等操作。

二、实训内容

任　务　一

打开“文字素材 4_1.docx”文件，按要求进行排版，效果样张如图 2-4-1 所示。

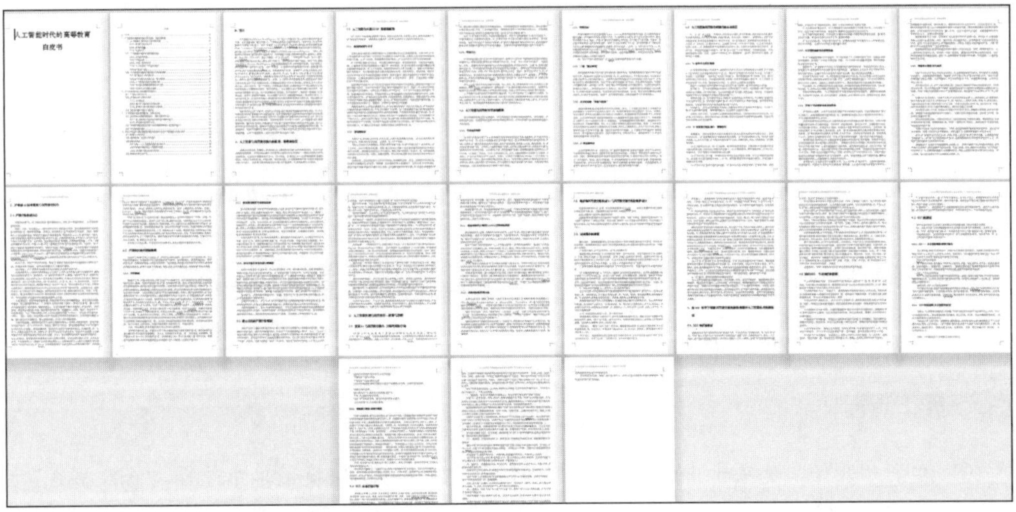

图 2-4-1　任务一效果样张图

具体要求如下：

（1）按要求进行页面设置为：宽度 20 厘米、高度 30 厘米，上边距 2.5 厘米，下、左、右边距 2 厘米，页脚距边界 1 厘米，纸张方向为纵向。正文格式为小四号宋体，首行缩进 2 字符。

操作提要

① 在“页面设置”对话框“纸张”选项卡中设置纸张大小为宽度 20 cm、高度 30 cm；在“页边距”选项卡中，设置上边距为 2.5 cm，下、左、右边距为 2 cm，纸张方向为纵向。

② 在“页面设置”对话框的“版式”选项卡中设置页眉距边界 1.5 cm，页脚距边界 1 厘米，如图 2-4-2 所示。

③ 在“开始”选项卡中将字体设置为小四号宋体。

④ 在“段落”对话框的“间距与缩进”选项卡中设置特殊格式为首行缩进 2 字符。

（2）修改“标题 1”样式，左对齐，编号格式为“X 引言”，其中 X 为自动编号，字体为“小三号，黑体，加粗”；修改“标题 2”样式，左对齐，编号格式为多级编号（形如“X.Y”，X 为章序号，Y 为节序号），字体为“四号，黑体，加粗”；修改“标题 3”样式，左对齐，编号格式为多级编号（形如“X.Y.Z”，X 为章序号，Y 为节序号，Z 为小节序号），字体为“小四号，黑体，加粗”；文档中包括三个级别的标题，编号和文字之间空一格，左缩进 0 字符，把三个级别的标题对应为多级编号，效果如图 2-4-3 所示。

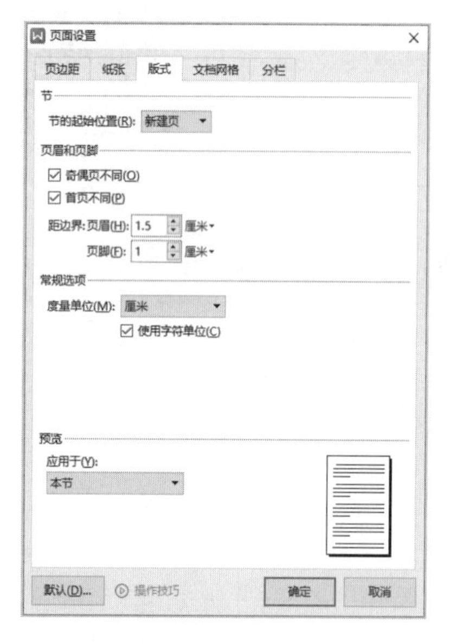

图 2-4-2 页面设置-版式

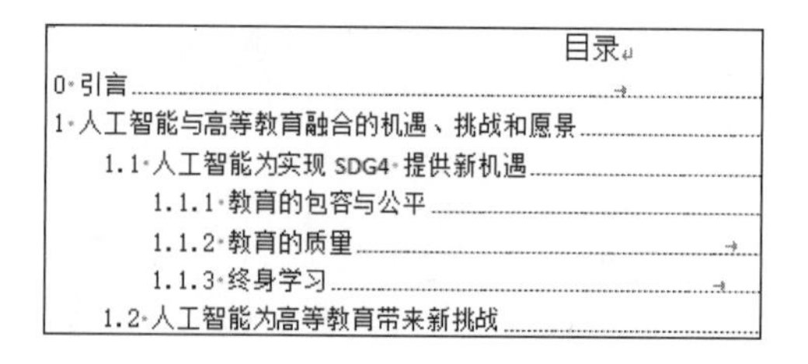

图 2-4-3 编号格式修改效果图

操作提要

① 右击“开始”选项卡中的“标题 1”样式，在打开的快捷菜单中选择“修改样式”命令，在“修改样式”对话框中设置字体为“小三号，黑体，加粗”，段落对齐方式为左对齐，如图 2-4-4 所示。

② 单击对话框中的“格式”按钮，在展开的选项中选择“编号”命令，打开“项目符号和编号”对话框中“自定义列表”选项卡，自定义列表中选择“0./0.1/0.1.1”（注意：如自定义列表中无此多级列表，则可从“多级编号”选项卡中添加）,如图 2-4-5 所示。单击“自定义”按钮，在弹出的“自定义多级编号列表”对话框中设置级别为 1 的编号格式为“①”，编号样式为“1，2，3…”，起始编号为“0”，将级别链接到样式为“标题 1”，如图 2-4-6 所示。

图 2-4-4 修改样式

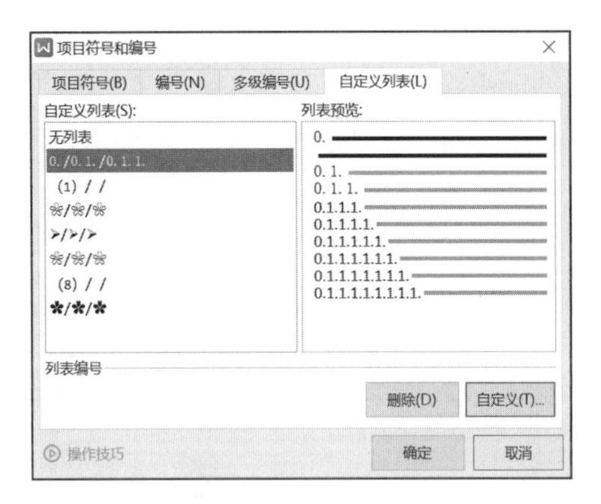

图 2-4-5 自定义列表

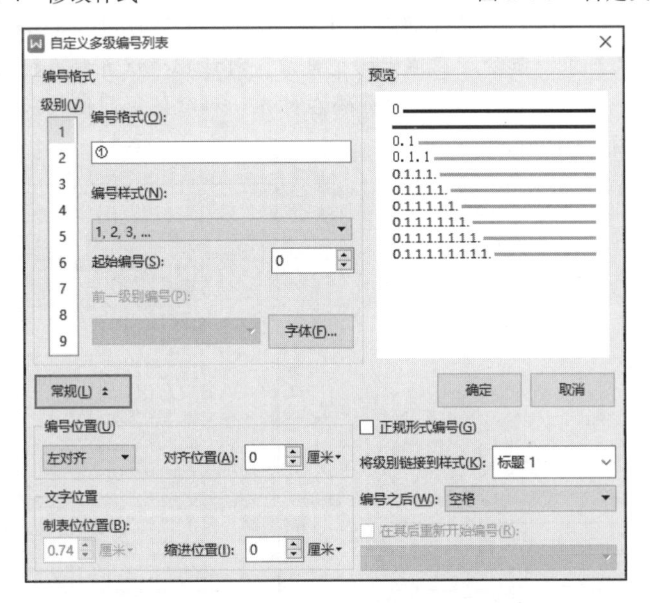

图 2-4-6 自定义多级编号列表

③ 同样的操作方法修改样式“标题 2”和样式“标题 3”。

（3）文档标题单独为 1 页，设为封面，无页眉页脚，字体格式为“华文中宋，小初”；自动生成目录，目录样式为“自动目录”，目录单独成页，更新目录，目录页无页眉，页脚居中显示页码，并使用大写的罗马数字（Ⅰ、Ⅱ、Ⅲ……）表示。

操作提要

① 将光标移至标题所在页，单击“插入”选项卡中的“分页”按钮，在打开的下拉菜单中选择“下一页分节符”命令，如图 2-4-7 所示，效果如图 2-4-8 所示。

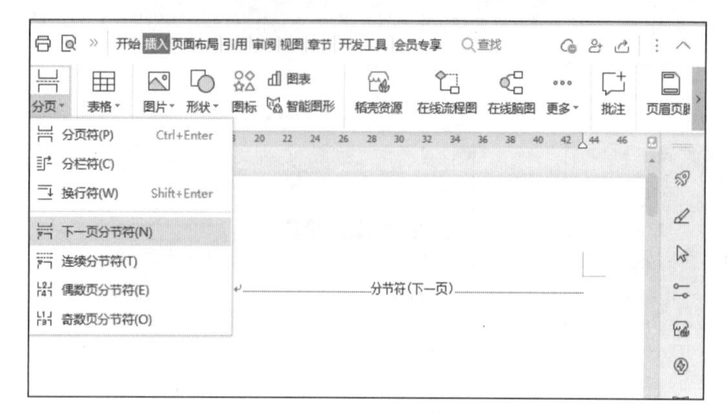

图 2-4-7　插入分节符

图 2-4-8　插入分节符效果

② 在新的页面中输入“目录”二字并设置其为居中对齐，在此页面插入“下一页分节符”。

③ 将光标定位在“目录”之后，单击“引用”选项卡中的“目录”按钮，在打开的下拉菜单中选择“自定义目录”命令，在弹出的“目录”对话框中设置制表符前导符为“……”，显示级别选择“3”，勾选“显示页码”“页码右对齐”和“使用超链接”复选框，如图2-4-9所示。目录效果如图2-4-10所示。

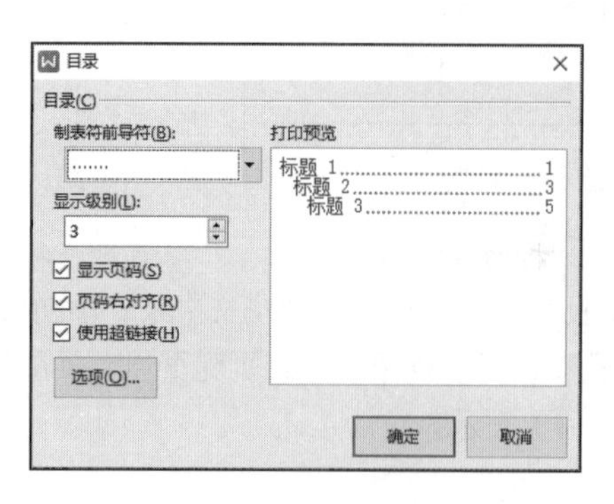

图 2-4-9　自定义目录

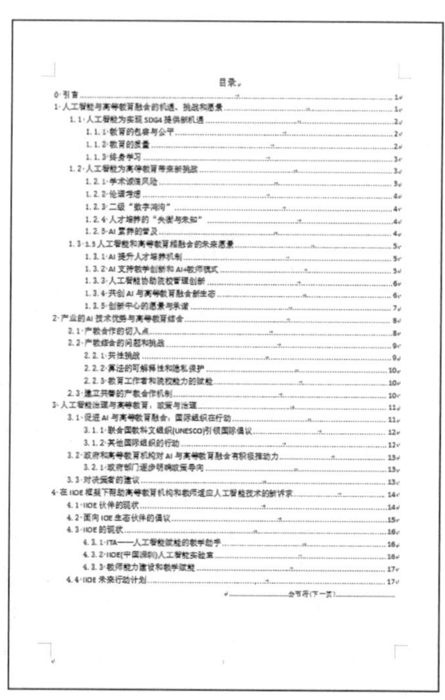

图 2-4-10　目录效果图

④ 双击页脚编辑区，在浮动快捷工具栏中单击“页码设置”命令，在打开的界面中，样式选择大写的罗马数字Ⅰ,Ⅱ,Ⅲ,...”，位置选择“居中”，应用范围选择“本节”，如图 2-4-11 所示。

图 2-4-11　页码设置

（4）设置正文的首页无页眉，偶数页的页眉内容为文档标题，格式为“宋体，小五，居中”；奇数页的页眉内容为每一章的 1 级标题，格式为“宋体，小五，左对齐”；页脚中插入页码，页码从第 1 页（奇数页）开始连续编号，格式为：第 x 页（例如第 1 页），居中显示。效果如图 2-4-12 所示。

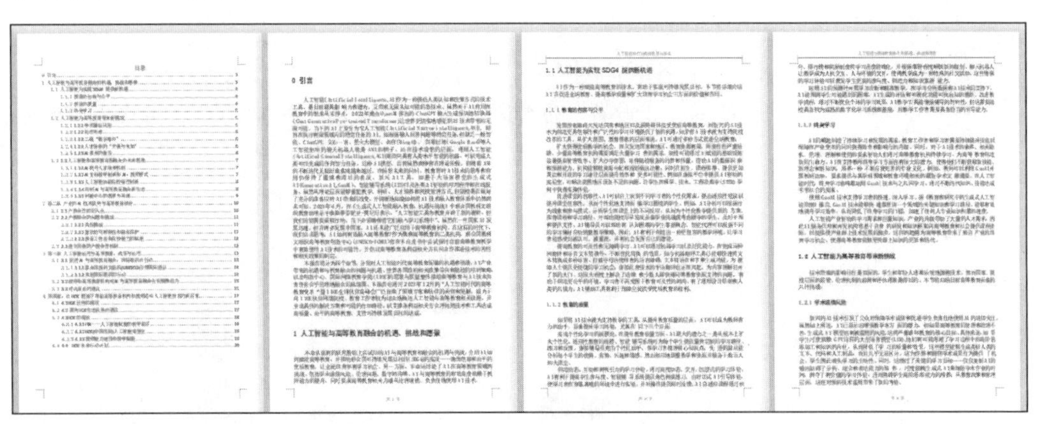

图 2-4-12　设置页眉页脚后页面效果图

操作提要

① 在“页眉页脚”选项卡上单击“页眉页脚选项”按钮，弹出“页眉/页脚设置”对话框，如图 2-4-13 所示，勾选“首页不同”和“奇偶页不同”选项。

② 在光标定位在奇数页的页眉处，单击“页眉页脚”选项卡上的“域”按钮，弹出“域”对话框，在域名中选择“样式引用”，在“样式名”中选择“标题 1”，单击“确定”按钮即可，

如图 2-4-14 所示。

图 2-4-13　页眉/页脚设置

图 2-4-14　插入“标题 1”样式引用域

（5）保存文件，并将文件另存为“长文档（学号+姓名）.docx”。

选择“文件”菜单中的“另存为”命令，在弹出的“另存为”的对话框中设定文件名，设置完成后单击“保存”按钮完成保存。

视　频

任务二

任　务　二

打开素材中的“文字素材 4_2.docx”文件，按以下要求进行排版，效果如图 2-4-15 所示。

（1）设置各级标题样式，要求如下。

① 基本样式设置。创建新样式，命名为“基本要点”，格式为“黑体，三号，加粗”，字符加宽 5 磅，无缩进，居中对齐显示。

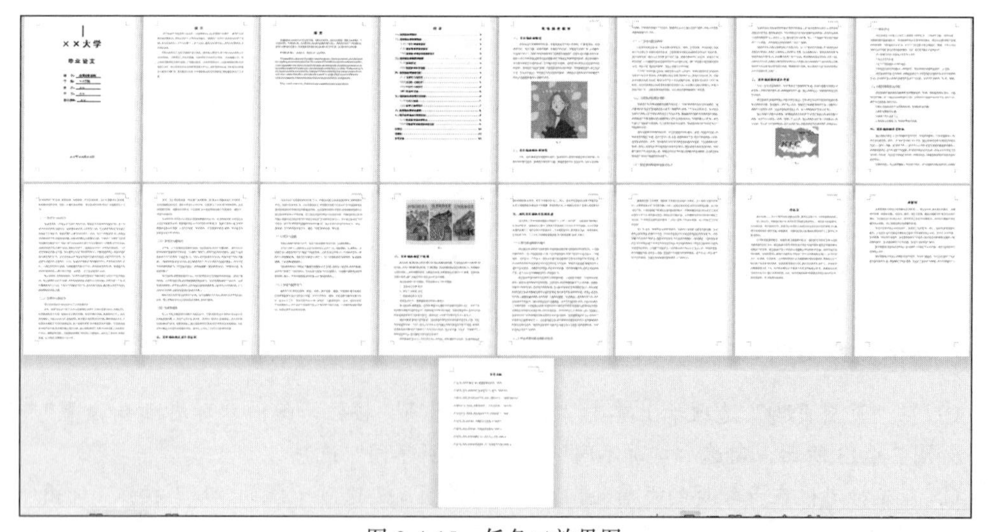

图 2-4-15　任务二效果图

② 一级标题设置。创建新样式，命名为“一级目录”，格式为“楷体，三号，加粗”，左对齐，1.5 倍行距，段前段后 6 磅，无缩进，大纲级别为 1 级。

③ 二级标题设置。创建新样式，命名为“二级目录”，格式为“宋体，四号，左对齐”，段前段后 0.2 行，无缩进，大纲级别为 2 级。

“基本要点”样式应用于正文中的“前言”“摘要”“浅析商业插画”等标题。

“一级目录”样式应用于正文中的“一、……”等标题。

“二级目录”样式应用于正文中的“(一)……”等标题

“结束语”“致谢词”“参考文献”设置为“一级目录”样式，居中对齐显示。

操作提要

① 选择“开始”|“样式”|“新建样式”选项，如图 2-4-16 所示。在弹出的“新建样式”对话框中创建新样式并对样式命名，如图 2-4-17 所示。

图 2-4-16 “样式”列表

图 2-4-17 新建样式

② 单击“格式”按钮，在弹出的对话框中对样式进行设定，单击“格式”按钮对样式进一步细化，完成样式的具体格式设置，如图 2-4-18 及图 2-4-19 所示。

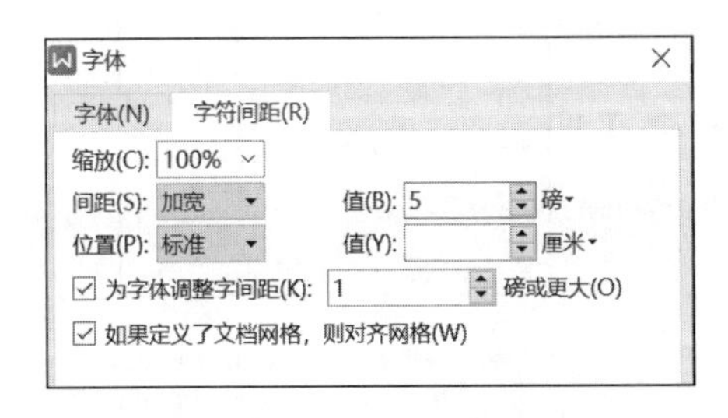

图 2-4-18 样式字体格式设置

图 2-4-19 样式段落格式设置

③ 指定样式的大纲级别，可通过打开“格式”|“段落”选项，在弹出的“段落”对话框中对“大纲级别”进行设置，如图 2-4-20 所示。

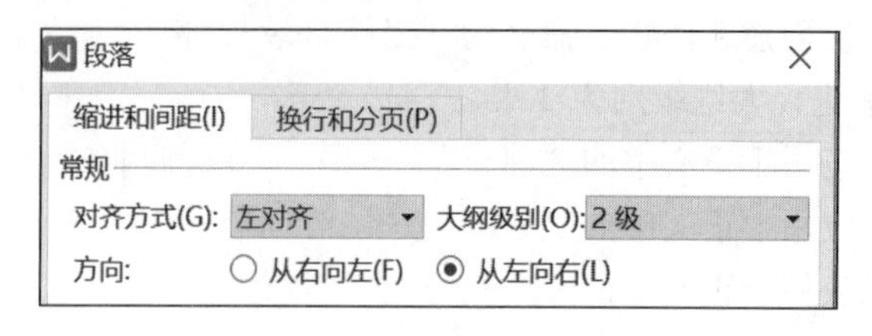

图 2-4-20　样式大纲级别设置

④ 在样式的重复应用中可使用“格式刷”。

注　意： 本例也可以修改已有的标题样式格式，如“标题 1”“标题 2”等，分别应用于对应的标题。

（2）制作论文封面。在正文开始处插入一个空白页，制作封面，第一行格式为“黑体，初号，居中显示”；第 2 行格式为“宋体，一号，居中显示”；第 3-7 行格式为“宋体，四号，左缩进 12 字符”，内容部分添加下划线；最后一行格式为“宋体，四号，居中显示”，效果如图 2-4-21 所示。

操作提要

光标定位到“前言”前，单击“插入”选项卡中的“分页”按钮，在打开的下拉菜单中选择“下一页分节符”选项，如图 2-4-22 所示，插入一张空白页，参照样张和题目要求制作封面。

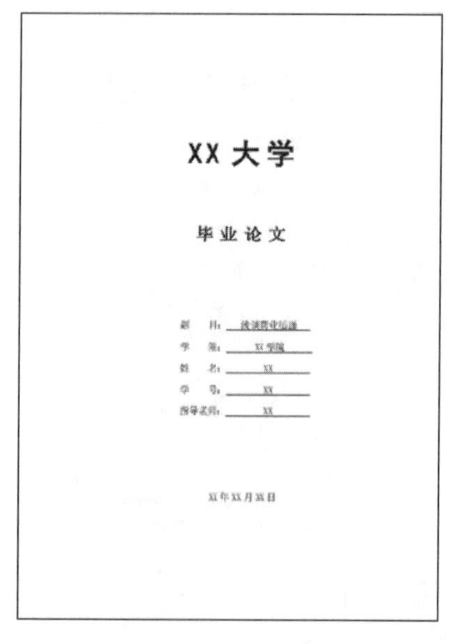

图 2-4-21　封面效果图

图 2-4-22　插入分节符

（3）设置目录页

在“摘要”后插入一张空白页面，制作目录，并将“前言”“摘要”“结束语”“致谢词”“参考文献”分隔到不同页面。

操作提要

① 光标定位到“前言”结尾处，添加“下一页分节符”，将“前言”和“摘要”分成两页，调整多余的段落符号。

② 光标定位到“摘要”结尾处，添加“下一页分节符”，输入文字“目录”，样式选用“基本要点”，然后单击“引用”选项卡中“目录”按钮，在打开的下拉菜单中选择“自定义目录”命令，弹出“目录”对话框，在该对话框中设置制表符前导符为“……”，显示级别选择“2”，勾选“显示页码”“页码右对齐”和“使用超链接”复选项，单击“确定”按钮即可完成自动目录的插入，如图 2-4-23 所示。

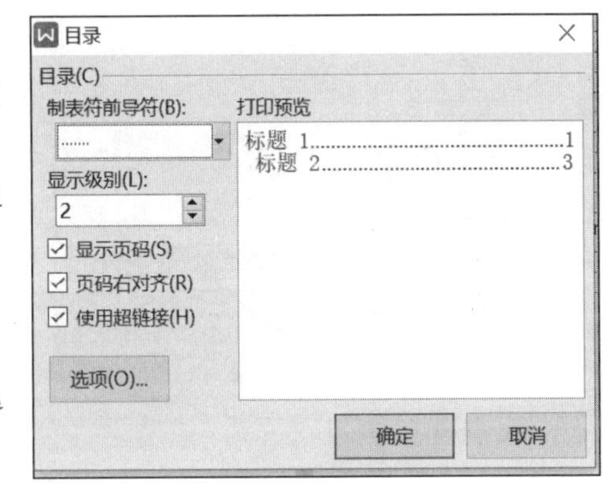

图 2-4-23　插入目录

③ 在“浅析商业插画”前，单击“插入”选项卡中“分页”按钮，在打开的下拉菜单中选择“下一页分节符”选项。

④ 分别在“正文”“结束语”“致谢词”的结尾处，单击“插入”选项卡中“分页”按钮，在打开的下拉菜单中选择“分节符”选项，将论文各部分分隔到不同的页面。

（4）插入页眉和页脚，要求如下。

① 目录页使用罗马字符页码，居中显示。

② 从正文开始，插入普通数字页码，字体为“Times New Roman”，字号为 9，右对齐。

③ 从正文开始，奇数页页眉，内容为“浅析商业插画”，格式为楷体小五，右对齐；偶数页页眉，内容为“××专业”，格式为楷体小五，左对齐。

操作提要

① 光标定位到目录所在页面，选择“插入”选项卡中“页码”选项，在打开的下拉菜单中选择“页脚中间”命令，在弹出的对话框中将样式设置为“Ⅰ,Ⅱ,Ⅲ……”，位置设置为“底端居中”,应用范围设置为“本节”，如图 2-4-24 所示。

② 光标定位到正文的第一页页面，选择“插入”选项卡中“页码”选项，在打开的下拉菜单中选择“页脚中间”命令，在弹出的对话框中将样式设置为“1,2,3……”，位置设置为“底端居中”，应用范围设置为“本页及之后”，重新编号设置为“页码编号设为 1”，如图 2-4-25 所示。

③ 光标定位到正文首页的页眉处，选择“页眉页脚”选项卡中“页眉”选项，在打开的下拉菜单中选择“编辑页眉”命令；再单击“页眉页脚”选项卡中的“页眉页脚选项”按钮，在弹出的对话框中选择“奇偶页不同”选项，如图 2-4-26 所示。在正文的第一页页眉处输入

“浅析商业插画”并设置格式为“楷体，小五，右对齐”，在正文的第二页页眉处输入“××专业”并设置格式为“楷体，小五，左对齐”。

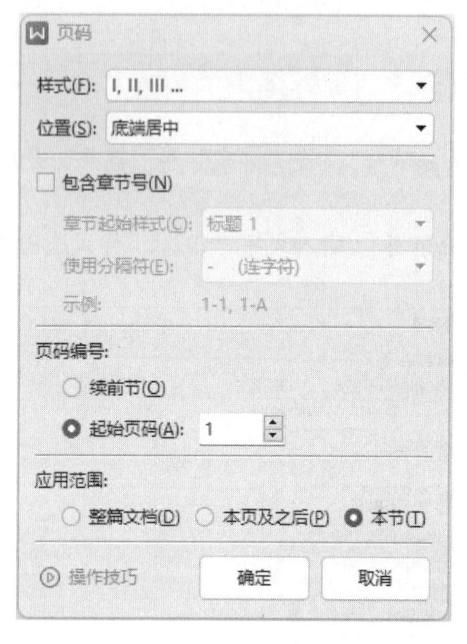

图 2-4-24　目录页插入页码

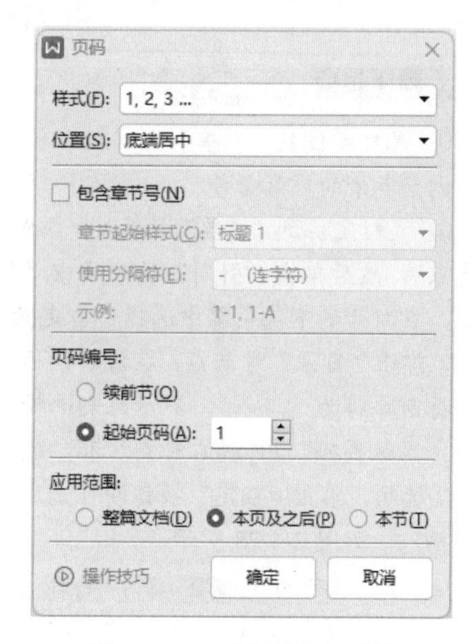

图 2-4-25　正文页插入页码

（5）插图处理要求。将“素材图片 4_1.jpg”“素材图片 4_2.jpg”“素材图片 4_3.jpg”分别插入文档对应位置，同时为图片添加题注，题注格式为“黑体，10 磅，居中”。

操作提要

参照样张插入图片素材后，选中第一张图片，单击“引用”选项卡中的“题注”按钮，在弹出的“题注”对话框中将标签修改为“图”，单击“确定”按钮完成设置，如图2-4-27所示。其他图片采用同样方法进行题注。

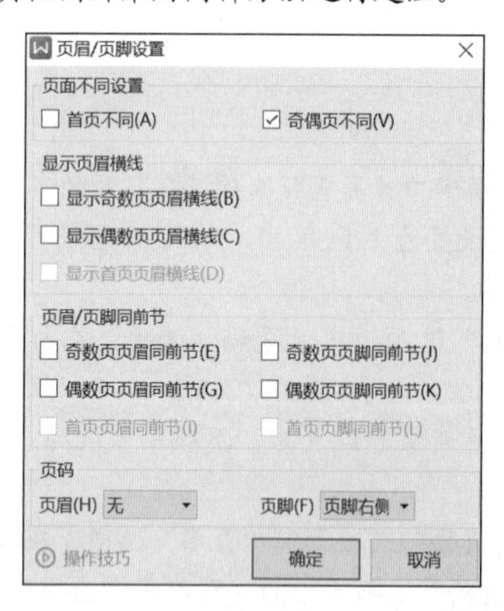

图 2-4-26　设置奇偶页不同的页眉页脚

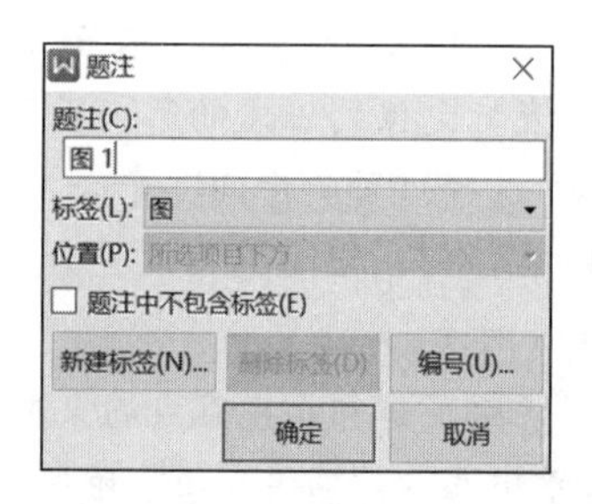

图 2-4-27　“题注”对话框

（6）将目录中页码更新到最新页码，将不同级别的目录按下列要求完成格式设置。

① 一级目录格式为“黑体，小四，加粗，段前段后 0.5 行”。

② 二级目录格式为“宋体，小四，段前段后 0.5 行，左侧缩进 2 字符”。

操作提要

① 插入图片后，如造成论文的页码发生变化，则需要对目录页进行修改。将光标移至目录所在页面，单击“引用”选项卡中“更新目录”按钮，在弹出的对话框中，选择“只更新页码”，如图 2-4-28 所示，将目录中页码信息进行更新。

② 将目录页中一级目录设置为“黑体，小四，加粗，段前段后 0.5 行”；二级目录设置为“宋体，小四，段前段后 0.5 行，左侧缩进 2 字符”；更新目录相关内容。

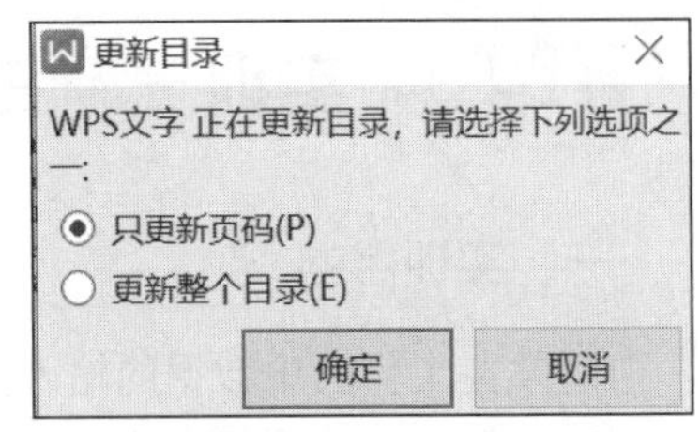

图 2-4-28　更新目录

（7）将文件另存为“毕业设计（学号+姓名）.docx”。

操作提要

单击“文件”菜单中“另存为”命令，在“另存文件”对话框中设定文件名，设置完成单击“保存”按钮即可。

第三章 WPS 表格处理

实训一 Excel 表格的创建及工作表基本操作

一、实训目的

1. 掌握工作表中数据的输入方法。
2. 掌握数据的编辑方法。
3. 掌握工作表的编辑方法。
4. 掌握工作表的格式化方法。
5. 掌握页眉和页脚的设置方法。

二、实训内容

任 务 一

将以文本格式存储的某年级期末各门课程成绩，按要求在 WPS 表格中完成数据的录入以及格式设置等操作，效果样张如图 3-1-1 所示。

视 频

任务一

学生成绩表

学号	姓名	班级	语文	数学	英语	道法	历史
230301	杜小江	2班	94.5	97.0	96.0	93.0	92.0
230302	李大河	3班	95.0	97.0	92.0	88.0	89.0
230303	刘娜	1班	95.0	85.0	99.0	79.0	92.0
230304	陈华	1班	88.0	98.0	91.0	91.0	95.0
230305	张清凤	2班	86.0	97.0	89.0	89.0	88.0
230306	王倪尔	2班	93.5	95.0	95.0	86.0	90.0
230307	何英	1班	100.0	95.0	98.0	97.0	93.0
230308	曾可煊	3班	85.5	90.0	97.0	93.0	87.0
230309	刘康	1班	90.0	91.0	98.0	95.0	93.0
230310	钟清华	3班	91.5	89.0	94.0	86.0	86.0
230311	林伟一	1班	97.5	96.0	98.0	96.0	99.0
230312	陈子祥	2班	93.0	99.0	92.0	92.0	73.0
230313	刘凯锋	1班	92.0	96.0	99.0	74.0	86.0
230314	高鹏飞	3班	99.0	98.0	91.0	78.0	95.0
230315	张扬	3班	91.0	94.0	99.0	93.0	95.0
230316	曾朝霞	2班	90.5	93.0	94.0	90.0	78.0
230317	孙中海	3班	78.0	95.0	88.0	84.0	93.0
230318	苏涵	2班	95.5	92.0	96.0	92.0	91.0

2023年6月1日

图 3-1-1 任务一效果样张图

具体要求如下：

（1）新建工作簿“学生成绩表.xlsx”，将文本文件“学生成绩表.txt”自 A1 单元格开始导入到工作表 Sheet1 中，结果如图 3-1-2 所示。

≡ 文件　» 开始 插入 页面布局 公式 数据 审阅 视图 开发工具　查找

粘贴 剪切 复制 格式刷　宋体　12　合并居

L22　fx

	A	B	C	D	E	F	G
1	姓名	班级	语文	数学	英语	道法	历史
2	杜小江	2班	94.5	97	96	93	92
3	李大河	3班	95	97	92	88	89
4	刘娜	1班	95	85	99	79	92
5	陈华	1班	88	98	91	91	95
6	张清凤	2班	86	97	89	89	88
7	王倪尔	2班	93.5	95	95	86	90
8	何英	1班	100	95	98	97	93
9	曾可煊	3班	85.5	90	97	93	87
10	刘康	1班	90	91	98	95	93
11	钟清华	3班	91.5	89	94	86	86
12	林伟一	1班	97.5	96	98	96	99
13	陈子祥	2班	93	99	92	92	73
14	刘凯锋	1班	92	96	99	74	86
15	高鹏飞	3班	99	98	91	78	95
16	张扬	3班	91	94	99	93	95
17	曾朝霞	2班	90.5	93	94	90	78
18	孙中海	3班	78	95	88	84	93
19	苏涵	2班	95.5	92	96	92	91
20							

Sheet1　Sheet2　100%

图 3-1-2　导入“学生成绩表.txt”

操作提要

① 单击“数据”选项卡中“导入数据”下拉按钮，在打开的下拉菜单中选择“导入数据”命令，如图 3-1-3 所示。

图 3-1-3　导入数据

② 弹出“第一步：选择数据源”对话框，如图 3-1-4 所示，单击“直接打开数据文件”单选按钮后，单击“选择数据源”按钮，在“打开”对话框中选择已存好的源数据文档。

③ 单击“打开”按钮，单击“下一步”按钮，预览数据无乱码后，单击“下一步”按钮，按文本导入向导完成数据导入，如图 3-1-5 至图 3-1-8 所示。

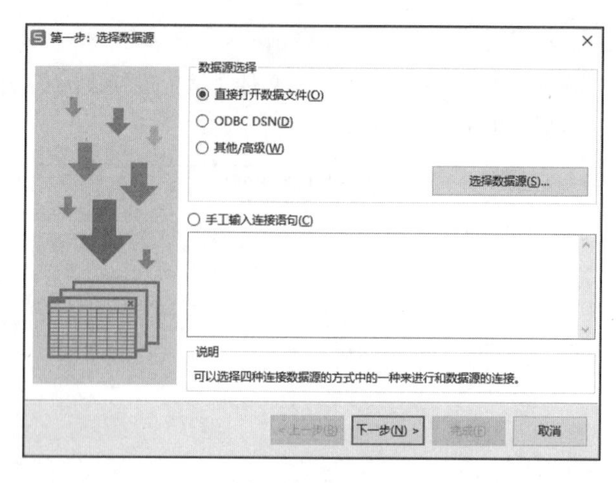

图 3-1-4　选择数据源

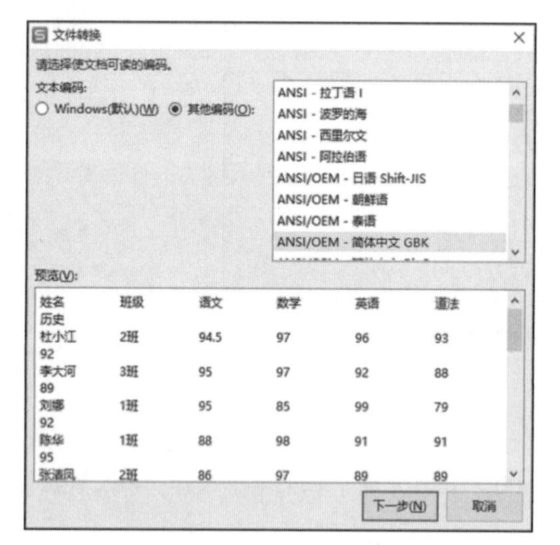

图 3-1-5　文件转换

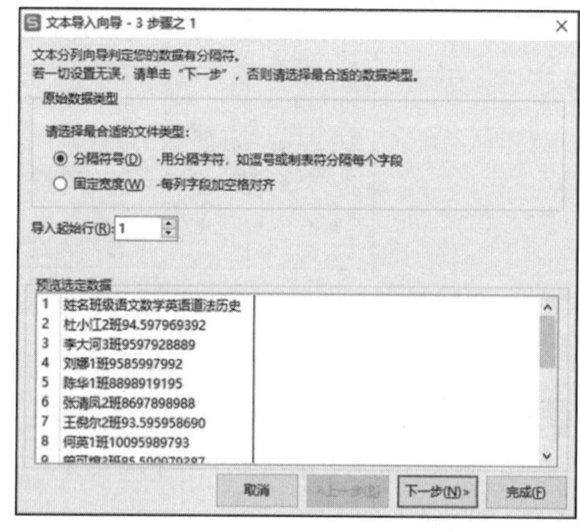

图 3-1-6　文本导入向导步骤 1

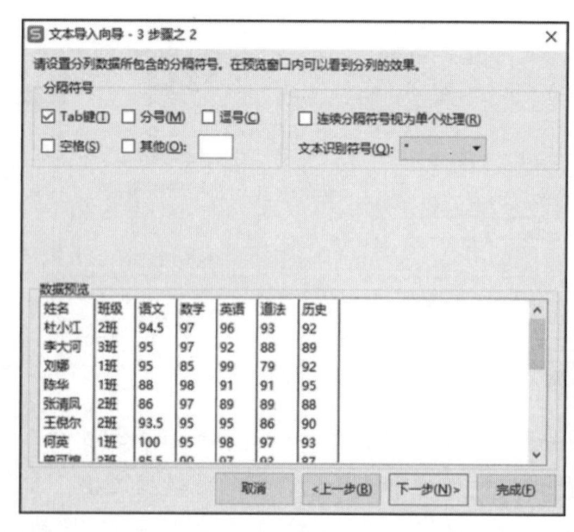

图 3-1-7　文本导入向导步骤 2

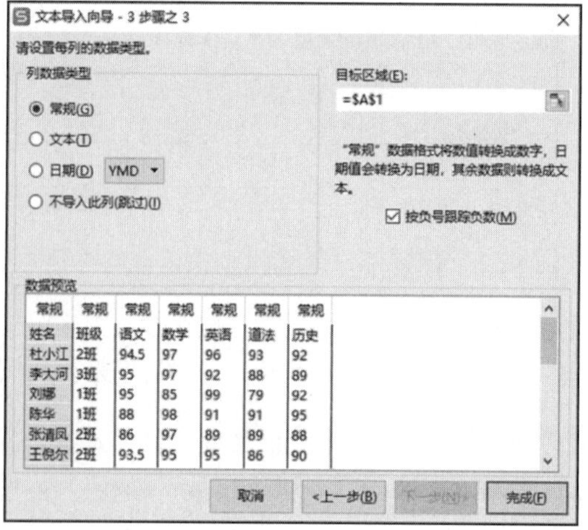

图 3-1-8　文本导入向导步骤 3

（2）在“姓名”列左侧插入一个空列，输入列标题为“学号”，在 A2 单元格输入学号“230301”（字符型数字串），并用拖动填充柄的方式快速输入其他所有学号。

操作提要

选中 A2 单元格，在“开始”选项卡的“数字格式”列表框中选择“文本”类型，如图 3-1-9 所示。

（3）在第一行前插入标题行，输入文字“学生成绩表”，将标题行设置为“蓝色，黑体，26 号，加粗”，对齐方式为合并居中。将表格第 2~20 行的行高设置为 20，内容水平居中、垂直居中。将表格边框外框设置为“深红色，双实线”，内框设置为“紫色，点虚线”。将表格中所有成绩保留一位小数显示，将表格中所有列设置为“最适合的列宽”，效果如图 3-1-10 所示。

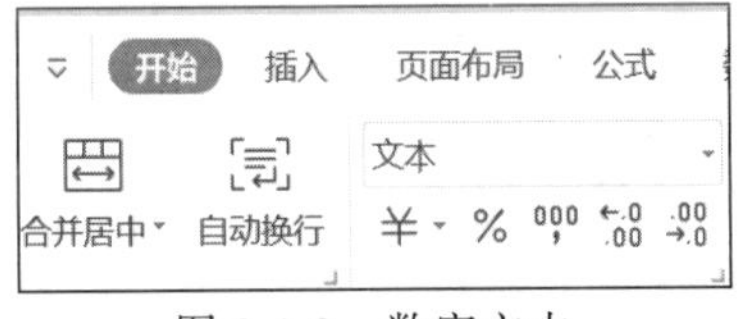

图 3-1-9　数字文本

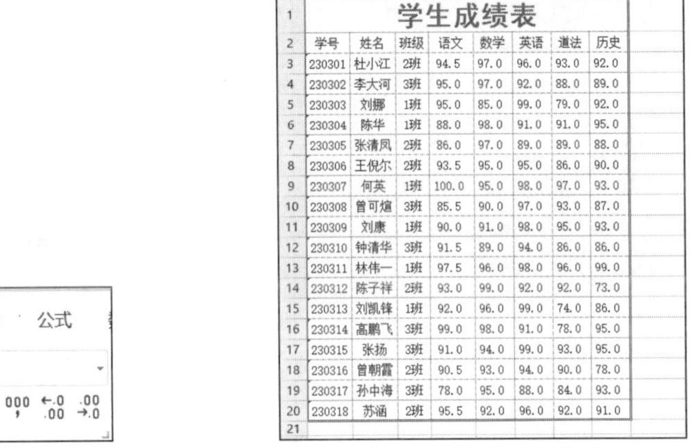

学生成绩表

学号	姓名	班级	语文	数学	英语	道法	历史
230301	杜小江	2班	94.5	97.0	96.0	93.0	92.0
230302	李大河	3班	95.0	97.0	92.0	88.0	89.0
230303	刘娜	1班	95.0	85.0	99.0	79.0	92.0
230304	陈华	1班	88.0	98.0	91.0	91.0	95.0
230305	张清凤	2班	86.0	97.0	89.0	89.0	88.0
230306	王倪尔	2班	93.5	95.0	95.0	86.0	90.0
230307	何英	1班	100.0	95.0	98.0	97.0	93.0
230308	曾可煊	3班	85.5	90.0	97.0	93.0	87.0
230309	刘康	1班	90.0	91.0	98.0	95.0	93.0
230310	钟清华	3班	91.5	89.0	94.0	86.0	86.0
230311	林伟一	1班	97.5	96.0	98.0	96.0	99.0
230312	陈子祥	2班	93.0	99.0	92.0	92.0	73.0
230313	刘凯锋	1班	92.0	96.0	99.0	74.0	86.0
230314	高鹏飞	3班	99.0	98.0	91.0	78.0	95.0
230315	张扬	3班	91.0	94.0	99.0	93.0	95.0
230316	曾朝霞	2班	90.5	93.0	94.0	90.0	78.0
230317	孙中海	3班	78.0	95.0	88.0	84.0	93.0
230318	苏涵	2班	95.5	92.0	96.0	92.0	91.0

图 3-1-10　学生成绩表

操作提要

① 选中 A1:H1 单元格区域，在“开始”选项卡中单击“合并居中”下拉按钮，在打开的下拉菜单中选择“合并居中”命令，如图 3-1-11 所示，将 A1:H1 单元格区域合并为一个单元格，单元格内文字居中。

图 3-1-11　合并居中

② 在工作表中选择 A2:H20 单元格区域，在“开始”选项卡中单击“所有框线”下拉按钮，在打开的下拉菜单中选择“其他边框”命令，如图 3-1-12 所示。

③ 在弹出的“单元格格式”对话框中选择“边框”选项卡，在“线条”栏的“样式”列表框中选择“双实线”样式，在“颜色”栏选择“深红色”，在“预置”栏中选择“外边框”选项。如图 3-1-13 所示。在“线条”栏的“样式”列表框中选择虚线样式，在“颜色”栏选择“紫色”，在“预置”栏中选择“外边框”选项，单击“确定”按钮即可完成单元格内边框样式设置，如图 3-1-14 所示。

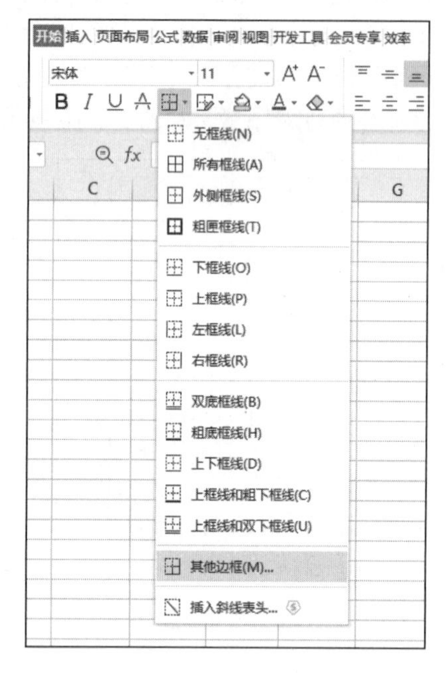

图 3-1-12　其他边框

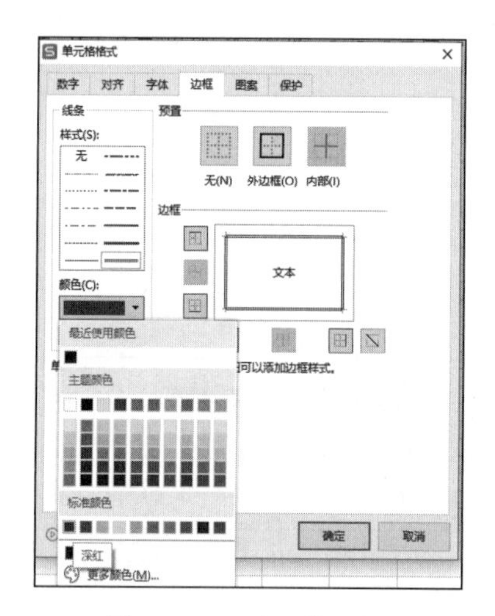

图 3-1-13　设置外边框

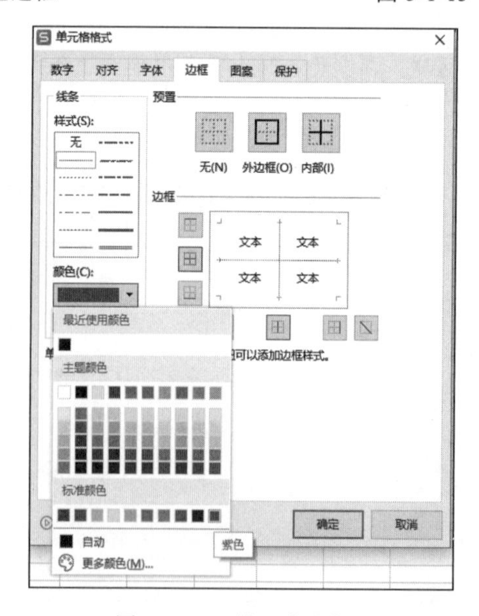

图 3-1-14　设置内边框

④ 选择第 2~20 行单元格区域，在“开始”选项卡中单击“行和列”下拉按钮，在打开的下拉菜单中选择“行高”命令，在弹出的“行高”对话框中设置“行高”数值为 20，单击“确定”按钮。选中 A:H 列，在“开始”选项卡中单击“行和列”下拉按钮，在打开的下拉菜单中选择“最合适的列宽”选项，如图 3-1-15 所示。

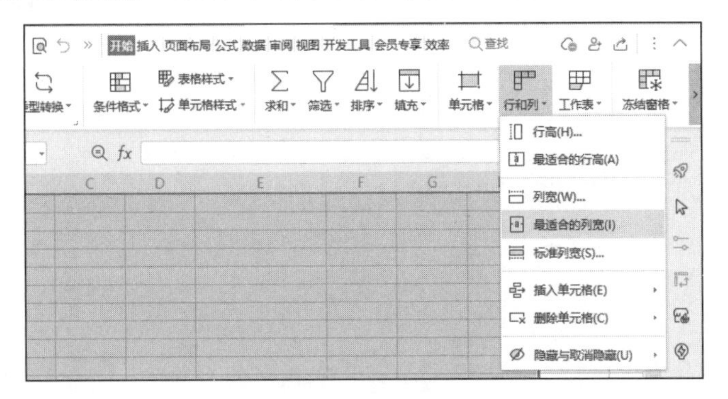

图 3-1-15　最合适的列宽

⑤ 选中 D3:H20 单元格区域，单击“开始”选项卡中的“单元格”下拉按钮，如图 3-1-16 所示，在打开的下拉菜单中选择“设置单元格格式”命令，在弹出的“单元格格式”设置对话框中选择“数字”选项卡，在“分类”列表框中选择“数值”选项，设置“小数位数”为 1，单击“确定”按钮完成设置，如图 3-1-17 所示。

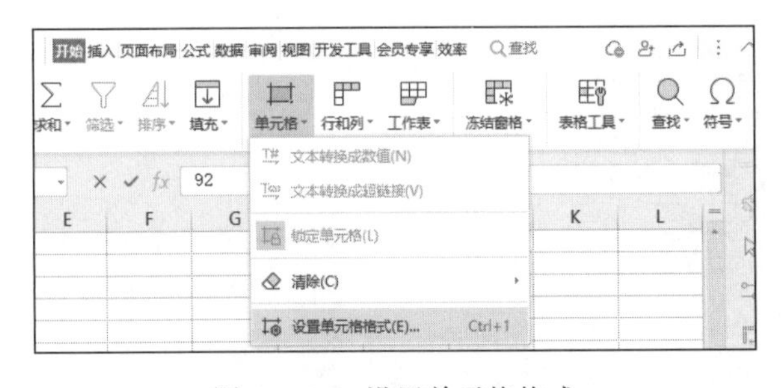

图 3-1-16　设置单元格格式

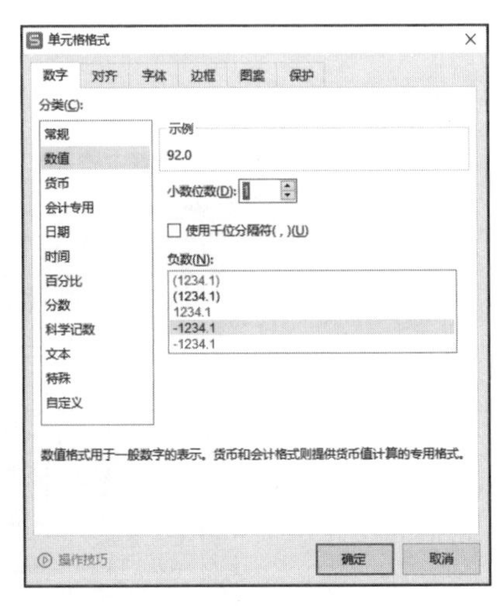

图 3-1-17　设置数值小数位数

（4）将表格中所有低于 80 分的成绩字体设置为红色，所有高于 95 分（包括 95 分）的成绩为蓝色，粗体显示，效果如图 3-1-18 所示。

操作提要

① 选中 D3:H20 单元格区域，单击“开始”选项卡中的“条件格式”下拉按钮，在打开的下拉菜单中选择“突出显示单元格规则”/“小于”命令，弹出“小于”设置对话框，如图 3-1-19 所示，在该对话框中设置小于“80”的成绩设置为“红色文本”，最后单击“确定”

按钮完成设置，如图 3-1-20 所示。

	A	B	C	D	E	F	G	H
1	学生成绩表							
2	学号	姓名	班级	语文	数学	英语	道法	历史
3	230301	杜小江	2班	94.5	97.0	96.0	93.0	92.0
4	230302	李大河	3班	95.0	97.0	92.0	88.0	89.0
5	230303	刘娜	1班	95.0	85.0	99.0	79.0	92.0
6	230304	陈华	1班	88.0	98.0	91.0	91.0	95.0
7	230305	张清凤	2班	86.0	97.0	89.0	89.0	88.0
8	230306	王倪尔	2班	93.5	95.0	95.0	86.0	90.0
9	230307	何英	1班	100.0	95.0	98.0	97.0	93.0
10	230308	曾可煊	3班	85.5	90.0	97.0	93.0	87.0
11	230309	刘康	1班	90.0	91.0	98.0	95.0	93.0
12	230310	钟清华	3班	91.5	89.0	94.0	86.0	86.0
13	230311	林伟一	1班	97.5	96.0	98.0	96.0	99.0
14	230312	陈子祥	2班	93.0	99.0	92.0	92.0	73.0
15	230313	刘凯锋	1班	92.0	96.0	99.0	74.0	86.0
16	230314	高鹏飞	3班	99.0	98.0	91.0	78.0	95.0
17	230315	张扬	3班	91.0	94.0	99.0	93.0	95.0
18	230316	曾朝霞	2班	90.5	93.0	94.0	90.0	78.0
19	230317	孙中海	3班	78.0	95.0	88.0	84.0	93.0
20	230318	苏涵	2班	95.5	92.0	96.0	92.0	91.0

图 3-1-18 条件格式效果图

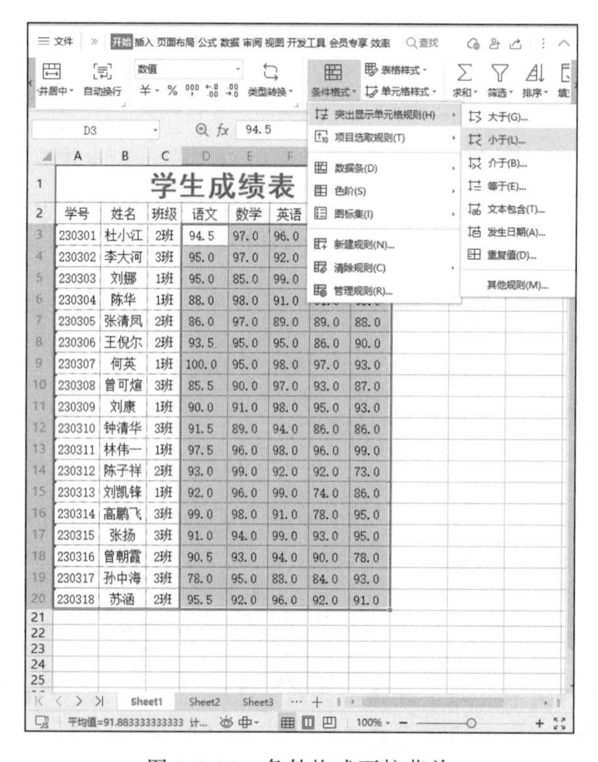

图 3-1-19 条件格式下拉菜单

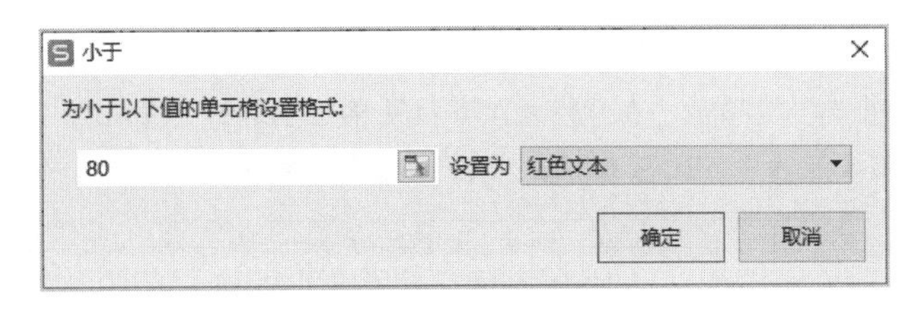

图 3-1-20　条件格式设置

② 选中 D3:H20 单元格区域，单击“开始”选项卡中的“条件格式”下拉按钮，在打开的下拉菜单中选择“新建规则”命令，弹出“新建格式规则”对话框，如图 3-1-21 所示，在该对话框中，选择规则类型为“只为包含以下内容的单元格设置格式”，并编辑规则说明“单元格”值为“大于或等于”的“95”数值，再单击“格式”按钮，弹出“单元格格式”对话框，在对话框的“字体”选项卡中完成“蓝色，粗体”的字体格式设置，如图 3-1-22 所示。单击“确定”按钮返回“新建格式规则”对话框，单击“确定”按钮即可完成设置。

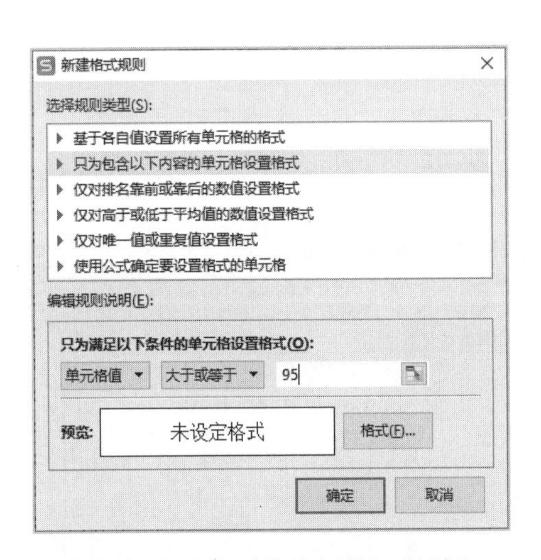

图 3-1-21　“新建格式规则”对话框

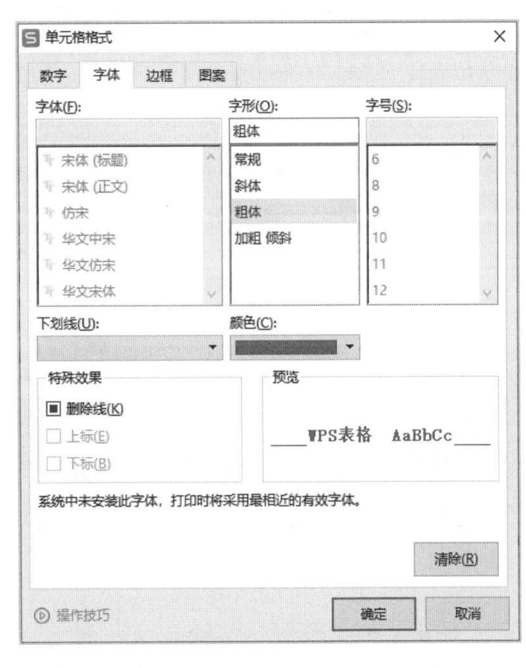

图 3-1-22　“单元格格式”对话框

（5）限定“班级”列中的内容只能是“1 班”“2 班”“3 班”中的一个，并提供输入用下拉箭头，如果输入其他内容，则弹出样式为“警告”的出错警告，错误信息为“班级只能为 1、2、3 班！”，效果如图 3-1-23 所示。

操作提要

① 在工作表中选择 C3:C20 单元格区域，单击“数据”选项卡中“有效性”下拉按钮，在打开的下拉菜单中选择“有效性”命令，在弹出的“数据有效性”对话框中选择“设置”选项卡。

② 在“设置”选项卡“有效性条件”栏的“允许”下拉菜单中选择“序列”选项，在“来

源”中选择数据源区域，如图 3-1-24 所示。

③ 选择“出错警告”选项卡，在“样式”下拉菜单框中选择“警告”样式，在“错误信息”输入框中输入“班级只能为 1、2、3 班!”，单击“确定”按钮完成设置，如图 3-1-25 所示。

	A	B	C	D	E	F	G	H
1	学生成绩表							
2	学号	姓名	班级	语文	数学	英语	道法	历史
3	230301	杜小江	2班	94.5	97.0	96.0	93.0	92.0
4	230302	李大河	3班	95.0	97.0	92.0	88.0	89.0
5	230303	刘娜	1班	95.0	85.0	99.0	79.0	92.0
6	230304	陈华	1班	88.0	98.0	91.0	91.0	95.0
7	230305	张清凤	[illegible]	[illegible]	97.0	89.0	89.0	88.0
8	230306	王倪尔	[illegible]	[illegible]	[illegible]	[illegible]	[illegible]	90.0
9	230307	何英	[illegible]	[illegible]	[illegible]	[illegible]	[illegible]	93.0
10	230308	曾可煊	[illegible]	[illegible]	[illegible]	[illegible]	[illegible]	87.0
11	230309	刘康	[illegible]	[illegible]	[illegible]	[illegible]	[illegible]	93.0
12	230310	钟清华	[illegible]	[illegible]	[illegible]	[illegible]	[illegible]	86.0
13	230311	林伟一	1班	97.5	96.0	98.0	96.0	99.0
14	230312	陈子祥	2班	93.0	99.0	92.0	92.0	73.0
15	230313	刘凯锋	1班	92.0	96.0	99.0	74.0	86.0
16	230314	高鹏飞	3班	99.0	98.0	91.0	78.0	95.0
17	230315	张扬	3班	91.0	94.0	99.0	93.0	95.0
18	230316	曾朝霞	2班	90.5	93.0	94.0	90.0	78.0
19	230317	孙中海	3班	78.0	95.0	88.0	84.0	93.0
20	230318	苏涵	2班	95.5	92.0	96.0	92.0	91.0

错误提示

班级只能为1、2、3班!

再次[Enter]确认输入。

图 3-1-23　数据有效性效果图

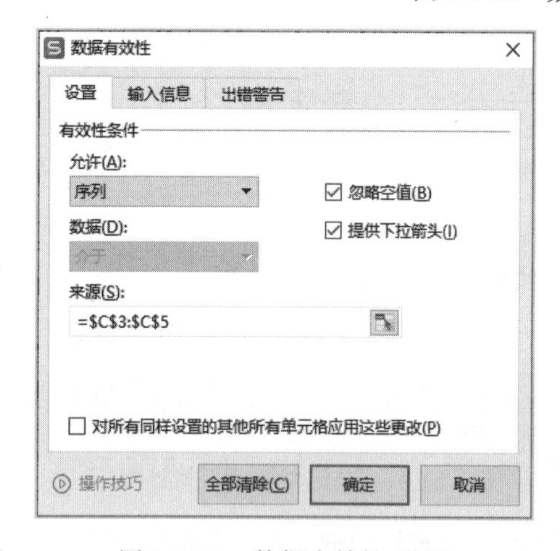

图 3-1-24　数据有效性-设置

图 3-1-25　数据有效性-出错警告

（6）在 I22 单元格中输入日期“2023/6/1”，并将日期设置为格式“yyyy 年 mm 月 dd 日”。

操作提要

选中 I22 单元格右击，在打开的快捷菜单中选择“设置单元格格式”命令，弹出“单元格格式”对话框。在该对话框“数字”选项卡中的“分类”列表框中选择“日期”选项，在右侧打开的“类型”列表框中选择“2001 年 3 月 7 日”选项，再在左侧“分类”列表框中选中“自定义”，修改右侧的类型，最后单击“确定”按钮即可完成设置，如图 3-1-26 所示。

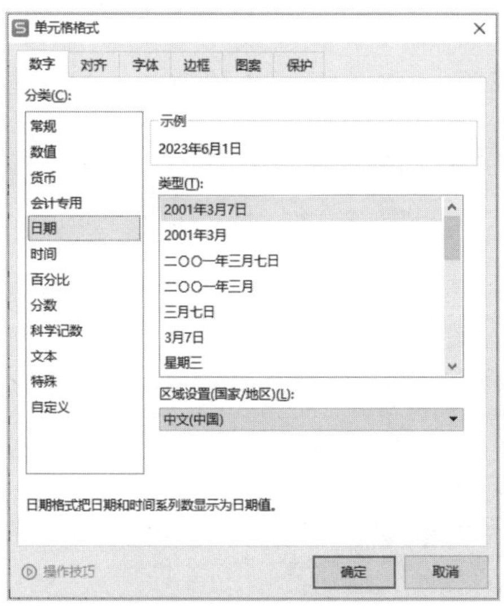

图 3-1-26　单元格格式

（7）将工作表标签“Sheet1”命名为“成绩表”，并设置工作表标签颜色为红色。

操作提要

① 在“Sheet1”工作表标签上右击，在打开的快捷菜单中选择“重命名”命令，光标自动选中“Sheet1”，直接输入“成绩表”，按【Enter】键完成对该工作表的重新命名。

② 在“成绩表”工作表标签上右击，在打开的快捷菜单中选择“工作表标签颜色”命令，在级联菜单中选择标签颜色即可，如图 3-1-27 所示。

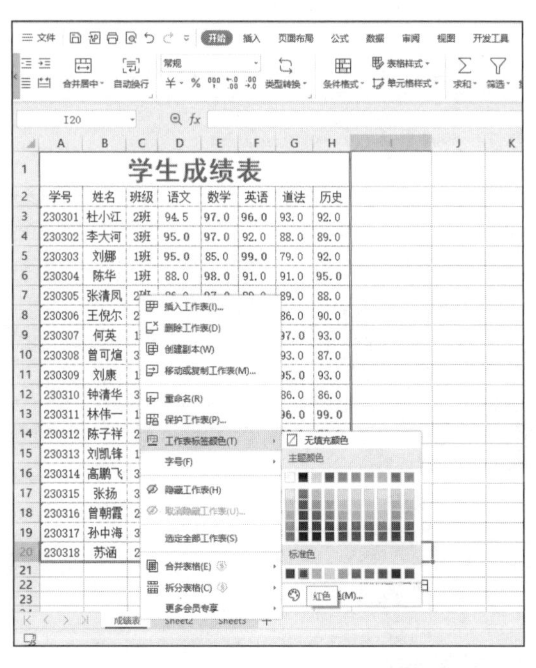

图 3-1-27　设置工作表标签颜色

（8）将“成绩表”工作表复制一个副本，并将副本“成绩表（2）”的 A2:H20 区域套用表格样式“表样式中等深浅 27”，效果如图 3-1-28 所示。

学生成绩表							
学号	姓名	班级	语文	数学	英语	道法	历史
230301	杜小江	2班	94.5	97.0	96.0	93.0	92.0
230302	李大河	3班	95.0	97.0	92.0	88.0	89.0
230303	刘娜	1班	95.0	85.0	99.0	79.0	92.0
230304	陈华	1班	88.0	98.0	91.0	91.0	95.0
230305	张清凤	2班	86.0	97.0	89.0	89.0	88.0
230306	王倪尔	2班	93.5	95.0	95.0	86.0	90.0
230307	何英	1班	100.0	95.0	98.0	97.0	93.0
230308	曾可煊	3班	85.5	90.0	97.0	93.0	87.0
230309	刘康	1班	90.0	91.0	98.0	95.0	93.0
230310	钟清华	3班	91.5	89.0	94.0	86.0	86.0
230311	林伟一	1班	97.5	96.0	98.0	96.0	99.0
230312	陈子祥	2班	93.0	99.0	92.0	92.0	73.0
230313	刘凯锋	1班	92.0	96.0	99.0	74.0	86.0
230314	高鹏飞	3班	99.0	98.0	91.0	78.0	95.0
230315	张扬	3班	91.0	94.0	99.0	93.0	95.0
230316	曾朝霞	2班	90.5	93.0	94.0	90.0	78.0
230317	孙中海	3班	78.0	95.0	88.0	84.0	93.0
230318	苏涵	2班	95.5	92.0	96.0	92.0	91.0

2023年6月1日

成绩表　成绩表（2）

图 3-1-28　套用表格样式效果图

操作提要

在“成绩表（2）”中选择 A2:H20 单元格区域，单击“开始”选项卡中的“表格样式”按钮，在打开的下拉菜单中选择“中色系”中的“表样式中等深浅 27”选项即可完成操作，如图 3-1-29 所示。

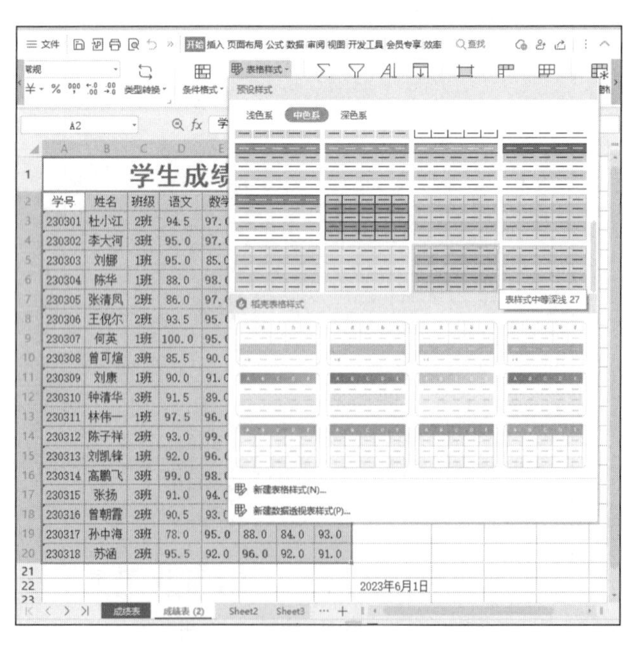

图 3-1-29　表格样式

（9）隐藏表“成绩表（2）”，保存文档。

操作提要

在“成绩表（2）”工作表标签上右击，在打开的快捷菜单中选择“隐藏工作表”命令即可完成设置。

（10）保存文件。

任 务 二

某公司的销售部门人员信息存储在文件“销售部门人员信息表.xlsx”中，本年度新进一批人员，新进人员信息如下：

职工号	姓名	性别	出生日期	部门	主管地区	基本工资	岗位津贴
E011	李小娜	女	1990/4/16	销售部 1	华南	3500	3740
E012	黄毅	男	1991/2/10	销售部 2	华东	3550	3670
E013	曹红梅	女	1989/7/23	销售部 1	华南	3500	3740
E014	赵林	男	1992/1/16	销售部 3	华中	3500	3670

相关信息也存储在文本文件（新进人员.txt）中。按要求在 WPS 表格中完成数据的录入与格式设置等操作，效果如图 3-1-30 所示。

销售部门人员信息表

职工号	姓名	性别	出生日期	部门	主管地区	基本工资	岗位津贴
E001	赵萍	女	1988/3/16	销售部1	华南	5500	3740
E002	钱东虹	男	1988/8/15	销售部2	华东	7450	3670
E003	张竟天	男	1989/9/13	销售部2	华东	3500	3740
E004	李平	男	1987/9/12	销售部2	华东	5350	3670
E005	刘小放	男	1989/2/7	销售部1	华南	5350	3700
E006	陈竟红	女	1988/6/28	销售部1	华南	5450	3740
E007	杨光	男	1987/9/9	销售部3	华中	7550	3700
E008	张朔	男	1989/9/11	销售部3	华中	7350	3640
E009	姜雪	女	1989/8/15	销售部1	华南	5350	3640
E010	钟烨	女	1989/5/1	销售部3	华中	5350	3700
E011	李小娜	女	1990/4/16	销售部1	华南	3500	3740
E012	黄毅	男	1991/2/10	销售部2	华东	3550	3670
E013	曹红梅	女	1989/7/23	销售部1	华南	3500	3740
E014	赵林	男	1992/1/16	销售部3	华中	3500	3670

图 3-1-30　任务二效果图

具体要求如下：

（1）将新进人员信息录入数据文件（销售部门人员信息表.xlsx）中。

操作提要

① 打开文件“销售部门人员信息表.xlsx”，并将光标移至单元格 A12 处。

② 数据录入。

方法一：将新进人员信息手动输入到人员信息表中。

方法二：数据导入。选择“数据”选项卡中的“数据导入”按钮，在打开的下拉菜单中选择“编辑文本导入”命令，在弹出的“导入文件”对话框中选择打开文件“新进人员.txt”，在“文件转换”窗口中跟随系统提示单击“下一步”按钮，如图 3-1-31 所示，直至完成数据导入操作。在打开的“销售部门人员信息表”中，删除行号为“12”的行数据，即可完成新进人员信息的录入，如图 3-1-32 所示。

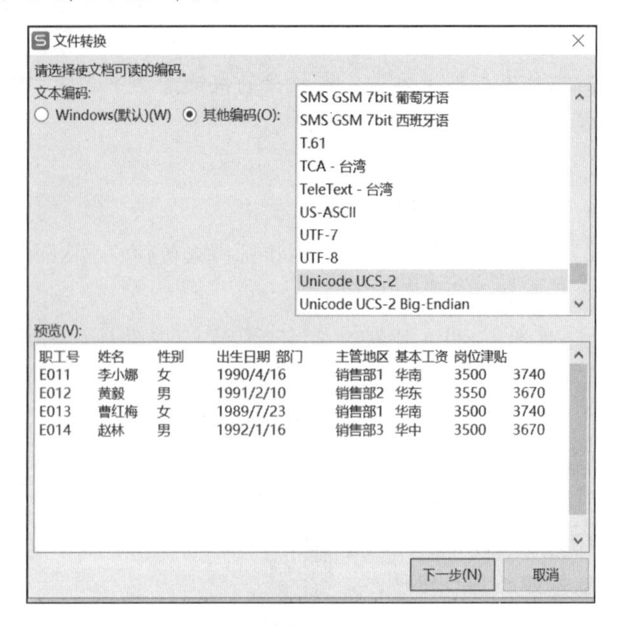

图 3-1-31 导入文件-文件转换

A12 　fx 职工号

	A	B	C	D	E	F	G	H
1	职工号	姓名	性别	出生日期	部门	主管地区	基本工资	岗位津贴
2	E001	赵萍	女	1988/3/16	销售部1	华南	5500	3740
3	E002	钱东虹	男	1988/8/15	销售部2	华东	7450	3670
4	E003	张竟天	男	1989/9/13	销售部2	华东	3500	3740
5	E004	李平	男	1987/9/12	销售部2	华东	5350	3670
6	E005	刘小放	男	1989/2/7	销售部1	华南	5350	3700
7	E006	陈竟红	女	1988/6/28	销售部1	华南	5450	3740
8	E007	杨光	男	1987/9/9	销售部3	华中	7550	3700
9	E008	张朔	男	1989/9/11	销售部3	华中	7350	3640
10	E009	姜雪	女	1989/8/15	销售部1	华南	5350	3640
11	E010	钟烨	女	1989/5/1	销售部3	华中	5350	3700
12	职工号	姓名	性别	出生日期	部门	主管地区	基本工资	岗位津贴
13	E011	李小娜	女	1990/4/16	销售部1	华南	3500	3740
14	E012	黄毅	男	1991/2/10	销售部2	华东	3550	3670
15	E013	曹红梅	女	1989/7/23	销售部1	华南	3500	3740
16	E014	赵林	男	1992/1/16	销售部3	华中	3500	3670

图 3-1-32　删除行

（2）设置标题行，增加标题信息“销售部门人员信息表”，字体格式为“华文琥珀，20，标准蓝色”。

① 在当前数据表第一行之前插入一行空白行。

② 在 A1 单元格输入“销售部门人员信息表”，选中单元区域 A1:H1，选择“开始”选项卡中“单元格”选项，在打开的下拉菜单中选择“设置单元格格式”命令，在弹出的“单元格式”中选择“对齐”选项卡，将水平对齐选择“跨列居中”，垂直对齐选择“居中”，

如图 3-1-33 所示。

③ 选中 A1 单元格，选择“开始”选项卡中相关命令将字体格式设置为“华文琥珀，20，标准蓝色”。

（3）设置表格的框线与底纹，表格外框线为“深红色，双实线”，内框线为“深蓝色，单实线”。表格的行标题底纹设为“6.5%灰色图案样式和钢蓝色，着色 1，浅色 40%的颜色”。

操作提要

① 选中单元格区域 A2:H16，单击“开始”选项卡中的“单元格”按钮，在打开的下拉菜单中选择“设置单元格格式”命令，在弹出的“单元格格式”对话框中选择“边框”选项卡，将外框线设置为“深红色，双实线”，将内框线设置为“深蓝色，单实线”，如图 3-1-34 所示。

图 3-1-33　单元格对齐方式

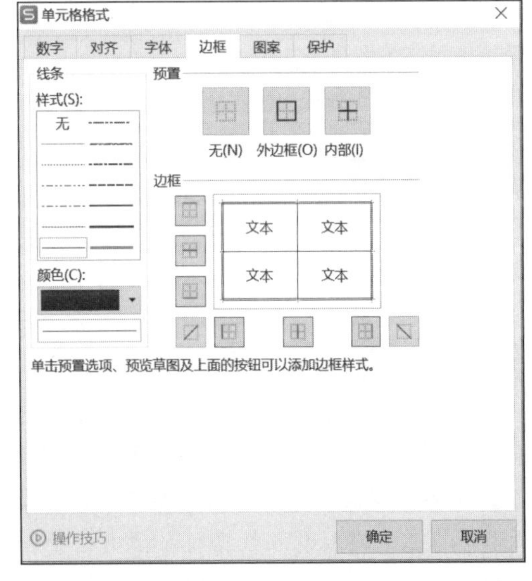

图 3-1-34　单元格格式-边框

② 选中单元格区域 A2:H2，单击“开始”选项卡中“单元格”下拉按钮，在打开的下拉菜单中选择“设置单元格格式”命令，在弹出的“单元格格式”对话框中选择“图案”选项卡，将图案样式设置为“6.5%灰色”，图案颜色设置为“钢蓝色，着色 1，浅色 40%的颜色”，如图 3-1-35 所示。

（4）对所有销售人员的基本工资数据用符号区分三个等级。

操作提要

选中基本工资所在单元格域 G3:G16，单击“开始”选项卡中“条件格式”下拉按钮，在打开的下拉菜单中选择“图标集”命令，在其级联的选项中选择“等级--3 个星形”。

（5）基本工资的数据有效性规则是其不得为负数，效果如图 3-1-36 所示。

图 3-1-35　单元格格式-图案

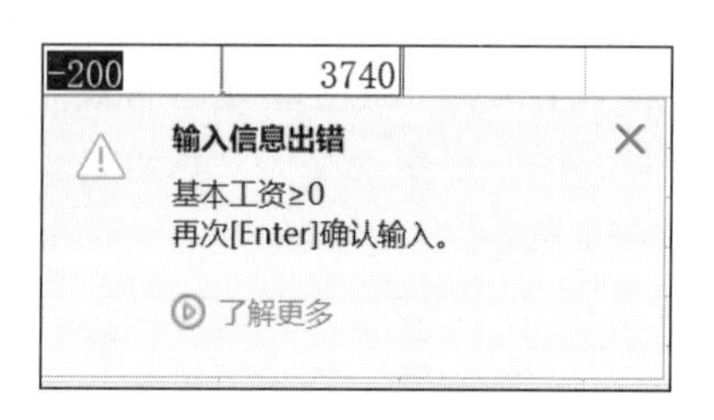

图 3-1-36　数据有效性效果图

① 选择 G3:G16 单元格区域，单击“数据”选项卡中的“有效性”下拉按钮，在打开的下拉菜单中选择“有效性”命令。在弹出的“数据有效性”对话框中选择“设置”选项卡，在“有效性条件”栏的“允许”下拉菜单中选择“小数”选项，“数据”下拉菜单中选择“大于或等于”，最小值栏中填写“0”，如图 3-1-37 所示。

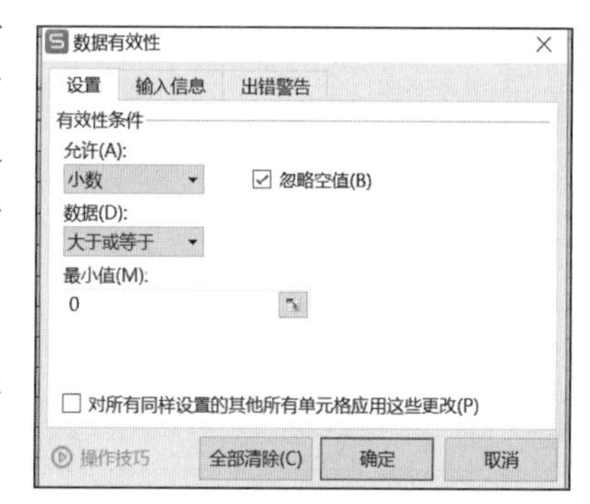

图 3-1-37　数据有效性设置

② 在“数据有效性”对话框中选择“出错警告”选项卡，勾选“输入无效数据时显示出错警告”选项，在“输入无效数据时显示下列出错警告”栏的“样式”下拉菜单中选择“警告”选项，“标题”栏中输入“输入信息出错”，错误信息栏中输入“基本工资≥0”，如图 3-1-38 所示。

（6）将员工信息表中除标题外所有数据复制到 Sheet2 中，并将 Sheet2 改名为：员工信息打印表，并此表套用“深色系-表样式深色 3”表格样式。

操作提要

① 选中员工信息表中 A2:E16 数据，单击“开始”选项卡中“复制”按钮，在工作表标签栏中，单击“新建工作表”按钮，在新建的 Sheet2 表中（从 A1 单元格开始），单击“开始”选项卡中的“粘贴”按钮，在打开的下拉菜单中选择“值”命令，从而实现不含格式复制，如图 3-1-39 所示。

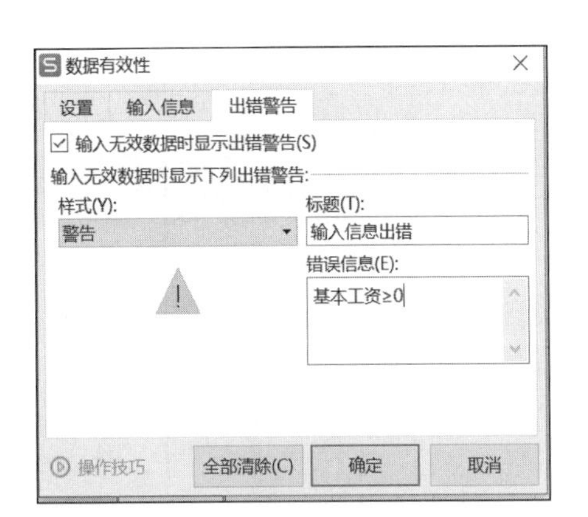

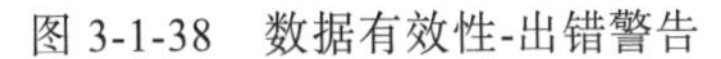
图 3-1-38　数据有效性-出错警告

图 3-1-39　选择性粘贴

注　意：出生日期的类型要重新设置为“短日期”类型。

② 在 Sheet2 工作表标签上右击，在打开的快捷菜单中选择“重命名”命令，光标自动选中 Sheet2，直接输入“员工信息打印表”，按【Enter】键即可为该工作表重新命名。

③ 选中表中所有数据，单击“开始”选项卡中“表格样式”下拉按钮，在打开的下拉菜单中选择“深色系-表样式深色 3”表格样式。

（7）保存文件。

操作提要

单击“快速访问工具栏”中的“保存”按钮，或按【Ctrl+S】组合键即可完成保存文档的操作。

实训二　Excel 表格的公式与函数

一、实训目的

1. 掌握公式的使用方法。
2. 掌握函数的使用方法。
3. 掌握单元格的相对引用和绝对引用。
4. 掌握函数的嵌套。
5. 掌握图表的创建。
6. 掌握图表的编辑。

二、实训内容

任　务　一

按要求新建一个文件名为“大学信息技术成绩.xlsx”的 WPS 表格文件，完成对“大学信息技术”课程的考勤记录与成绩计算，效果如图 3-2-1 至图 3-2-4 所示。

学号	姓名	出勤情况										缺勤次数	实际出勤成绩	出勤成绩总评
		出勤1	出勤2	出勤3	出勤4	出勤5	出勤6	出勤7	出勤8	出勤9	出勤10			
23070001	李亚男	迟到		请假							旷课	3	70	70
23070002	吴飞		旷课		迟到	迟到	请假		请假	旷课		6	40	0
23070003	叶德伟											0	100	100
23070004	刘品卉				请假							1	90	90
23070005	王昊									请假		1	90	90
23070006	黄泽佳											0	100	100
23070007	王超											0	100	100
23070008	林育明	迟到							请假			2	80	80
23070009	刘业颖									迟到		1	90	90
23070010	邓子业			迟到								1	90	90
23070011	陈宇建						旷课					1	90	90
23070012	江悦强	迟到										1	90	90
23070013	庄虹星											0	100	100
23070014	袁旭斌				请假							1	90	90
23070015	黄国滨										请假	1	90	90
23070016	何宇业				请假				迟到			2	80	80
23070017	王志华						请假					1	90	90
23070018	吴妙辉											0	100	100
23070019	谢雨光											0	100	100
23070020	杨凯生		迟到		迟到				旷课			3	70	70
23070021	蔺俊杰											0	100	100
23070022	李万强		旷课						迟到			2	80	80
23070023	程建茹											0	100	100
23070024	李生生							迟到				1	90	90
23070025	林琳		迟到									1	90	90
23070026	王潇妃									迟到		1	90	90
23070027	宋达明											0	100	100
23070028	王冬							迟到				1	90	90
23070029	李新明											0	100	100
23070030	钟明										迟到	1	90	90
23070031	张金				请假							1	90	90
23070032	曾丽华											0	100	100
23070033	赵菲菲											0	100	100
23070034	刘松						旷课					1	90	90
23070035	陈明									旷课		1	90	90
23070036	王一强			请假								1	90	90

图 3-2-1　考勤记录效果图

课程成绩登记表											
										课程名称：大学计算机	
课程学分：2										平时成绩比重：	40%
学号	姓名	出勤成绩	课堂表现	实验实训	大作业	平时成绩	期末成绩	总评成绩	成绩绩点	总评等级	总评排名
		20%	20%	30%	30%						
23070001	李亚男	70	87	81	82	80	89	85	1.6	B	10
23070002	吴飞	0	88	85	70	64	55	59	0	F	35
23070003	叶德伟	100	92	82	89	90	88	89	1.7	B	6
23070004	刘品卉	90	83	90	71	83	64	72	1.3	C	29
23070005	王昊	90	91	97	76	88	68	76	1.4	C	23
23070006	黄泽佳	100	96	85	71	86	61	71	1.3	C	31
23070007	**王超**	**100**	**91**	**88**	**97**	**94**	**99**	**97**	**1.9**	**A**	**1**
23070008	林育明	80	92	80	86	84	84	84	1.6	B	11
23070009	刘业颖	90	94	83	80	86	68	75	1.4	C	25
23070010	邓子业	90	90	78	85	85	79	81	1.5	B	15
23070011	陈宇建	90	90	92	80	88	77	81	1.5	B	15
23070012	江悦强	90	89	90	78	86	76	80	1.5	B	18
23070013	庄虹星	100	90	85	89	90	87	88	1.7	B	8
23070014	**袁旭斌**	**90**	**95**	**90**	**95**	**93**	**97**	**95**	**1.9**	**A**	**2**
23070015	**黄国滨**	**90**	**98**	**98**	**93**	**95**	**87**	**90**	**1.8**	**A**	**5**
23070016	**何宇业**	**80**	**90**	**100**	**96**	**93**	**94**	**94**	**1.9**	**A**	**3**
23070017	王志华	90	88	86	78	85	67	74	1.4	C	26
23070018	吴妙辉	100	86	96	85	92	77	83	1.6	B	13
23070019	谢雨光	100	93	87	70	86	60	70	1.3	C	32
23070020	杨凯生	70	86	78	79	78	71	74	1.4	C	26
23070021	蔺俊杰	100	94	88	80	89	67	76	1.4	C	23
23070022	李万强	80	91	85	75	82	50	63	1.1	D	34
23070023	程建茹	100	88	75	75	83	73	77	1.4	C	21
23070024	李生生	90	93	87	78	86	64	73	1.3	C	28
23070025	林琳	90	77	86	64	78	45	58	0	F	36
23070026	王潇妃	90	86	84	76	83	75	78	1.5	C	20
23070027	**宋达明**	**100**	**92**	**98**	**93**	**96**	**92**	**94**	**1.9**	**A**	**3**
23070028	王冬	90	85	93	77	86	63	72	1.3	C	29
23070029	李新明	100	84	88	82	88	74	80	1.5	B	18
23070030	钟明	90	90	87	79	86	82	84	1.6	B	11
23070031	张金	90	88	89	85	88	78	82	1.6	B	14
23070032	曾丽华	100	90	86	81	88	69	77	1.4	C	21
23070033	赵菲菲	100	95	87	87	91	82	86	1.7	B	9
23070034	刘松	90	95	84	76	85	60	70	1.3	C	32
23070035	陈明	90	92	85	84	87	91	89	1.7	B	6
23070036	王一强	90	82	83	79	83	80	81	1.5	B	15

图 3-2-2　成绩计算效果图

成绩统计	
统计项目	统计结果
总评成绩最高分	97
总评成绩最低分	58
总评成绩平均分	79
高于总评成绩平均分的学生人数	19
低于总评成绩平均分的学生人数	17
期末成绩90以上的学生人数	5
期末成绩80～89的学生人数	8
期末成绩70～79的学生人数	9
期末成绩60～69的学生人数	11
期末成绩60以下的学生人数	3
平时和期末均85分以上的学生人数	8
学生总人数	36

图 3-2-3　成绩统计

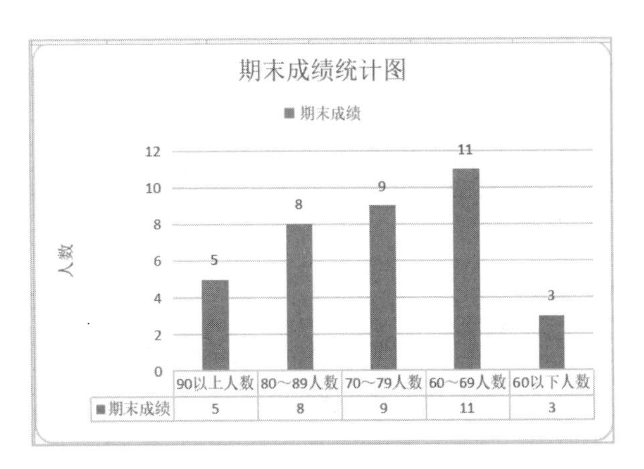

图 3-2-4　期末成绩统计图

“大学信息技术”课程的考勤记录和成绩信息存储在“表格素材 2_1.xlsx”文件中。

具体要求如下：

（1）新建“大学信息技术成绩.xlsx”文件，将“Sheet1”工作表重命名为“课堂考勤登记表”，按以下要求完成本课程中学生的考勤登记与成绩计算操作。

要求：设置标题格式为“黑体，16 号字，蓝色”，居中于 A 列至 O 列；学期及课程信息格式为“宋体，10 号字，蓝色，加粗”；学期信息为文本左对齐，课程信息为文本右对齐；区域（A3:O40）为“宋体，10 号字，自动颜色”，单元格文本水平居中和垂直居中；区域（A3:O4）为“加粗”，将区域 A3:A4、B3:B4 以及 C3:L3 分别设置为合并后居中，且垂直居中；区域 M3:M4、N3:N4、O3:O4 分别合并后居中，且垂直居中及自动换行；将表格外边框设置为黑色细实线，内边框为黑色虚线；为单元格调整合适的行高和列宽。完成后的工作表效果如图 3-2-5 所示。

图 3-2-5　课堂考勤登记表

操作提要

① 新建一个 WPS 表格文档，将“Sheet1”工作表重命名为“课堂考勤登记表”，以文件名为“大学信息技术成绩.xlsx”保存。

② 输入相关文字信息，并通过填充柄快速填充考勤序列，对指定单元格区域完成字符格式设置及表格边框设置操作。

③ 选中 C~L 列，单击“开始”选项卡中的“行和列”下拉按钮，在打开的下拉菜单中选择“最适合的列宽”命令，选中 1~40 行；单击“开始”选项卡中的“行和列”下拉按钮，在打开的下拉菜单中选择“最适合的行高”命令，如图 3-2-6 所示。

行和列 工作表 冻结窗格
行高(H)...
最适合的行高(A)
列宽(W)...
最适合的列宽(I)
标准列宽(S)...
插入单元格(E)
删除单元格(C)
隐藏与取消隐藏(U)

图 3-2-6　最合适的行高/列宽

（2）录入学生学号，学生的起始学号为“23070001”,学号自动加 1 递增；不改变工作表的格式，将所有学生名单复制到工作表中；出勤区域的数据输入只允许为迟到、请假或旷课，并将考勤数据复制到工作表中，在输入不规范时，不允许输入并给出提示信息。

操作提要

① 在 A5 单元格中输入学号“23070001”，选中 A5 单元格，移动鼠标当指针变为黑十字实心光标时，按住左键向下拖动填充柄，拖动过程中填充柄的右下方出现填充的数据，拖至目标单元格 A40 时释放鼠标，单击右下角出现的“自动填充选项”下拉按钮，选择“不带格式填充”，即可实现学号的自动填充，不改变单元格原有的格式。

② 打开“表格素材 2_1.xlsx”文件，选择“学生姓名”工作表的 A2:A37 区域，复制选择的单元格区域（按【Ctrl+C】组合键）。切换到“大学信息技术成绩.xlsx”工作簿的“课堂考勤登记表”工作表，在“课堂考勤登记表”工作表中对应的区域，右击选择“粘贴值”按钮（或按【Ctrl+Shift+V】组合键），将复制的内容粘贴到对应区域，在不改变工作表现有格式的前提下，完成对学生姓名的复制。

③ 出勤区域的数据输入只允许为迟到、请假或旷课，可通过设置数据有效性来实现。选择 C5:L40 单元格区域。单击“数据”选项卡中的“有效性”按钮，在打开的下拉菜单中选择“有效性”命令，弹出“数据有效性”对话框。在该对话框的“设置”选项卡中，“允许”下拉菜单框中选择“序列”，来源中输入“迟到，请假，旷课”，注意分隔符为英文逗号，单击“确定”按钮，即可完成对 C5:L40 单元格区域只允许输入为“迟到、请假或旷课”的设置，如图 3-2-7 所示。

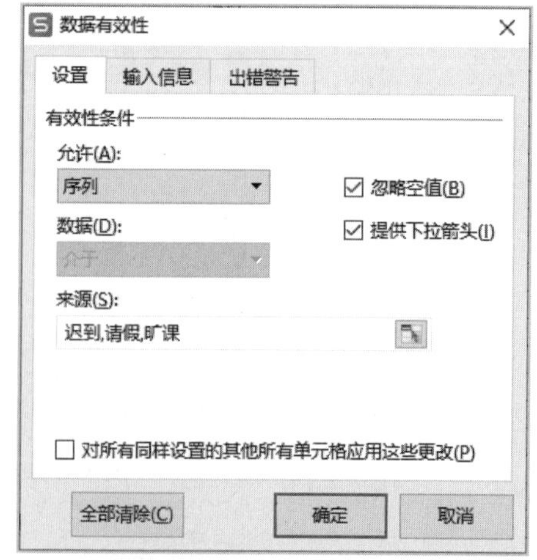

图 3-2-7　数据有效性-设置

注　意： 同样的方法将“表格素材 2_1.xlsx”中“考勤素材”数据复制到“大学信息技术成绩.xlsx”文件的“课堂考勤登记表”中，且不改变工作表的格式。

（3）统计每个学生的出勤情况，计算考勤成绩。

操作提要

① 计算学生的缺勤次数：学生如果有缺勤的情况，就会在对应的单元格标记上“迟到”“请假”或“旷课”，因此，可以过 COUNTA 函数统计学生所对应的缺勤区域中非空值的单元格个数，从而得到学生的缺勤次数。

② 选择 M5 单元格，在“编辑栏”中输入公式“=COUNTA(C5:L5)”，此时，M5 单元格内将显示公式计算结果，如图 3-2-8 所示。

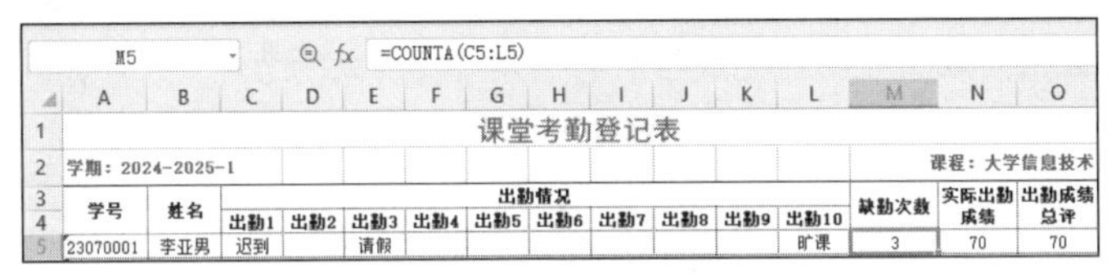

M5　=COUNTA(C5:L5)

课堂考勤登记表														
学期：2024-2025-1													课程：大学信息技术	
学号	姓名	出勤情况										缺勤次数	实际出勤成绩	出勤成绩总评
		出勤1	出勤2	出勤3	出勤4	出勤5	出勤6	出勤7	出勤8	出勤9	出勤10			
23070001	李亚男	迟到		请假							旷课	3	70	70

图 3-2-8　缺勤次数统计

③ 选中 M5 单元格，按住左键向下拖动填充柄至 M40 单元格，单击右下角出现的“自动填充选项”下拉按钮，选择“不带格式填充”选项，即可完成公式的填充。如图 3-2-9 所示。

课堂考勤登记表														
学期：2024-2025-1													课程：大学信息技术	
学号	姓名	出勤情况										缺勤次数	实际出勤成绩	出勤成绩总评
		出勤1	出勤2	出勤3	出勤4	出勤5	出勤6	出勤7	出勤8	出勤9	出勤10			
23070001	李亚男	迟到		请假							旷课	3		
23070002	吴飞		旷课		迟到	迟到	请假		请假	旷课		6		
23070003	叶德伟											0		
23070004	刘品卉				请假							1		
23070005	王昊									请假		1		
23070006	黄泽佳											0		
23070007	王超											0		
23070008	林育明	迟到							请假			2		
23070009	刘业颖									迟到		1		
23070010	邓子业			迟到								1		
23070011	陈宇建						旷课					1		
23070012	江悦强	迟到										1		
23070013	庄虹星											0		
23070014	袁旭斌				请假							1		
23070015	黄国滨										请假	1		
23070016	何宇业				请假				迟到			2		
23070017	王志华						请假					1		
23070018	吴妙辉											0		
23070019	谢雨光											0		
23070020	杨凯生		迟到		迟到				旷课			3		
23070021	蔺俊杰											0		
23070022	李万强		旷课						迟到			2		
23070023	程建茹											0		
23070024	李生生							迟到				1		
23070025	林琳		迟到									1		
23070026	王潇妃									迟到		1		
23070027	宋达明											0		
23070028	王冬							迟到				1		
23070029	李新明											0		
23070030	钟明										迟到	1		
23070031	张金				请假							1		
23070032	曾丽华											0		
23070033	赵菲菲											0		
23070034	刘松						旷课					1		
23070035	陈明									旷课		1		
23070036	王一强			请假								1		

○ 复制单元格(C)
○ 仅填充格式(F)
◉ 不带格式填充(O)
○ 智能填充(E)

课堂考勤登记表　平均值=1　计数=36　求和=36

图 3-2-9　不带格式填充

④ 计算学生的实际出勤成绩，实际出勤成绩=100−缺勤次数 × 10。

选中 N5 单元格，在“编辑栏”中输入公式“=100–M5*10”，完成该同学的“实际出勤成绩”的计算，再使用自动填充功能完成对所有同学“实际出勤成绩”的计算。如图 3-2-10 所示。

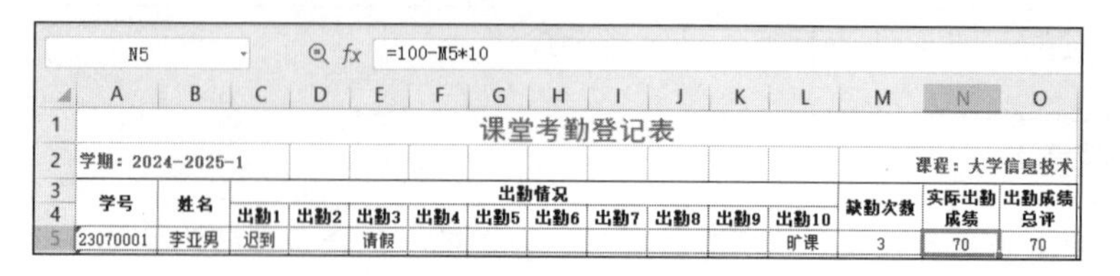

图 3-2-10　计算实际出勤成绩

⑤ 计算学生的出勤成绩总评，如果学生缺勤达到 3 次以上（不含 3 次），出勤成绩总评计为 0 分，否则出勤成绩总评等于实际出勤成绩。

选择 O5 单元格，在“编辑栏”中输入公式“=IF(N5>=70,N5,0)”，完成该同学“出勤成绩总评”的计算，再使用自动填充功能完成对所有同学“出勤成绩总评”的计算。如图 3-2-11 所示。

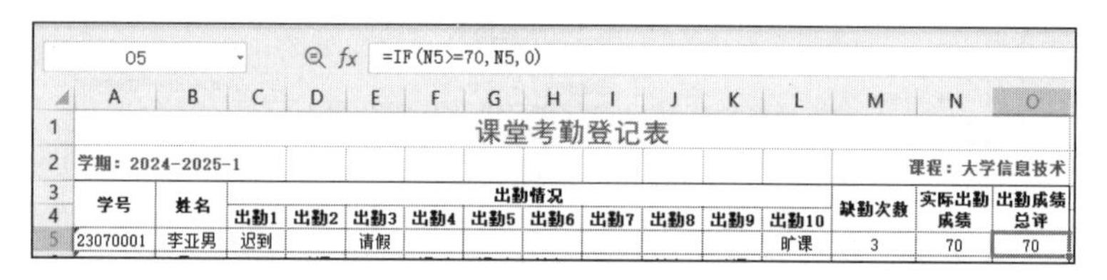

图 3-2-11　计算出勤成绩总评

（4）隐藏工作表的网格线，设置出勤表打印在一页 A4 纸上，水平和垂直居中。

操作提要

① 选择“文件”菜单中的“选项”命令，如图 3-2-12 所示，在弹出的“选项”对话框中选择“视图”选项，在“窗口选项”选项组中，取消选中“网格线”复选框，完成对当前工作表中不显示网格线的设置；或者直接在“视图”选项卡取消勾选“显示网格线”复选框也可。

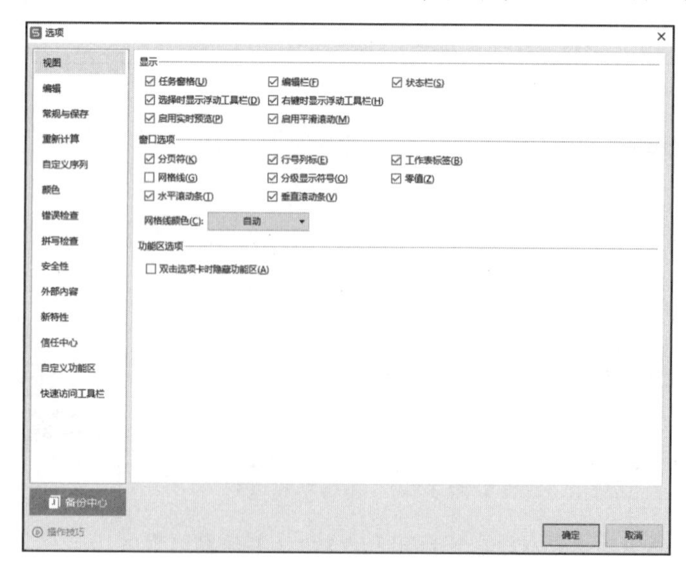

图 3-2-12　不显示网格线

② 单击“页面布局”选项卡中的“纸张大小”下拉按钮，在打开的下拉菜单中选择“A4”。

③ 单击“页面布局”选项卡中的“页边距”下拉按钮，在打开的下拉菜单中选择“自定义边距”命令，在弹出的“页面设置”对话框的“页边距”选项卡中，设置上、下页边距为 3cm,左、右页边距为 2cm,勾选“居中方式”选项组中“水平”和“垂直”复选框，如图 3-2-13 所示。

④ 单击“页面设置”对话框的“打印预览”按钮，在弹出的“打印预览”窗口中单击“无打印缩放”下拉按钮，选择“将整个工作表打印在一页”，就可以将工作表放在同一页显示，如图 3-2-14 所示。

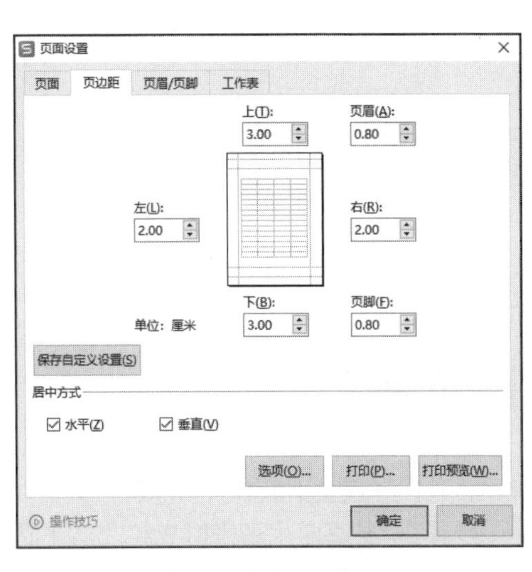

图 3-2-13　页边距

（5）将“表格素材 2_1.xlsx”工作簿中的“课程成绩空表”复制到“大学信息技术成绩.xlsx”工作簿的“课堂考勤登记表”工作表之后，重命名为“课程成绩登记表”工作表，统计根据给定规则计算的总评成绩、课程绩点、总评等级以及总评排名数据，如图 3-2-15 所示。

课堂考勤登记表

学期：2024-2025-1　　　　课程：大学信息技术

学号	姓名	出勤情况										缺勤次数	实际出勤成绩	出勤成绩总评
		出勤1	出勤2	出勤3	出勤4	出勤5	出勤6	出勤7	出勤8	出勤9	出勤10			
23070001	李亚男	迟到		请假							旷课	3	70	70
23070002	吴飞		旷课		迟到	迟到	请假		请假	旷课		6	40	0
23070003	叶德伟											0	100	100
23070004	刘品卉				请假							1	90	90
23070005	王昊									请假		1	90	90
23070006	黄泽佳											0	100	100
23070007	王超											0	100	100
23070008	林育明	迟到							请假			2	80	80
23070009	刘业颖									迟到		1	90	90
23070010	邓子业			迟到								1	90	90
23070011	陈宇建						旷课					1	90	90
23070012	江悦强	迟到										1	90	90
23070013	庄虹星											0	100	100
23070014	袁旭斌				请假							1	90	90
23070015	黄国滨										请假	1	90	90
23070016	何宇业				请假				迟到			2	80	80
23070017	王志华						请假					1	90	90
23070018	吴妙辉											0	100	100
23070019	谢雨光											0	100	100
23070020	杨凯生		迟到		迟到				旷课			3	70	70
23070021	蔺俊杰											0	100	100
23070022	李万强		旷课						迟到			2	80	80
23070023	程建茹											0	100	100
23070024	李生生							迟到				1	90	90
23070025	林琳		迟到									1	90	90
23070026	王潇妃									迟到		1	90	90
23070027	宋达明											0	100	100
23070028	王冬							迟到				1	90	90
23070029	李新明											0	100	100
23070030	钟明										迟到	1	90	90
23070031	张金				请假							1	90	90
23070032	曾丽华											0	100	100
23070033	赵菲菲											0	100	100
23070034	刘松						旷课					1	90	90
23070035	陈明									旷课		1	90	90
23070036	王一强			请假								1	90	90

图 3-2-14　打印预览

	A	B	C	D	E	F	G	H	I	J	K	L
1	课程成绩登记表											
2											课程名称：大学计算机	
3	课程学分：2										平时成绩比重：	40%
4	学号	姓名	出勤成绩	课堂表现	实验实训	大作业	平时成绩	期末成绩	总评成绩	成绩绩点	总评等级	总评排名
5			0.2	0.2	0.3	0.3						

图 3-2-15　课程成绩登记表

步骤 1：设置“出勤成绩、课堂表现、实验实训以及大作业”比重分别为“20%、20%、30%、30%”，并将学生的各项成绩复制到相应位置，数据区域的字符格式为“宋体，10 磅，居中”。

选中“课程成绩总评表”工作表的 C5:F5 单元格区域，将单元格格式设置为“百分比”数字格式，并设置小数位数为“0”，如图 3-2-16 所示。

步骤 2：计算学生的平时成绩及总评成绩（平时成绩和总评成绩四舍五入为整数）。公式为：平时成绩=出勤成绩 × 出勤成绩比重+课堂表现 × 课堂表现比重+实验实训 × 实验实训比重+大作业 × 大作业比重；总评=平时成绩 × 平时成绩比重+期末成绩 ×(1-平时成绩比重)。

操作提要

① 选中 G6 单元格，输入公式“=ROUND(C6*$C$5+D6*$D$5+E6*$E$5+F6*$F$5,0)”，如图 3-2-17 所示。

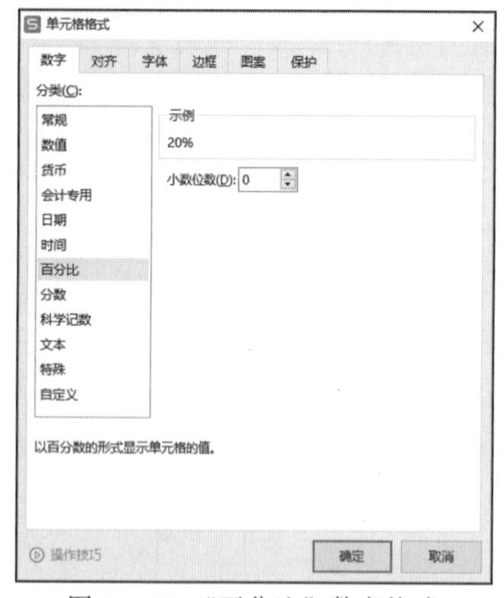

图 3-2-16　“百分比”数字格式

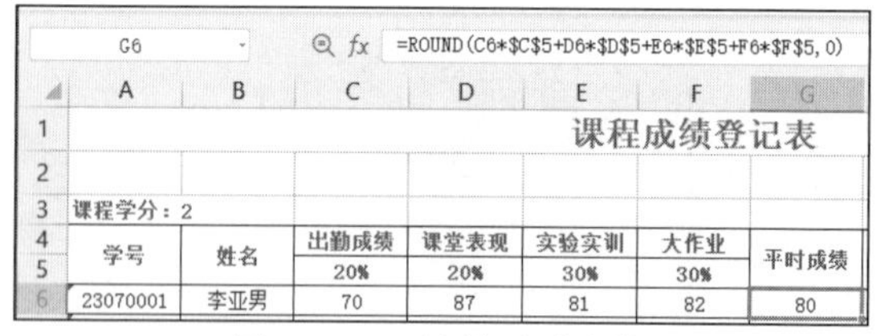

G6　=ROUND(C6*$C$5+D6*$D$5+E6*$E$5+F6*$F$5, 0)

	A	B	C	D	E	F	G
1	课程成绩登记表						
2							
3	课程学分：2						
4	学号	姓名	出勤成绩	课堂表现	实验实训	大作业	平时成绩
5			20%	20%	30%	30%	
6	23070001	李亚男	70	87	81	82	80

图 3-2-17　计算平时成绩

② 选中 I6 单元格，输入公式“=ROUND(G6*$L$3+H6*(1-$L$3),0)”，如图 3-2-18 所示。

I6　=ROUND(G6*$L$3+H6*(1-$L$3), 0)

	A	B	C	D	E	F	G	H	I	J	K	L
1	课程成绩登记表											
2											课程名称：大学计算机	
3	课程学分：2										平时成绩比重：	40%
4	学号	姓名	出勤成绩	课堂表现	实验实训	大作业	平时成绩	期末成绩	总评成绩	成绩绩点	总评等级	总评排名
5			20%	20%	30%	30%						
6	23070001	李亚男	70	87	81	82	80	89	85			

图 3-2-18　计算总评成绩

③ 分别选中 G6 和 I6 单元格，双击单元格右下角的填充柄，完成公式填充。

步骤 3：计算学生的课程绩点。课程总评成绩为 100 分的课程绩点为 2.0，60 分的课程绩点为 1.0，60 分以下课程绩点为 0，课程绩点带一位小数。60~100 分间对应的绩点计算公式如下：

课程绩点=1+(X−60)/40　　（X 为课程总评成绩，60<=X<=100）

操作提要

选中 J6 单元格，输入公式“=ROUND(IF(I6>=60,1+(I6-60)/40,0),1)”，如图 3-2-19 所示，再双击 J6 单元格右下角的填充柄，完成公式填充。

J6　fx　=ROUND(IF(I6>=60,1+(I6-60)/40,0),1)

	A	B	C	D	E	F	G	H	I	J	K	L
1	课程成绩登记表											
2									课程名称：大学计算机			
3	课程学分：2										平时成绩比重：	40%
4	学号	姓名	出勤成绩	课堂表现	实验实训	大作业	平时成绩	期末成绩	总评成绩	成绩绩点	总评等级	总评排名
5			20%	20%	30%	30%						
6	23070001	李亚男	70	87	81	82	80	89	85	1.6		

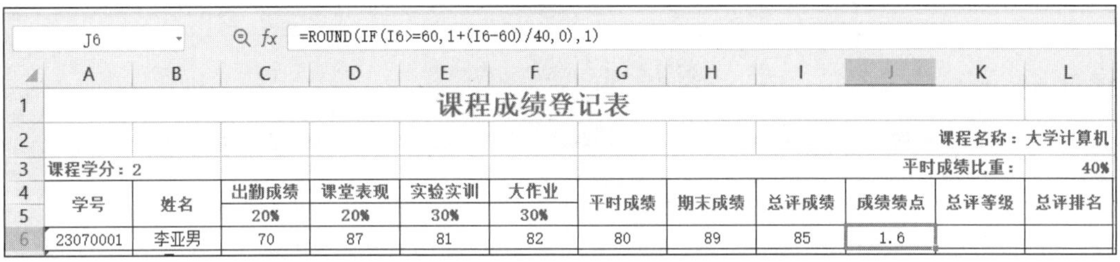

图 3-2-19　计算成绩绩点

步骤 4：计算学生的总评等级。总评成绩>=90 分计为 A，总评成绩>=80 分计为 B，总评成绩>=70 分计为 C，总评成绩>=60 分计为 D，其他计为 F。

操作提要

① 选中 K6 单元格，单击“公式”选项卡中的“插入函数”按钮，在弹出的“插入函数”对话框中选中 IF 函数，如图 3-2-20 所示。

图 3-2-20　插入 IF 函数

② 在弹出的“函数参数”对话框中输入对应的参数后，将光标定位到“假值”文本框中，选择需要嵌入的函数 IF，如图 3-2-21 所示。

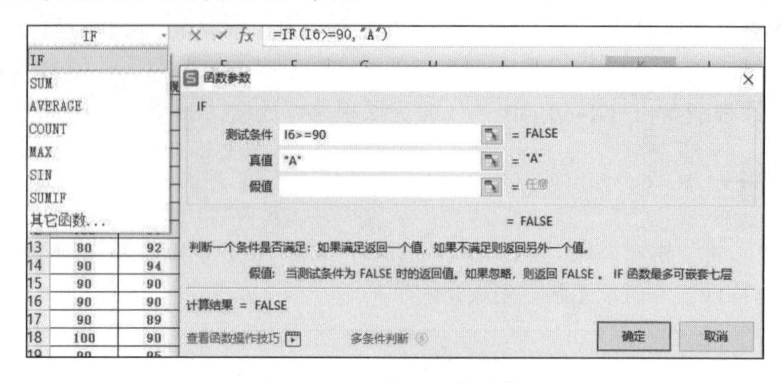

图 3-2-21 设置函数参数

③ 选择结束后将弹出第二个 IF “函数参数”对话框，如图 3-2-22 所示。

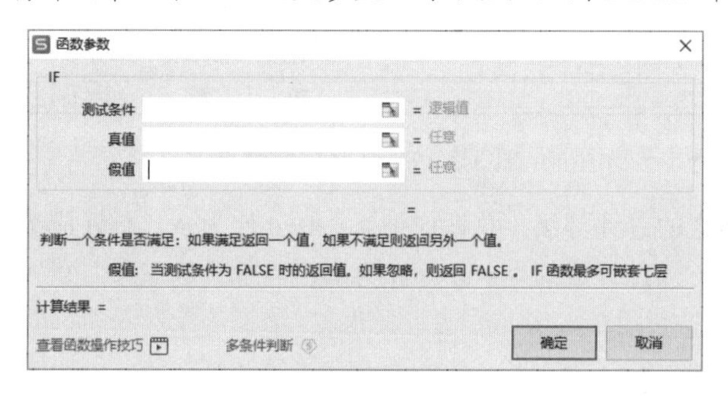

图 3-2-22 第二个 IF “函数参数”对话框

④ 按提示和要求依次完成相应参数录入，效果如图 3-2-23 所示；再双击 K6 单元格右下角的字填充柄，完成公式填充。

K6 fx =IF(I6>=90,"A",IF(I6>=80,"B",IF(I6>=70,"C",IF(I6>=60,"D","F"))))

	A	B	C	D	E	F	G	H	I	J	K	L
1	课程成绩登记表											
2										课程名称：大学计算机		
3	课程学分：2										平时成绩比重：	40%
4	学号	姓名	出勤成绩	课堂表现	实验实训	大作业	平时成绩	期末成绩	总评成绩	成绩绩点	总评等级	总评排名
5			20%	20%	30%	30%						
6	23070001	李亚男	70	87	81	82	80	89	85	1.6	B	

图 3-2-23 总评等级计算结果

步骤 5：根据学生的总评成绩进行排名。

操作提要

单击选中 L6 单元格，在编辑栏输入公式“=RANK(I6,$I$6:$I$41)”，其中参与排名的成绩区域要用对单元格名称的绝对引用，如图 3-2-24 所示，再双击 L6 单元格右下角的填充柄，完成公式填充。

步骤 6：将班级前 5 名的数据用“蓝色，加粗”进行标注，效果如图 3-2-25 所示。

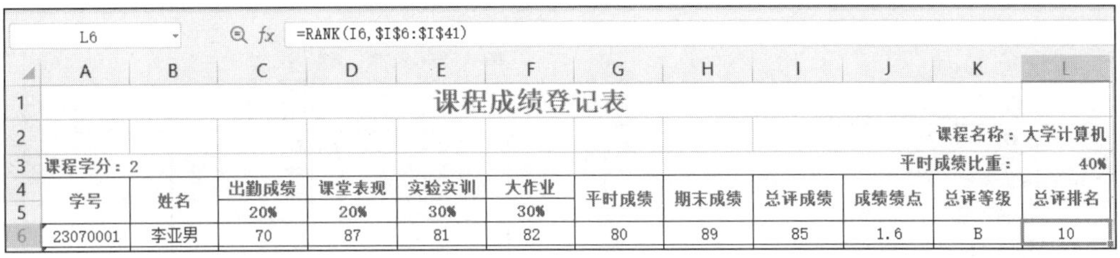

L6 =RANK(I6,$I$6:$I$41)

学号	姓名	出勤成绩	课堂表现	实验实训	大作业	平时成绩	期末成绩	总评成绩	成绩绩点	总评等级	总评排名
课程成绩登记表											
										课程名称：大学计算机	
课程学分：2										平时成绩比重：	40%
		20%	20%	30%	30%						
23070001	李亚男	70	87	81	82	80	89	85	1.6	B	10

图 3-2-24　总评排名的计算

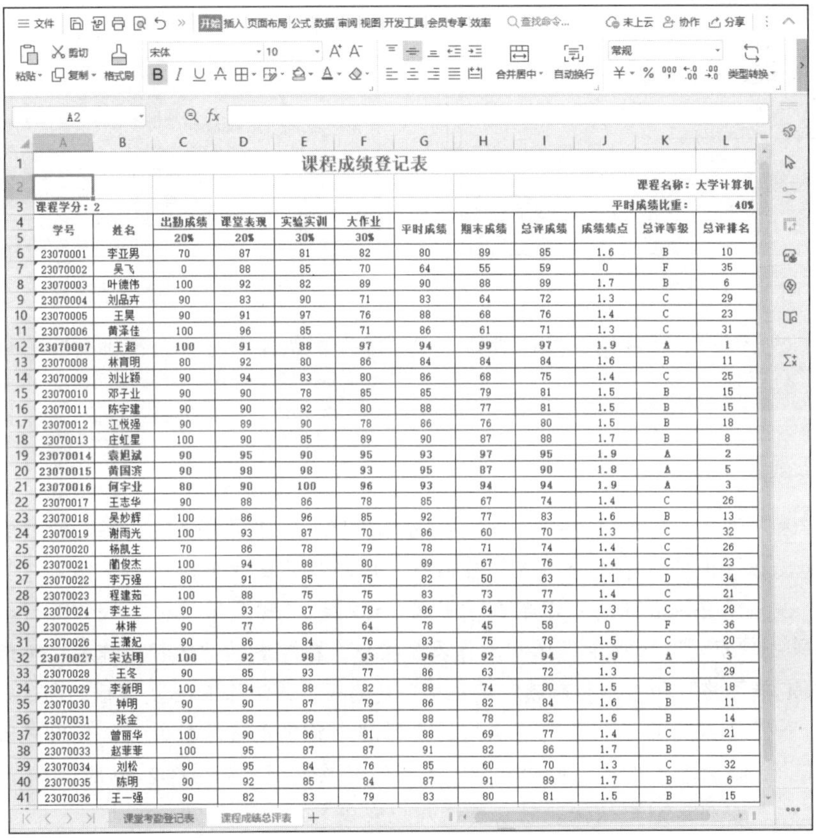

学号	姓名	出勤成绩	课堂表现	实验实训	大作业	平时成绩	期末成绩	总评成绩	成绩绩点	总评等级	总评排名
课程成绩登记表											
										课程名称：大学计算机	
课程学分：2										平时成绩比重：	40%
		20%	20%	30%	30%						
23070001	李亚男	70	87	81	82	80	89	85	1.6	B	10
23070002	吴飞	0	88	85	70	64	55	59	0	F	35
23070003	叶德伟	100	92	82	89	90	88	89	1.7	B	6
23070004	刘品卉	90	83	90	71	83	64	72	1.3	C	29
23070005	王昊	90	91	97	76	88	68	76	1.4	C	23
23070006	黄泽佳	100	96	85	71	86	61	71	1.3	C	31
23070007	**王超**	**100**	**91**	**88**	**97**	**94**	**99**	**97**	**1.9**	**A**	**1**
23070008	林育明	80	92	80	86	84	84	84	1.6	B	11
23070009	刘业颖	90	94	83	80	86	68	75	1.4	C	25
23070010	邓子业	90	90	78	85	85	79	81	1.5	B	15
23070011	陈宇建	90	90	92	80	88	77	81	1.5	B	15
23070012	江悦强	90	89	90	78	86	76	80	1.5	B	18
23070013	庄虹星	100	90	85	89	90	87	88	1.7	B	8
23070014	**袁旭斌**	**90**	**95**	**90**	**95**	**93**	**97**	**95**	**1.9**	**A**	**2**
23070015	**黄国滨**	**90**	**98**	**98**	**93**	**95**	**87**	**90**	**1.8**	**A**	**5**
23070016	**何宇业**	**80**	**90**	**100**	**96**	**93**	**94**	**94**	**1.9**	**A**	**3**
23070017	王志华	90	88	86	78	85	67	74	1.4	C	26
23070018	吴妙辉	100	86	96	85	92	77	83	1.6	B	13
23070019	谢雨光	100	93	87	70	86	60	70	1.3	C	32
23070020	杨凯生	70	86	78	79	78	71	74	1.4	C	26
23070021	蔺俊杰	100	94	88	80	89	67	76	1.4	C	23
23070022	李万强	80	91	85	75	82	50	63	1.1	D	34
23070023	程建茹	100	88	75	75	83	73	77	1.4	C	21
23070024	李生生	90	93	87	78	86	64	73	1.3	C	28
23070025	林琳	90	77	86	64	78	45	58	0	F	36
23070026	王潇妃	90	86	84	76	83	75	78	1.5	C	20
23070027	**宋达明**	**100**	**92**	**98**	**93**	**96**	**92**	**94**	**1.9**	**A**	**3**
23070028	王冬	90	85	93	77	86	63	72	1.3	C	29
23070029	李新明	100	84	88	82	88	74	80	1.5	B	18
23070030	钟明	90	90	87	79	86	82	84	1.6	B	11
23070031	张金	90	88	89	85	88	78	82	1.6	B	14
23070032	曾丽华	100	90	86	81	88	69	77	1.4	C	21
23070033	赵菲菲	100	95	87	87	91	82	86	1.7	B	9
23070034	刘松	90	95	84	76	85	60	70	1.3	C	32
23070035	陈明	90	92	85	84	87	91	89	1.7	B	6
23070036	王一强	90	82	83	79	83	80	81	1.5	B	15

课堂考勤登记表　课程成绩总评表

图 3-2-25　标注前 5 名效果图

操作提要

① 选中“课程成绩总评表”工作表中的 A6:L41 区域，单击“开始”选项卡中的“条件格式”按钮，在打开的下拉菜单中选择“新建规则”命令，弹出“新建格式规则”对话框。

② 在“新建格式规则”对话框中“选择规则类型”选择“使用公式确定要设置格式的单元格”选项，在“编辑规则说明”区域的“只为满足以下条件的单元格设置格式”中输入公式“=$L6<=5”，如图 3-2-26 所示；单击对话框中的“格式”按钮，在弹出的“单元格格式”对话框中完成设置字体格式为“蓝色，加粗”，单击“确定”按钮，返回上级对话框，再单击“确定”按钮完成设置，如图 3-2-27 所示。

图 3-2-26　新建格式规则

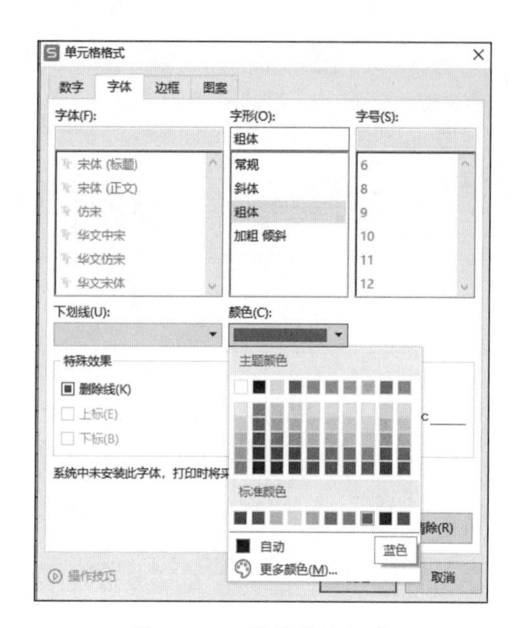

图 3-2-27　设置条件格式

步骤 7：锁定“平时成绩、总评成绩、成绩绩点、总评等级、总评排名”等数据区域，防止误修改等操作。

操作提要

在工作表中选中“G6:G41，I6:L61”区域，右击，在打开的快捷菜单选择“设置单元格格式”命令，在弹出的“单元格格式”对话框“保护”选项卡中，勾选“锁定”复选框，单击“确定”按钮保存设置（也可以单击“审阅”选项卡“锁定单元格”按钮进行单元格区域的锁定）。单击“审阅”选项卡“保护工作表”按钮，在弹出的“保护工作表”对话框中，勾选“选定锁定单元格”和“选定未锁定单元格”复选框，并清除其他复选框的勾选，单击“确定”按钮，如图 3-2-28 所示，即可完成对选定区域中的单元格保护设置。当用户试图修改数据时，会有“被保护单元格不支持此功能”的拒绝修改提示。如图 3-2-29 所示。（注：如果设置了保护工作表密码，则撤销保护时需要输入此密码）。

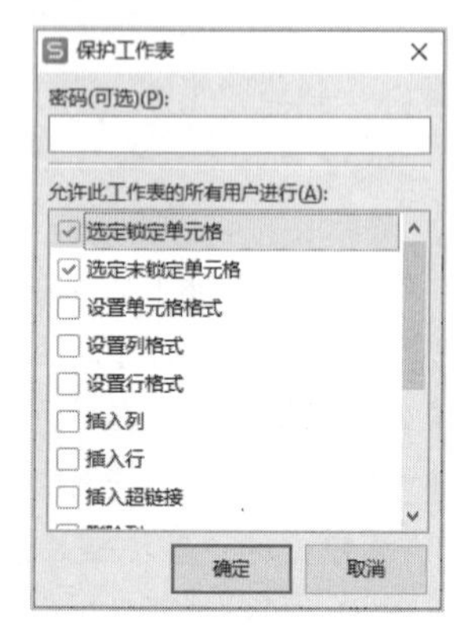

图 3-2-28　保护单元格区域

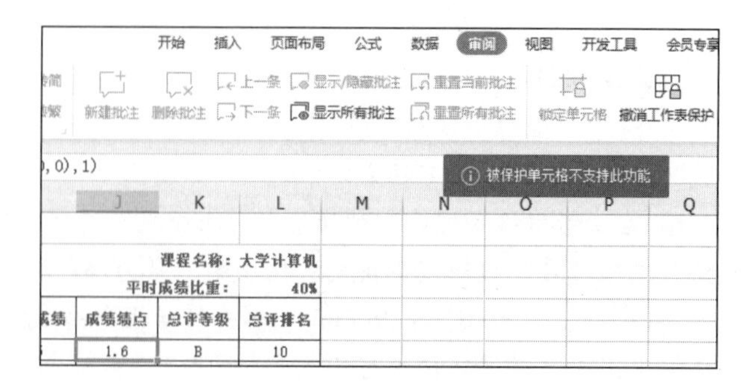

图 3-2-29　拒绝修改提示

步骤 8：对“课程成绩总评表”工作表进行打印设置。打印要求为：上、下页边距为 3cm，左、右页边距为 2 cm，纸张采用 B5（JIS），横向、水平居中打印。设置打印区域为 A1:L41，若打印输出有多页，则打印时每页都需要打印标题（第 1~5 行）信息，每页要显示有“第 X 页 共 Y 页”，居中的页脚信息，效果如图 3-2-30 所示。

课程成绩登记表

课程名称：大学计算机

课程学分：2　　平时成绩比重：40%

学号	姓名	出勤成绩	课堂表现	实验实训	大作业	平时成绩	期末成绩	总评成绩	成绩绩点	总评等级	总评排名
		20%	20%	30%	30%						
23070001	李亚男	70	87	81	82	80	89	85	1.6	B	10
23070002	吴飞	0	88	85	70	64	55	59	0	F	35
23070003	叶穗伟	100	92	82	89	90	88	89	1.7	B	6
23070004	刘品卉	90	83	90	71	83	64	72	1.3	C	29
23070005	王昊	90	91	97	76	88	68	76	1.4	C	23
23070006	黄泽佳	100	96	85	71	86	61	71	1.3	C	31
23070007	王超	100	91	88	97	94	99	97	1.9	A	1
23070008	林宵明	80	92	80	86	84	84	84	1.6	B	11
23070009	刘业颖	90	94	83	80	86	68	75	1.4	C	25
23070010	邓子业	90	90	78	85	85	79	81	1.5	B	15
23070011	陈宇建	90	90	92	80	88	77	81	1.5	B	15
23070012	江悦强	90	89	90	78	86	76	80	1.5	B	18
23070013	庄虹星	100	90	85	89	90	87	88	1.7	B	8
23070014	袁旭斌	90	95	90	95	93	97	95	1.9	A	2
23070015	黄国滨	90	98	98	93	95	87	90	1.8	A	5
23070016	何宇銮	80	90	100	96	93	94	94	1.9	A	3
23070017	王志华	90	88	86	78	85	67	74	1.4	C	26
23070018	吴妙辉	100	86	96	85	92	77	83	1.6	B	13
23070019	谢雨光	100	93	87	70	86	60	70	1.3	C	32

第1页 共2页

图 3-2-30　课程成绩总评表打印预览

操作提要

① 单击“页面布局”选项卡中的“页面设置”对话框按钮，弹出“页面设置”对话框。在该对话框中“页面”选项卡中，选择方向为“横向”，纸张大小为“B5（JIS）”，如图 3-2-31 所示；在“页边距”选项卡中，设置上、下页边距为“3”，左、右页边距为“2”；在“工作表”选项卡中，选择打印区域为“$A$1:$L$41”，选择打印顶端标题行为“$1~$5”行，如图 3-2-31 至图 3-2-33 所示。

图 3-2-31　页面设置-页面

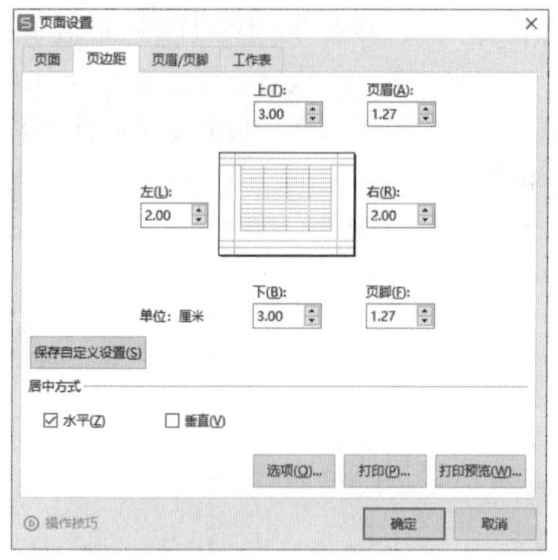

图 3-2-32　页面设置-页边距

图 3-2-33　页面设置-工作表

② 在“页面设置”对话框“页眉/页脚”选项卡中，如图 3-2-34 所示，选择页脚选项为“第 1 页，共？页”，再单击“自定义页脚”按钮，弹出“页脚”对话框，在此对话框中将页脚的对齐方式设置为“中”，如图 3-2-35 所示。

图 3-2-34　页面设置-页眉/页脚

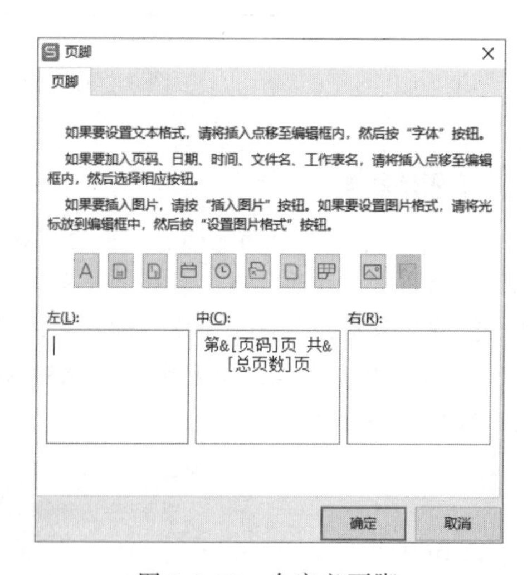

图 3-2-35　自定义页脚

（6）对成绩进行统计。

步骤 1：将素材文档中的“成绩统计素材”复制到“课程成绩总评表”工作表之后，将其重命名为“成绩统计”工作表，将表格样式设置为“表样式浅色 2”，并自动调整列宽适应内容。

操作提要

选中数据区域 A1:B14，单击“开始”选项卡中的“表格样式”按钮，选择“浅色系-表样式浅色 2”选项，在弹出的“套用表格样式”对话框中单击“仅套用表格样式”单选按钮，如

图 3-2-36 所示。

步骤2：成绩计算与统计：在工作表中要分别计算出总评成绩的最高分、最低分、平均分，可以使用MAX函数、MIN函数及AVERAGE函数。统计高于和低于总评成绩平均分的学生人数、期末成绩90分以上以及60分以下的学生人数可以使用COUNTIF函数、统计期末成绩80~89分、70~79分、60~69分的学生人数以及平时和期末均在85分以上的学生人数，可以使用COUNTIFS函数。而要统计学生总人数可以对学生期末考试成绩区域统计（使用COUNT函数）或对学生姓名区域统计（COUNTA函数）。

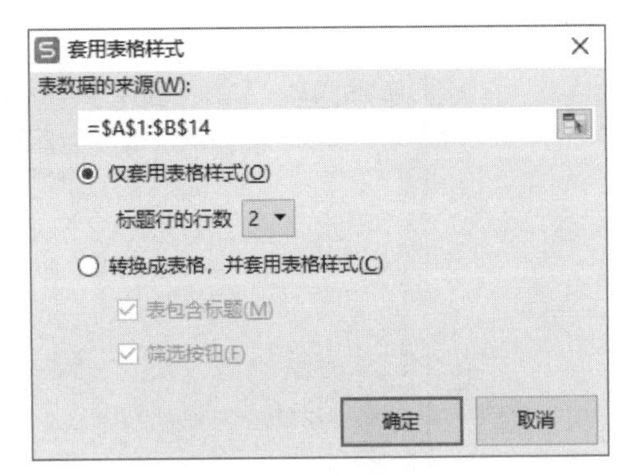

图 3-2-36　套用表格样式

操作提要

① 选中 B3:B14 单元格区域，单击“开始”选项卡的“单元格格式展开”按钮，在弹出的“单元格格式”对话框“数字”选项卡中设置其格式为“数值”，小数位数为 0，如图 3-2-37 所示。

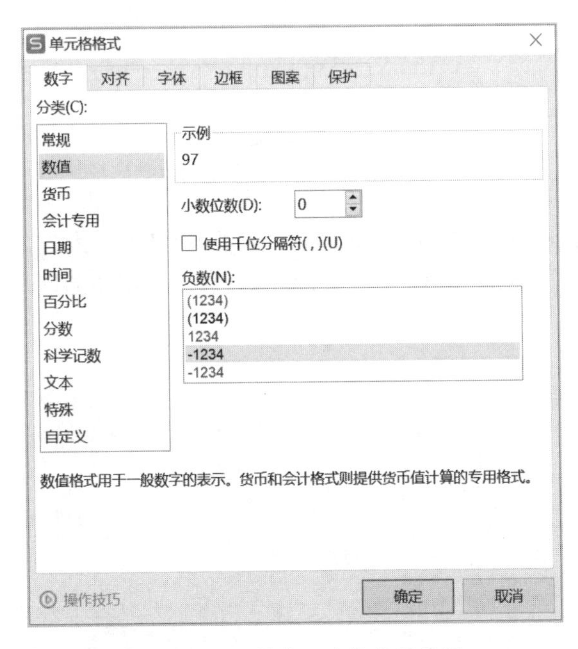

图 3-2-37　“数值”小数位数设置

② 选择“成绩统计”工作表的 B3 单元格，单击“开始”选项卡中的“求和”按钮，在打开的下拉菜单中选择“最大值”命令，选择“课程成绩总评表”工作表的 I6:I41 单元格区域，按【Enter】键，完成“成绩统计”工作表中 B3 单元格的总评成绩最高分的计算，如图 3-2-38 所示；此时可以看到，B3 单元格的公式为“=MAX(课程成绩总评表!I6:I41)”。按上述方法，分别选择工作表的 B4、B5 单元格，依次计算出总评成绩的最低分（公式为= “MIN(课

程成绩总评表!I6:I41)”）和总评成绩的平均分（公式为“=AVERAGE(课程成绩总评表!I6:I41)”）的值，如图 3-2-39 所示。

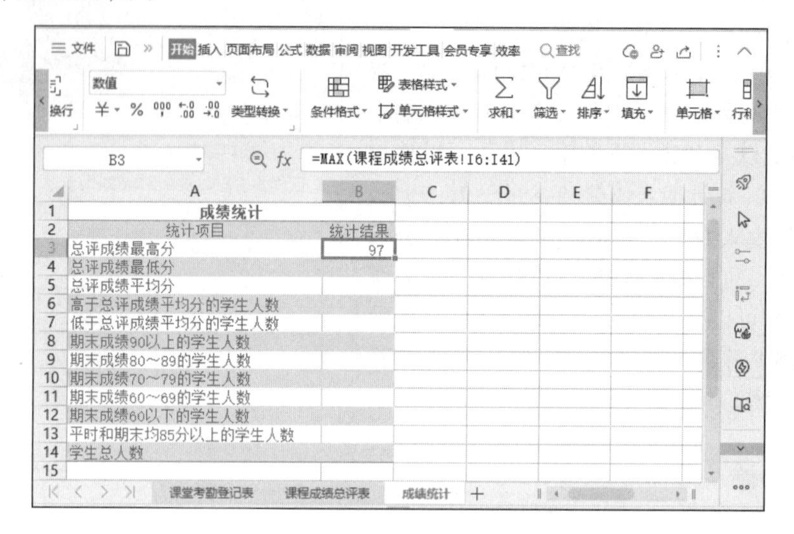

图 3-2-38　总评成绩最高分

B5　=AVERAGE(课程成绩总评表!I6:I41)

	A	B	C	D
1	成绩统计			
2	统计项目	统计结果		
3	总评成绩最高分	97		
4	总评成绩最低分	58		
5	总评成绩平均分	79		

图 3-2-39　总评成绩平均分

③ 选择 B6 单元格，插入 COUNTIF 函数，完成高于总评成绩平均分的学生人数统计；如图 3-2-40 所示，也可以直接在 B6 单元格中输入公式“=COUNTIF(课程成绩总评表!I6:I41, "＞79")”。

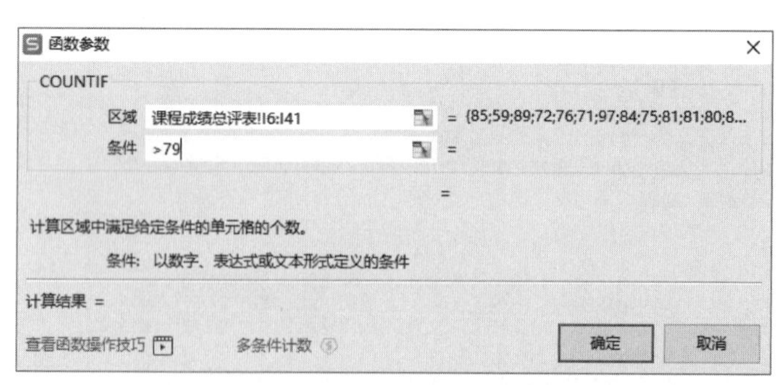

图 3-2-40　计算高于总评成绩平均分的学生人数

④ 选择 B7 单元格，插入 COUNTIF 函数，完成低于总评成绩平均分的学生人数的统计，其中，参数区域为“课程成绩总评表!I6:I41”，条件为"＜79"；选择 B8 单元格，插入 COUNTIF 函数，完成期末成绩 90 以上的学生人数统计。其中，参数区域为“课程成绩总评表!H6:H41”，

条件为"＞=90"；选择 B12 单元格，插入 COUNTIF 函数，完成期末成绩 60 以下的学生人数统计。其中，参数区域为“课程成绩总评表!H6:H41”，条件为"＜60"。

⑤ 选择“成绩统计”工作表的 B9 单元格，插入 COUNTIFS 函数，统计期末成绩 80~89 的学生人数。如图 3-2-41 所示，区域 1 为“课程成绩总评表!H6:H41”，条件 1 为"＜90"，区域 2 为“课程成绩总评表!H6:H41”，条件 2 为"＞=80"；或直接在 B9 单元格中输入公式“=COUNTIFS(课程成绩总评表!H6:H41，"＜90"，课程成绩总评表!H6:H41，"＞80")”。

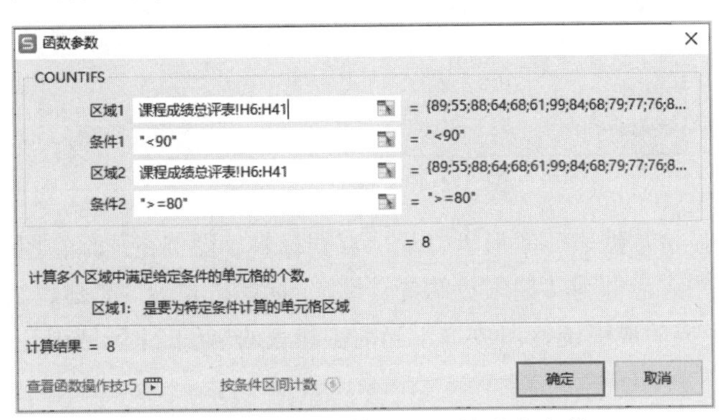

图 3-2-41 期末成绩 80~89 的学生人数

⑥ 选择 B10 单元格，插入 COUNTIFS 函数，统计期末成绩 70~79 分的学生人数，区域 1 为“课程成绩总评表!H6:H41”，条件 1 为"＜80";区域 2 为“课程成绩总评表!H6:H41”，条件 2 为"＞=70"。

⑦ 选择 B11 单元格，插入 COUNTIFS 函数，统计期末成绩 60~69 分的学生人数，区域 1 为“课程成绩总评表!H6:H41”，条件 1 为"＜70"，区域 2 为“课程成绩总评表!H6:H41”，条件 2 为"＞=60"。

⑧ 选择 B13 单元格，插入 COUNTIFS 函数，统计平时和期末均 85 分以上的学生人数。区域 1 为“课程成绩总评表!G6:G41”，条件 1 为"＞=85"，区域 2 为“课程成绩总评表!H6:H41”，条件 2 为"＞=85"。如图 3-2-42 所示。

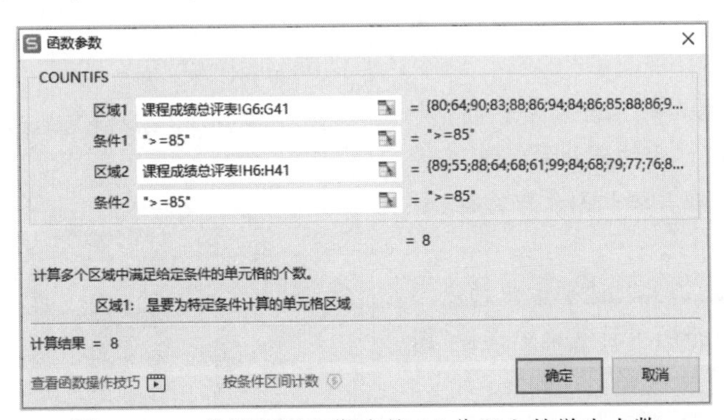

图 3-2-42 统计平时和期末均 85 分以上的学生人数

⑨ 选择 B14 单元格，插入 COUNT 函数，统计期末成绩区域中有数值的单元格个数来获取学生的总人数，如图 3-2-43 所示；也可以直接在 B14 单元格中输入公式“=COUNT(课程成绩总评表!H6:H41)”来统计学生人数。

（7）根据期末成绩统计数据创建图表：根据“表格素材 2_1.xlsx”中的数据制作期末成绩统计图。

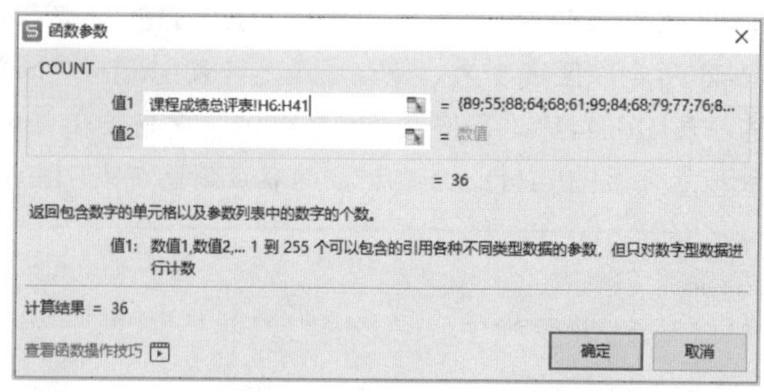

图 3-2-43　统计学生人数

要求图表下方显示数据表，图形上方显示数据标签，图例在顶部，图表区设置为圆角，图表显示网格线，图表标题为“期末成绩统计图”，标题格式为“黑体，16”，设置垂直轴标题为“人数”，将生成的成绩统计图放置于当前工作表的 A6:F21 区域中。

操作提要

① 打开“表格素材 2_1.xlsx”工作簿，选择“成绩分布素材”工作表，复制到文件“大学信息技术成绩.xlsx”的“成绩统计”工作表之后，并重命名为“成绩统计图”工作表。

② 选择 A2:F3 单元格区域，选择“插入”选项卡“插入柱形图”中的“簇状柱形图”选项，在当前工作表中就插入了一张基于选定单元格区域数据的图表。

③ 单击图表的任一位置后，在出现的“图表工具”选项卡中单击的“快速布局”下拉按钮，选择/“布局 5”。将图表标题“图表标题”修改为“期末成绩统计图”，将“坐标轴标题”改为“人数”。

④ 单击“图表工具”选项卡中的“添加元素”按钮，在打开的下拉菜单中选择“网格线”命令，在其级联列表中选择“主轴主要水平网格线”。

⑤ 单击“图表工具”选项卡中的“添加元素”按钮，在打开的下拉菜单中选择“数据标签”，命令在其级联列表中选择“数据标签外”。

⑥ 单击“图表工具”选项卡中的“添加元素”按钮，在打开的下拉菜单中选择“图例”，在其级联列表中选择“顶部”。

⑦ 调整图表大小并将其移动至当前工作表的 A6:F21 区域中，按住【Alt】键的同时拖动图表左上角句柄（右下角句柄同此）将图表精确定位。效果如图 3-2-44 所示。

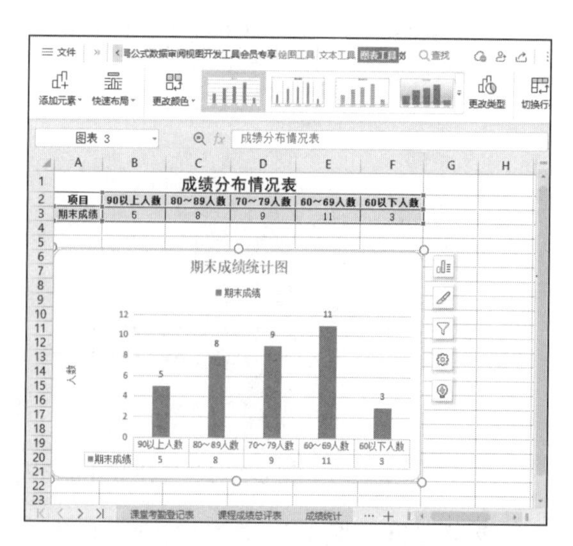

图 3-2-44　期末成绩统计图

（8）保存文件。

任 务 二

某公司的销售部门人员本月的工资信息存储在“销售部人员工资信息表.xlsx”文件中，现财务人员要根据文件中已有数据表完成工资结算。效果如图 3-2-45 至图 3-2-47 所示。

视 频

任务二

	A	B	C	D	E
1	职工号	姓名	销售金额（元）	销售提成（元）	提成的百分比
2	E001	赵萍	196000	1960	1.00%
3	E002	钱东虹	84000	840	
4	E003	张竟天	144000	1440	
5	E004	李平	285000	2850	
6	E005	刘小放	201000	2010	
7	E006	陈竟红	225000	2250	
8	E007	杨光	100000	1000	
9	E008	张朔	214000	2140	
10	E009	姜雪	123000	1230	
11	E010	钟烨	207000	2070	
12	E011	杨丽	234000	2340	
13	E012	甄珍	270000	2700	
14	E013	万明文	165000	1650	
15	E014	刘春晖	189000	1890	
16	E015	李小玉	74000	740	
17	E016	程春生	260000	2600	
18	E017	刘华军	125000	1250	
19	E018	王万科	127000	1270	
20	E019	黄会飞	136000	1360	
21	E020	张王立	264000	2640	

图 3-2-45 销售数据表效果图

	A	B	C	D	E	F	G	H	I	J	K	L	N	O
1	职工号	姓名	性别	身份证号	部门	主管地区	基本工资（元）	岗位津贴（元）	销售提成（元）	应发工资（元）	公积金（元）	社保金（元）	纳税金额（元）	实发工资（元）
2	E001	赵萍	女	360122199	销售部1	华南	5625	1600	1960	9185	675	450	96	7964
3	E002	钱东虹	男	360402199	销售部1	华南	5625	1200	840	7665	675	450	46.2	6493.8
4	E003	张竟天	男	360102199	销售部3	华中	5625	1000	1440	8065	675	450	58.2	6881.8
5	E004	李平	男	360681199	销售部2	华东	5375	1500	2850	9725	645	430	155	8495
6	E005	刘小放	男	360422199	销售部1	华南	5625	1400	2010	9035	675	450	87.3	7822.7
7	E006	陈竟红	女	360221199	销售部1	华南	5775	1160	2250	9185	693	462	93	7937
8	E007	杨光	男	360481199	销售部3	华中	5625	780	1000	7405	675	450	38.4	6241.6
9	E008	张朔	男	360122199	销售部3	华中	5625	1100	2140	8865	675	450	82.2	7657.8
10	E009	姜雪	女	360582199	销售部1	华南	5625	1060	1230	7915	675	450	53.7	6736.3
11	E010	钟烨	女	360423199	销售部3	华中	5625	1600	2070	9295	675	450	107	8063
12	E011	杨丽	女	360221199	销售部2	华东	5625	1500	2340	9465	675	450	124	8216
13	E012	甄珍	男	360921199	销售部1	华南	5625	900	2700	9225	675	450	100	8000
14	E013	万明文	男	360506199	销售部1	华南	5775	1100	1650	8525	693	462	71.1	7298.9
15	E014	刘春晖	男	360682199	销售部3	华中	5625	1500	1890	9015	675	450	86.7	7803.3
16	E015	李小玉	女	360883200	销售部3	华中	4325	800	740	5865	519	346	0	5000
17	E016	程春生	女	361781200	销售部2	华东	4325	1300	2600	8225	519	346	70.8	7289.2
18	E017	刘华军	男	360682200	销售部1	华南	4125	800	1250	6175	495	330	10.5	5339.5
19	E018	王万科	女	365122200	销售部1	华南	4125	1200	1270	6595	495	330	23.1	5746.9
20	E019	黄会飞	女	361402200	销售部3	华中	4125	600	1360	6085	495	330	7.8	5252.2
21	E020	张王立	男	365102200	销售部3	华中	4925	500	2640	8065	591	394	62.4	7017.6

图 3-2-46 工资数据表效果图

	A	B	C	D	E	F	G	H
1	职工号	姓名	部门	基本工资（元）	应发工资（元）	公积金（单位缴存）	社保金（单位缴存）	总支出
2	E001	赵萍	销售部1	5625	9185	675	1125	10985
3	E002	钱东虹	销售部1	5625	7665	675	1125	9465
4	E003	张竟天	销售部3	5625	8065	675	1125	9865
5	E004	李平	销售部2	5375	9725	645	1075	11445
6	E005	刘小放	销售部1	5625	9035	675	1125	10835
7	E006	陈竟红	销售部1	5775	9185	693	1155	11033
8	E007	杨光	销售部3	5625	7405	675	1125	9205
9	E008	张朔	销售部3	5625	8865	675	1125	10665
10	E009	姜雪	销售部1	5625	7915	675	1125	9715
11	E010	钟烨	销售部3	5625	9295	675	1125	11095
12	E011	杨丽	销售部2	5625	9465	675	1125	11265
13	E012	甄珍	销售部1	5625	9225	675	1125	11025
14	E013	万明文	销售部1	5775	8525	693	1155	10373
15	E014	刘春晖	销售部3	5625	9015	675	1125	10815
16	E015	李小玉	销售部3	4325	5865	519	865	7249
17	E016	程春生	销售部2	4325	8225	519	865	9609
18	E017	刘华军	销售部1	4125	6175	495	825	7495
19	E018	王万科	销售部1	4125	6595	495	825	7915
20	E019	黄会飞	销售部3	4125	6085	495	825	7405
21	E020	张王立	销售部3	4925	8065	591	985	9641
22							总和	197100
23							均值	9855
24							人数	20
25								
26								
27	部门	人数	劳务支出和	人均劳务支出				
28	销售部1	9	88841	9871.22				
29	销售部2	3	32319	10773.00				
30	销售部3	8	75940	9492.50				

图 3-2-47 劳务支出表效果图

具体要求如下：

（1）在销售数据表后新增一张工资数据表，表头包括基本工资（元）、岗位津贴（元）、销售提成（元）、应发工资（元）、公积金（元）、社保金（元）、纳税金额（元）、实发工资（元），并将工资数据表的表标签设为红色。

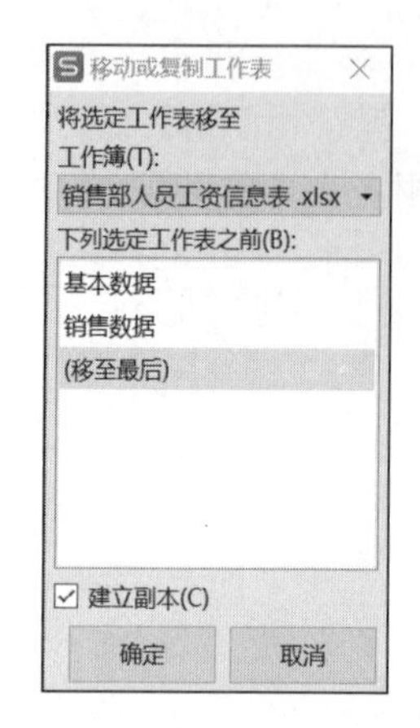

图 3-2-48 复制基本数据表

操作提要

① 打开文件“销售部人员工资信息表.xlsx”，右击 Sheet，在打开的快捷菜单中选择“移动或复制为工资数据工作表”命令，并在弹出的对话框中选择“移至最后”并勾选“建立副本”选项，如图 3-2-48 所示。复制成功后将新表的名称改为“工资数据”。

② 在工资数据表的岗位津贴列之后依次增加：销售提成（元）、应发工资（元）、公积金（元）、社保金（元）、纳税金额（元）、实发工资（元），如图 3-2-49 所示。

G	H	I	J	K	L	M	N
基本工资（元）	岗位津贴（元）	销售提成（元）	应发工资（元）	公积金（元）	社保金（元）	纳税金额（元）	实发工资（元）
5625	1600						

图 3-2-49 增加数据字段

③ 右击工资数据表单务处，在打开的快捷菜单中选择“工作表标签颜色”命令，并在颜色面板中选择“标准红色”，如图 3-2-50 所示。

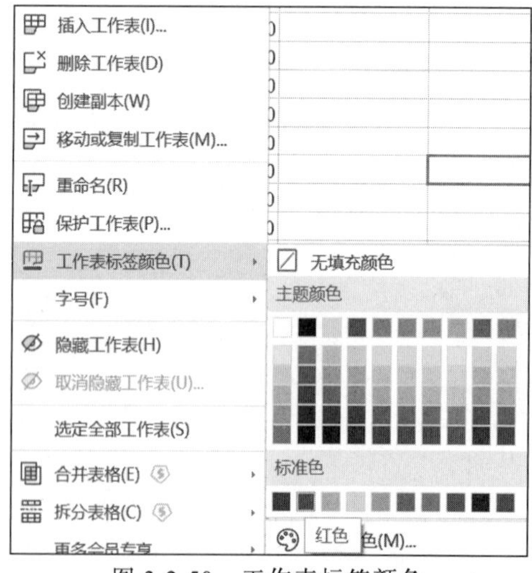

图 3-2-50 工作表标签颜色

（2）计算各销售人员的销售提成（计算公式：销售金额×提成的百分比）。

操作提要

返回“销售数据表”，将光标移至单元格 D2 输入：=C2*$E$2，计算出职工号 E001 的销

售提成，现将光标移至单元格 D2 的填充柄处，快速填充至单元格 D21。

（3）完成工资数据表中销售提成（元）、应发工资（元）、公积金（元）、社保金（元）数据计算。计算公式如下：

应发工资=基本工资+岗位津贴+销售提成

公积金=基本工资×12%

社保金=基本工资×8%

说明：社保金缴存比例为虚拟数据，仅作本书演示之用。

操作提要

① 选择销售数据表的单元格域 D2:D21，单击“开始”选项卡中的“复制”按钮，再选择工资数据表的单元格 I2，单击“开始”选项卡中的“粘贴”下拉按钮，在打开的下拉菜单中选择“值”选项，如图 3-2-51 所示。

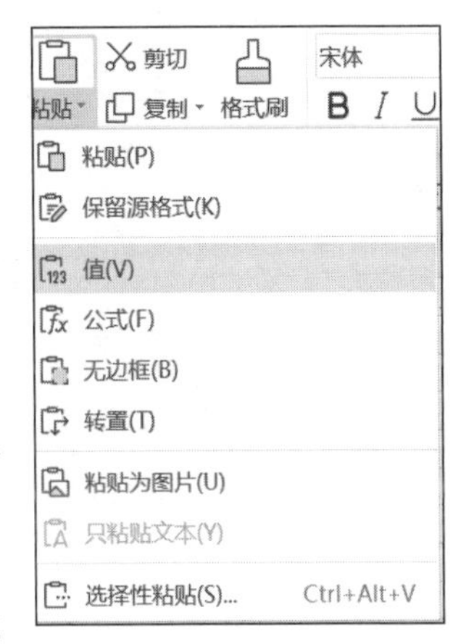

图 3-2-51 选择性粘贴-值

② 选择单元格 J2，在单元格 J2 中输入：=SUM(G2:I2)，计算职工号 E001 的应发工资，再将光标移至单元格 J2 的填充柄处，快速填充至单元格 J21。

③ 选择单元格 K2，在单元格 K2 中输入：=G2*12%，计算职工号 E001 的公积金，再将光标移至单元格 K2 的填充柄处，快速填充至单元格 K21。

④ 选择单元格 L2，在单元格 L2 中输入：=G2*8%，计算职工号 E001 的社保金，再将光标移至单元格 L2 的填充柄处，快速填充至单元格 L21。

（4）完成工资数据表中纳税金额（元）的数据计算。

工资个人所得税的标准部分如下：

在扣除公积金和社保金之后，工资结余部分，

在 1 至 5 000 元（包括 5 000 元）的部分，个人所得税税率为 0%。

在 5 000 至 8 000 元（包括 8 000 元）的部分，个人所得税税率为 3%。

在 8 000 至 17 000 元（包括 17 000 元）的部分，个人所得税税率为 10%。

操作提要

① 选中 M 列（纳税金额所在列），右击，在弹出的快捷菜单中选择“在左侧插入 1 列”命令，如图 3-2-52 所示，列名改为：纳税基数。根据“纳税基数=应发工资−公积金−社保金−5000”的计算公式，在单元格 M2 中输入：=MAX(J2−K2−L2−5000,0)，再将光标移至单元格 M2 的填充柄处，快速填

图 3-2-52 在左侧插入 1 列

充至单元格 M21。

② 选择单元格 N2，在单元格 N2 中输入：=IF(M3<=0,0,IF(M3<=3000,M3×0.03,3000×0.03+ (M3-3000)×0.1))，计算职工号 E001 的纳税金额工资，再将光标移至单元格 N2 的填充柄处，快速填充至单元格 N21。

③ 选择 M 列，右击，在打开的快捷菜单中选择“隐藏”命令。

（5）完成工资数据表中实发工资（元）的数据计算。计算公式：实发工资=应发工资–公积金–社保金–纳税金额。

操作提要

在单元格 O2 中输入：=J2–K2–L2–N2，再将光标移至单元格 O2 的填充柄处，快速填充至单元格 O21。效果如图 3-2-53 所示。

职工号	姓名	性别	身份证号	部门	主管地区	基本工资（元）	岗位津贴（元）	销售提成（元）	应发工资（元）	公积金（元）	社保金（元）	纳税金额（元）	实发工资（元）
E001	赵萍	女	3601221994	销售部1	华南	5625	1600	1960	9185	675	450	96	7964
E002	钱东虹	男	3604021994	销售部1	华南	5625	1200	840	7665	675	450	46.2	6493.8
E003	张竟天	男	3601021994	销售部3	华中	5625	1000	1440	8065	675	450	58.2	6881.8
E004	李平	男	3606811996	销售部2	华东	5375	1500	2850	9725	645	430	155	8495
E005	刘小放	男	3604221995	销售部1	华南	5625	1400	2010	9035	675	450	87.3	7822.7
E006	陈竟红	女	3602211993	销售部1	华南	5775	1160	2250	9185	693	462	93	7937
E007	杨光	男	3604811995	销售部3	华中	5625	780	1000	7405	675	450	38.4	6241.6
E008	张朔	男	3601221995	销售部3	华中	5625	1100	2140	8865	675	450	82.2	7657.8
E009	姜雪	女	3605821994	销售部1	华南	5625	1060	1230	7915	675	450	53.7	6736.3
E010	钟烨	女	3604231995	销售部3	华中	5625	1600	2070	9295	675	450	107	8063
E011	杨丽	女	3602211993	销售部2	华东	5625	1500	2340	9465	675	450	124	8216
E012	甄珍	男	3609211995	销售部1	华南	5625	900	2700	9225	675	450	100	8000
E013	万明文	男	3605061993	销售部1	华南	5775	1100	1650	8525	693	462	71.1	7298.9
E014	刘春晖	男	3606821995	销售部3	华中	5625	1500	1890	9015	675	450	86.7	7803.3
E015	李小玉	女	3608832004	销售部3	华中	4325	800	740	5865	519	346	0	5000
E016	程春生	女	3617812004	销售部2	华东	4325	1300	2600	8225	519	346	70.8	7289.2
E017	刘华军	男	3606822005	销售部1	华南	4125	800	1250	6175	495	330	10.5	5339.5
E018	王万科	女	3651222004	销售部1	华南	4125	1200	1270	6595	495	330	23.1	5746.9
E019	黄会飞	女	3614022004	销售部3	华中	4125	600	1360	6085	495	330	7.8	5252.2
E020	张王立	男	3651022000	销售部3	华中	4925	500	2640	8065	591	394	62.4	7017.6

图 3-2-53 实发工资（元）计算效果图

（6）对工资数据进行一定的权限保护，避免他人对数据误操作。

操作提要

单击“审阅”选项卡中的“保护工作表”按钮，在弹出的“保护工作表”对话框的密码栏中输入设定的密码（本工作表的密码：1234），对“允许工作表的所有用户进行”相关的操作选项进行勾选（如不允许其他用户编辑数据表，则勾选“编辑对象”复选框），如图 3-2-54 所示；单击“确定”按钮，在弹出的二次确认密码对话框中再次输入设定的密码。

当有未经允许的用户编辑工资数据表，会出现相应的提示信息，如图 3-2-55 所示。

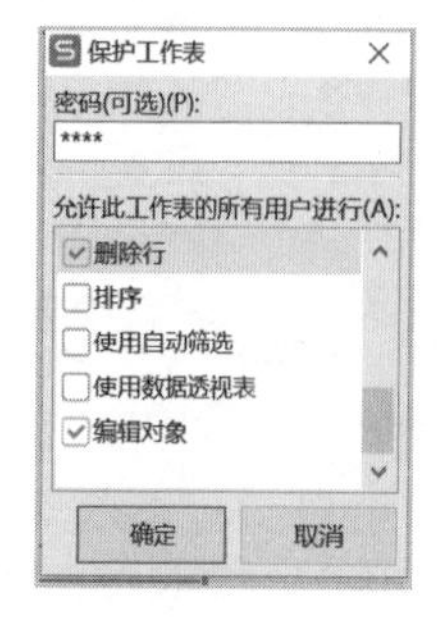

图 3-2-54 保护工作表设置

被保护单元格不支持此功能

G	H	I	J
基本工资（元）	岗位津贴（元）	销售提成（元）	应发工资（元）
5625	1600	1960	9185
5625	1200	840	7665
5625	1000	1440	8065
5375	1500	2850	9725
5625	1400	2010	9035

图 3-2-55 保护工作表效果

工作表的保护权限也可撤销，单击“审阅”选项卡中的“撤销工作表保护”按钮，在弹出的“撤销工作表保护”对话框的密码栏中输入相应的密码。如图 3-2-56 所示。

图 3-2-56　撤销工作表保护

（7）统计用人单位的劳务支出，包括用人单位要支付给每位职工的应发工资，以及为每位职工缴纳用人单位部分的公积金和社保金（公积金为基本工资的 12%，社保金为基本工资的 20%）。

操作提要

① 在工资数据表后新建一张名称为“劳务支出”数据表单。

② 在工资数据表中选择职工号，姓名，部门，基本工资（元），应发工资（元）5 列数据（不连续区域，鼠标选择对象时同时按住【Ctrl】键），单击“开始”选项卡中“复制”按钮。选中劳务支出表的单元格 A1，单击“开始”选项卡中“粘贴”按钮，将所选四列数据复制到劳务支出数据表中。在应发工资列增加“公积金（单位缴存），社保金（单位缴存），总支出” 3 列，如图 3-2-57 所示。

A	B	C	D	E	F	G	H
职工号	姓名	部门	基本工资（元）	应发工资（元）	公积金（单位缴存）	社保金（单位缴存）	总支出
E001	赵萍	销售部1	5625	9185			
E002	钱东虹	销售部1	5625	7665			
E003	张竟天	销售部3	5625	8065			
E004	李平	销售部2	5375	9725			
E005	刘小放	销售部1	5625	9035			
E006	陈竟红	销售部1	5775	9185			
E007	杨光	销售部3	5625	7405			
E008	张朔	销售部3	5625	8865			
E009	姜雪	销售部1	5625	7915			
E010	钟烨	销售部3	5625	9295			
E011	杨丽	销售部2	5625	9465			
E012	甄珍	销售部1	5625	9225			
E013	万明文	销售部1	5775	8525			
E014	刘春晖	销售部3	5625	9015			
E015	李小玉	销售部3	4325	5865			
E016	程春生	销售部2	4325	8225			

图 3-2-57　制作劳务支出表

③ 在劳务支出表中选择单元格 F2，在单元格 F2 中输入公式：=D2*12%，计算职工号 E001 的单位缴存公积金，再将光标移至单元格 F2 的填充柄处，快速填充至单元格 F21。

④ 选择单元格 G2，在单元格 G2 中输入公式：=D2*20%，计算职工号 E001 的单位缴存社保金，再将光标移至单元格 G2 的填充柄处，快速填充至单元格 G21。

⑤ 选择单元格区域 E2:H2，单击“公式”选项卡中的“自动求和”下拉按钮，在打开的下拉菜单中选择“求和”命令，则可完成总支出（基本工资+公积金（单位缴存）+社保金（单位缴存））的计算并将结果存储在单元格 H2 中，再将光标移至单元格 H2 的填充柄处，快速填充至单元格 H21。

（8）统计销售部的劳务支出的总和、均值、人数，统计信息放到所有职工数据的后面，效果如图 3-2-58 所示。

A	B	C	D	E	F	G	H
职工号	姓名	部门	基本工资（元）	应发工资（元）	公积金（单位缴存）	社保金（单位缴存）	总支出
E016	程春生	销售部2	4325	8225	519	865	9609
E017	刘华军	销售部1	4125	6175	495	825	7495
E018	王万科	销售部1	4125	6595	495	825	7915
E019	黄会飞	销售部3	4125	6085	495	825	7405
E020	张王立	销售部3	4925	8065	591	985	9641
						总和	197100
						均值	9855
						人数	20

图 3-2-58　劳务支出表数据计算

操作提要

① 在单元格 G22～G24 中分别输入“总和”“均值”“人数”文字信息。

② 在单元格 H22 输入公式：=SUM(H2:H21)，在单元格 H23 输入公式：=AVERAGE(H2:H21)，在单元格 H24 输入公式：=COUNT(H2:H21)，用以计算销售部的劳务支出总和、均值、人数。

（9）分别统计 3 个销售部的人数、劳务支出和、人均劳务支出，相关数据填写到单元格区域 B28:D30，效果如图 3-2-59 所示。

	A	B	C	D
27	部门	人数	劳务支出和	人均劳务支出
28	销售部1	9	88841	9871.22
29	销售部2	3	32319	10773.00
30	销售部3	8	75940	9492.50

图 3-2-59　各销售部劳务支出计算

① 在单元格区域 A27:D30 相关单元格填写如图 3-2-59 的行标题和列标题。

② 选择单元格 B28，在单元格 B28 中输入公式：=COUNTIF($C$2:$C$21,A28)，统计销售部 1 的人数，再将光标移至单元格 B28 的填充柄处，快速填充至单元格 B30。

③ 选择单元格 C28，在单元格 C28 中输入公式：=SUMIF($C$2:$C$21,A28,$H$2:$H$21)，统计销售部 1 的劳务支出和，再将光标移至单元格 C28 的填充柄处，快速填充至单元格 C30。

④ 选择单元格 D28，在单元格 D28 中输入公式：=AVERAGEIF($C$2:$C$21,A28,$H$2:$H$21)，统计销售部 1 的人均劳务支出，再将光标移至单元格 D28 的填充柄处，快速填充至单元格 D30。

（10）绘制各销售部劳务支出占比的饼图。

① 选择单元格区域 A27:A30 和 C27:C30。

② 单击“插入”选项卡中“全部图表”按钮，在打开的下拉菜单中选择“全部图表”命令，在弹出的“图表”对话框中，选择“饼图”中预设图表中第一个饼图类型，如图 3-2-60 所示。

③ 选中刚插入的饼图，工具栏会出现“图表工具”选项卡，在“图表工具”选项卡中将饼图样式更改为“样式 3”，如图 3-2-61 所示。

④ 选中饼图，在打开的“图表工具”选项卡中单击“快速布局”下拉按钮，在打开的下拉菜单中选择“布局 1”，如图 3-2-62 所示。

⑤ 选中饼图中标题“劳务支出和”，将其图表标题的文字信息更改为“劳务支出”，字体格式设置为“华文新魏，18”。

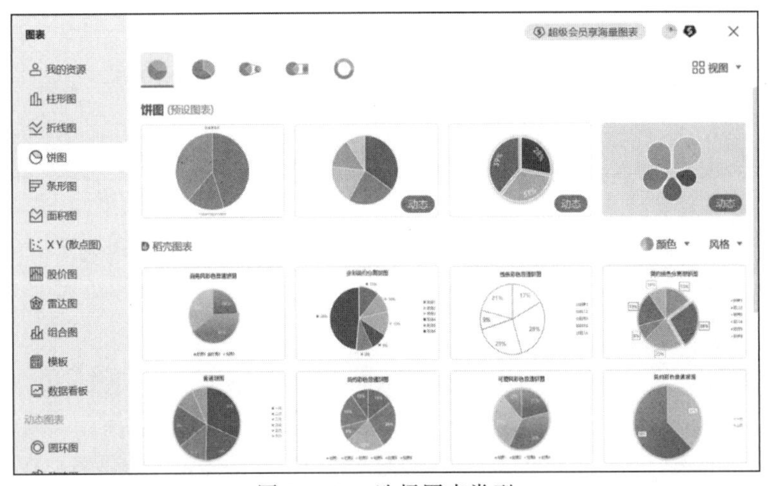

图 3-2-60　选择图表类型

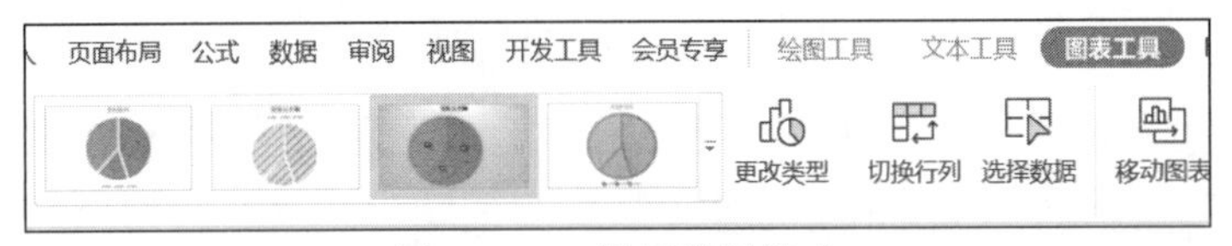

图 3-2-61　设置饼图样式

⑥ 选中饼图，在打开的“图表工具”选项卡中单击“添加元素”下拉按钮，在打开的下拉菜单中选择“图例”命令，再在展开的选项中选择“右侧”命令，如图 3-2-63 所示。图表当前效果图如图 3-2-64 所示。

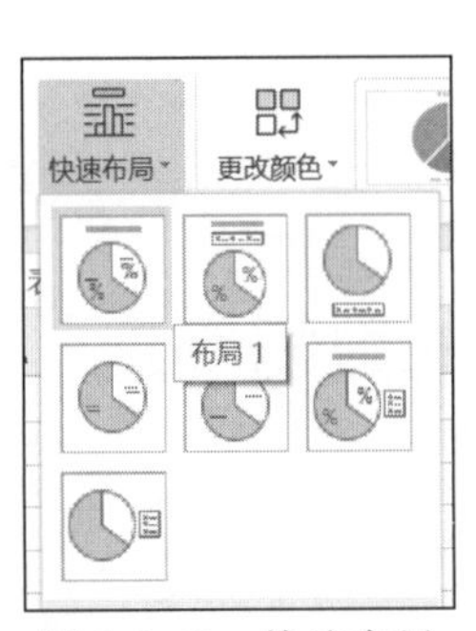

图 3-2-62　快速布局

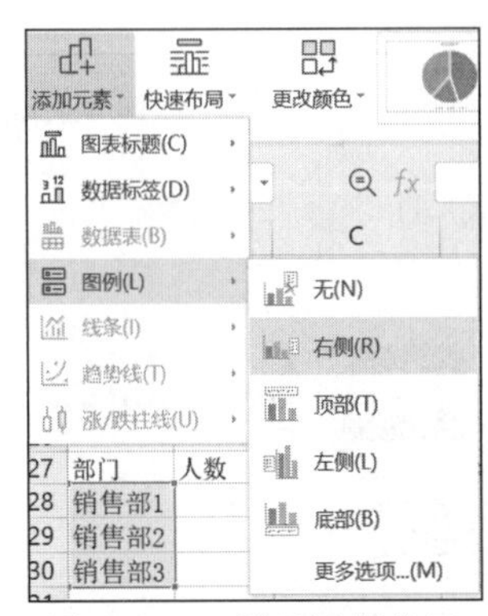

图 3-2-63　设置图例位置

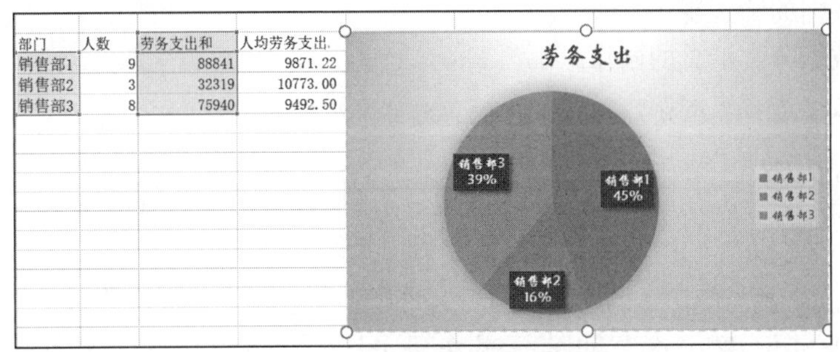

图 3-2-64　图表当前效果图

⑦ 选中饼图中销售部所在区域，在其“属性”窗格中选择“系列”标签，将“点爆炸型”数据设置为“20%”，如图 3-2-65 所示；图表最终效果如图 3-2-66 所示。

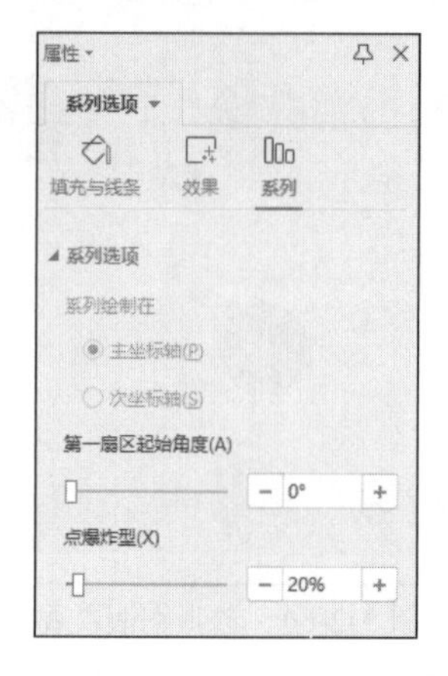

图 3-2-65 系列属性设置

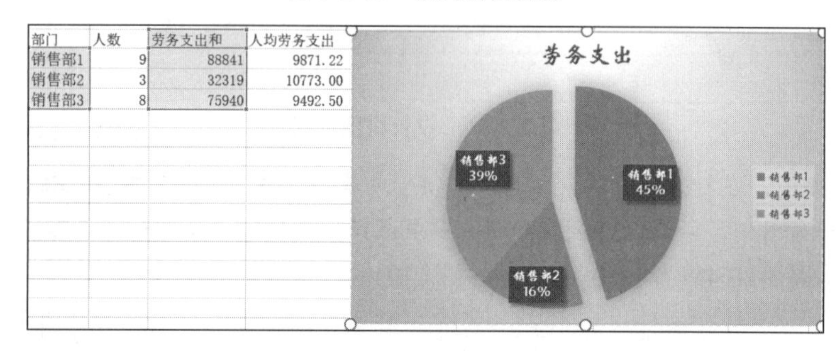

图 3-2-66 系列属性设置效果

（11）保存文件。

实训三 Excel 表格的数据管理

一、实训目的

1. 掌握数据的排序操作。
2. 掌握数据的筛选制作。
3. 掌握数据分类汇总的制作。
4. 掌握数据透视表的制作。

二、实训内容

任 务 一

对存储在“××专业期末成绩表.xlsx”文件中的某高校大数据专业某学年专业必修课程的期末成绩进行数据分析，效果如图 3-3-1 至图 3-3-3 所示。

学号	姓名	性别	大数据处理与应用	人工智能基础	数据结构	数据分析与可视化	机器学习	班级
230918013	胡显杰	男	92	81	82	72	83	大数据2301班
230918027	唐楠	女	90	70	82	74	98	大数据2302班
230918028	王晶晶	男	95	72	89	75	80	大数据2302班
230918033	魏灿	男	87	73	79	72	97	大数据2302班
		性别	大数据处理与应用	人工智能基础	数据结构	数据分析与可视化	机器学习	
		男	<60					
		男		<60				
		男			<60			
		男				<60		
		男					<60	
学号	姓名	性别	大数据处理与应用	人工智能基础	数据结构	数据分析与可视化	机器学习	班级
230918001	蔡丹	男	73	57	71	72	86	大数据2301班
230918002	曾俊杰	男	75	67	67	51	83	大数据2301班
230918007	段莹	男	64	61	72	39	99	大数据2301班
230918024	钱衡	男	73	76	55	69	83	大数据2302班
230918032	王紫霞	男	68	60	68	53	86	大数据2302班
230918047	张小凤	男	60	58	61	34	78	大数据2303班

图 3-3-1 筛选效果图

学号	姓名	性别	大数据处理与应用	人工智能基础	数据结构	数据分析与可视化	机器学习	班级
	女 计数	26						
		男 平均值	80.4	68.56	73.76	64.76	85.96	
	男 计数	25						
		总平均值	81.96078431	67.74509804	74.39216	64.19607843	86.68627	
	总计数	52						

图 3-3-2 分类汇总效果图

计数项:姓名	性别		
班级	男	女	总计
大数据2301班	9	8	17
大数据2302班	7	10	17
大数据2303班	9	8	17
总计	25	26	51

图 3-3-3 数据透视表效果图

具体要求如下:

(1)新建工作簿“专业成绩分析.xlsx”,打开“××专业期末成绩表.xlsx”文件,将“专业成绩素材”工作表复制到“专业成绩分析.xlsx”工作簿的“Sheet1”工作表中。将工作表“Sheet1”重命名为“原始成绩表”,并将“原始成绩表”复制得到一张新的工作表,新工作表更名为“排序 1”。在“排序 1”工作表中将数据按“姓名”的“笔画排序”方式进行升序排序。

操作提要

选中数据清单中“姓名”字段的任一单元格,单击“数据”选项卡中“排序”下拉按钮,在打开的下拉菜单中选择“自定义排序”命令,弹出“排序”对话框,如图 3-3-4 所示。在该对话框中选择“选项”命令,在弹出的“排序选项”对话框中选择“笔画排序”项,如图 3-3-5 所示,单击“确定”按钮,完成排序选项设置;回到“排序”对话框,分别选择主要关键字为“姓名”,排序依据为“数值”,次序为“升序”,单击“确定”按钮,完成按姓名排序操作。

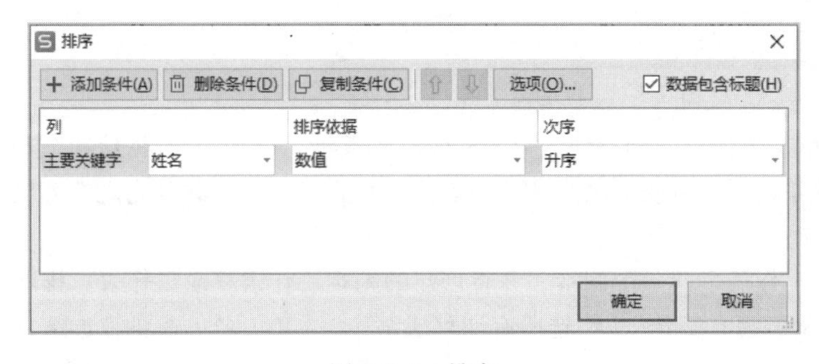

图 3-3-4 排序

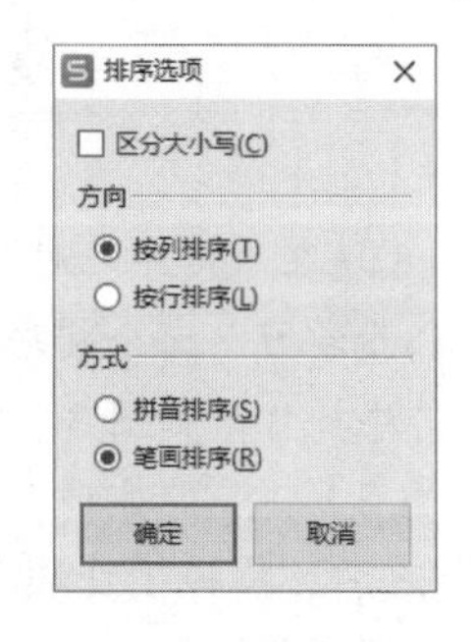

图 3-3-5 排序选项

（2）在当前工作簿中新建一个名为“排序 2”的工作表，选中“排序 1”工作表单元格区域 A1:H52 的数据，将选中的区域复制到“排序 2”工作表的 A1 单元格，将“排序 2”工作表的数据以“性别”的自定义序列“男，女”升序排序，若“性别”值相同，按“数据结构”课程成绩降序排序；如果“数据结构”课程成绩相同，则按“机器学习”课程成绩降序排序。

操作提要

① 选中数据清单中“性别”字段的任一单元格，单击“数据”选项卡中的“排序”下拉按钮，在打开的下拉菜单中选择“自定义排序”命令，弹出“排序”对话框，选择次序下级列表中的“自定义序列命令”，如图 3-3-6 所示；在弹出的“自定义序列”对话框中，在其输入序列框输入要添加的自定义序列后，选择“添加”命令即可完成序列的自定义，如图 3-3-7 所示，单击“确定”按钮完成排序操作。

图 3-3-6 “性别”字段排序

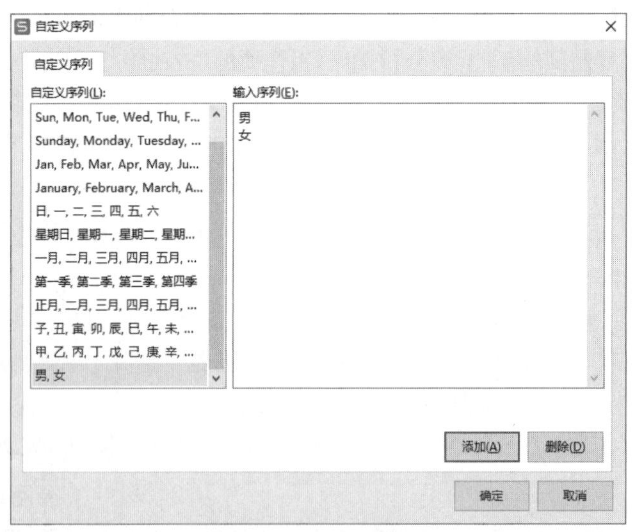

图 3-3-7 自定义序列

② 在“排序”对话框中，选择“添加条件”命令，依次完成对“性别”“数据结构”和“机器学习”三个排序关键字的排序依据和次序选项的设置，单击“确定”按钮完成多关键字排序操作，如图 3-3-8 所示。

（3）将“原始成绩表”工作表创建一个副本，并将创建的副本工作表移至工作表“排序 2”之后，将该工作表名重命名为“筛选”；筛选所有课程成绩（>=70）名单，将筛选结果复制到当前工作表 A60 单元格开始的单元格区域；取消数据区域的自动筛选，显示全部数据。

图 3-3-8　多关键字排序

操作提要

① 选中数据区域的任意单元格，单击“数据”选项卡中“筛选”下拉按钮，在打开的下拉菜单中选择“筛选”命令，此时，数据表中首行每个字段右边将出现一个绿色“向下三角箭头”的按钮,如图 3-3-9 所示。

	A	B	C	D	E	F	G	H	I
1	学号	姓名	性别	大数据处理与应用	人工智能基础	数据结构	数据分析与可视化	机器学习	班级
2	230918001	蔡丹	男	73	57	71	72	86	大数据2301班
3	230918002	曾俊杰	男	75	67	67	51	83	大数据2301班
4	230918003	陈贤森	男	95	79	74	69	75	大数据2301班
5	230918004	陈珊珊	女	85	71	63	66	87	大数据2301班
6	230918005	程慧婷	男	87	69	85	77	83	大数据2301班
7	230918006	董洁一	女	72	67	50	54	81	大数据2301班
8	230918007	段莹	男	64	61	72	39	99	大数据2301班
9	230918008	付启明	男	80	62	73	73	94	大数据2301班
10	230918009	甘怡	女	84	70	82	66	97	大数据2301班
11	230918010	高彤	男	76	73	79	69	99	大数据2301班
12	230918011	高桀	女	68	74	62	62	97	大数据2301班
13	230918012	葛强	女	79	63	82	67	96	大数据2301班
14	230918013	胡显杰	男	92	81	82	72	83	大数据2301班
15	230918014	胡雨圣	男	72	62	66	60	91	大数据2301班
16	230918015	李奇	女	88	71	50	69	93	大数据2301班
17	230918016	李赫	女	86	67	79	62	97	大数据2301班
18	230918017	李宗行	女	88	75	79	68	99	大数据2301班
19	230918018	廖欣	女	79	65	81	49	89	大数据2302班
20	230918019	刘佳丽	女	86	58	75	61	85	大数据2302班

图 3-3-9　筛选

② 单击要筛选列的向下三角箭头，在打开的列表中选择“数字筛选”命令，在打开的下拉菜单中选择“大于或等于”命令，弹出“自定义自动筛选方式”对话框，如图 3-3-10 所示，在文本框中输入 70，单击“确定”按钮，即可完成当前选中字段的设置。按上述步骤依次将其他字段的筛选条件也设置为>=70 即可完成自动筛选操作。如图 3-3-11 所示。

图 3-3-10　数字筛选

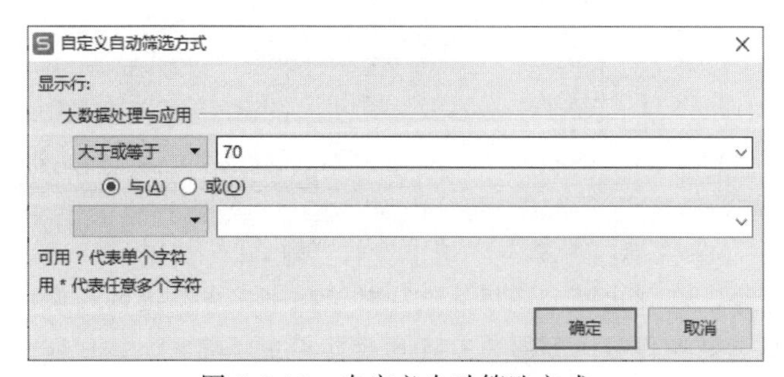

图 3-3-11　自定义自动筛选方式

③ 选中工作表中满足自动筛选条件的记录，将其复制到 A60 单元格，结果如图 3-3-12 所示；再单击“数据”选项卡中“筛选”下拉按钮的“筛选”命令，取消“自动筛选”操作，再次显示所有数据。

	A	B	C	D	E	F	G	H	I
1	学号	姓名	性别	大数据处理与应用	人工智能基础	数据结构	数据分析与可视化	机器学习	班级
14	230918013	胡显杰	男	92	81	82	72	83	大数据2301班
28	230918027	唐楠	女	90	70	82	74	98	大数据2302班
29	230918028	王晶晶	男	95	72	89	75	80	大数据2302班
34	230918033	魏灿	男	87	73	79	72	97	大数据2302班
53									
54									
55									
56									
57									
58									
59									
60	学号	姓名	性别	大数据处理与应用	人工智能基础	数据结构	数据分析与可视化	机器学习	班级
61	230918013	胡显杰	男	92	81	82	72	83	大数据2301班
62	230918027	唐楠	女	90	70	82	74	98	大数据2302班
63	230918028	王晶晶	男	95	72	89	75	80	大数据2302班
64	230918033	魏灿	男	87	73	79	72	97	大数据2302班

图 3-3-12　复制筛选结果

（4）使用高级筛选在数据区域中筛选出所有男生有任一课程不及格（＜60）的记录，条件区域写在 C66:H71 单元格中，筛选结果复制到 A75 开始的单元格区域内，效果如图 3-3-13 所示。

73									
74									
75	学号	姓名	性别	大数据处理与应用	人工智能基础	数据结构	数据分析与可视化	机器学习	班级
76	230918001	蔡丹	男	73	57	71	72	86	大数据2301班
77	230918002	曾俊杰	男	75	67	67	51	83	大数据2301班
78	230918007	段莹	男	64	61	72	39	99	大数据2301班
79	230918024	钱衡	男	73	76	55	69	83	大数据2302班
80	230918032	王紫霞	男	68	60	68	53	86	大数据2302班
81	230918047	张小凤	男	60	58	61	34	78	大数据2303班
82									

图 3-3-13　高级筛选结果

① 在 C66:H71 区域中输入条件内容，如图 3-3-14 所示。

	A	B	C	D	E	F	G	H
65								
66			性别	大数据处理与应用	人工智能基础	数据结构	数据分析与可视化	机器学习
67			男	<60				
68			男		<60			
69			男			<60		
70			男				<60	
71			男					<60
72								

图 3-3-14　高级筛选条件

② 单击“数据”选项卡中的“筛选”下拉按钮，在打开的下拉菜单中选择“高级筛选”命令，在弹出的“高级筛选”对话框中完成筛选的列表区域、条件区域和筛选结果位置等区域选定操作后，如图 3-3-15 所示，单击“确定”按钮即可完成高级筛选操作。

（5）将“原始成绩表”复制得到一张新的工作表，将新工作表重命名为“分类汇总表”，并移至“筛选”工作表之后。在“分类汇总表”中使用分类汇总功能，按性别分别统计男生和女生的总人数及各门课程的平均分，效果如图 3-3-16 所示。

高级筛选
方式
在原有区域显示筛选结果(F)
将筛选结果复制到其它位置(O)
列表区域(L): 自动筛选!$A$1:$I$52
条件区域(C): 自动筛选!$C$66:H
复制到(T): 自动筛选!$A$75
扩展结果区域，可能覆盖原有数据(V)
选择不重复的记录(R)
确定 取消

图 3-3-15 高级筛选

	A	B	C	D	E	F	G	H	I
1	学号	姓名	性别	大数据处理与应用	人工智能基础	数据结构	数据分析与可视化	机器学习	班级
2	230918004	陈珊珊	女	85	71	63	66	87	大数据2301班
3	230918006	董洁一	女	72	67	50	54	81	大数据2301班
4	230918009	甘怡	女	84	70	82	66	97	大数据2301班
5	230918011	高美	女	68	74	62	62	97	大数据2301班
6	230918012	葛强	女	79	63	82	67	96	大数据2301班
7	230918015	李奇	女	88	71	50	69	93	大数据2301班
8	230918016	李赫	女	86	67	79	62	97	大数据2301班
9	230918017	李宗行	女	88	75	79	68	99	大数据2301班
10	230918018	廖欣	女	79	65	81	49	89	大数据2302班
11	230918019	刘佳丽	女	86	58	75	61	85	大数据2302班
12	230918020	刘芳	女	78	65	79	65	79	大数据2302班
13	230918021	刘以乔	女	97	64	80	77	79	大数据2302班
14	230918022	刘蓉	女	97	66	84	76	90	大数据2302班
15	230918025	秦卫云	女	76	76	73	43	80	大数据2302班
16	230918026	谭启芳	女	83	66	82	66	79	大数据2302班
17	230918027	唐楠	女	90	70	82	74	98	大数据2302班
18	230918031	王安	女	88	63	80	70	97	大数据2302班
19	230918034	吴豫宛	女	80	58	68	61	80	大数据2302班
20	230918035	伍金茜	女	89	64	75	66	76	大数据2303班
21	230918036	夏天翊	女	81	61	76	48	80	大数据2303班
22	230918040	晏俊根	女	76	70	72	55	80	大数据2303班
23	230918042	杨艳敏	女	95	60	89	69	88	大数据2303班
24	230918044	叶维	女	71	70	80	60	83	大数据2303班
25	230918045	于哲绅	女	86	65	64	68	83	大数据2303班
26	230918049	张红彬	女	77	67	79	68	94	大数据2303班
27	230918051	邹泰晖	女	91	75	84	65	85	大数据2303班
28		女 计数	26						
29	230918001	蔡丹	男	73	57	71	72	86	大数据2301班
30	230918002	曾俊杰	男	75	67	67	51	83	大数据2301班
31	230918003	陈贤森	男	95	79	74	69	75	大数据2301班
32	230918005	程慧婷	男	87	69	85	77	83	大数据2301班
33	230918007	段莹	男	64	61	72	39	99	大数据2301班
34	230918008	付启明	男	80	62	73	73	94	大数据2301班
35	230918010	高彤	男	76	73	79	69	99	大数据2301班
36	230918013	胡显杰	男	92	81	82	72	83	大数据2301班
37	230918014	胡雨圣	男	72	62	66	60	91	大数据2301班
38	230918023	裴佳	男	92	77	81	68	81	大数据2302班
39	230918024	钱衡	男	73	76	55	69	83	大数据2302班
40	230918028	王鼎鼎	男	95	72	89	75	80	大数据2302班
41	230918029	王睿翔	男	83	72	83	66	88	大数据2302班
42	230918030	王磊	男	71	60	61	65	78	大数据2302班
43	230918032	王紫霖	男	68	60	68	53	86	大数据2302班
44	230918033	魏灿	男	87	73	79	72	97	大数据2302班
45	230918037	谢碧珍	男	98	60	83	80	88	大数据2303班
46	230918038	谢晨	男	78	77	71	66	80	大数据2303班
47	230918039	徐靖扬	男	76	68	82	69	79	大数据2303班
48	230918041	杨茹	男	88	61	76	60	85	大数据2303班
49	230918043	叶清宸	男	81	73	60	65	95	大数据2303班
50	230918046	余若晗	男	86	81	64	67	85	大数据2303班
51	230918047	张小凤	男	60	58	61	34	78	大数据2303班
52	230918048	张智	男	88	68	84	65	83	大数据2303班
53	230918050	赵鸿	男	72	67	78	63	90	大数据2303班
54		男 计数	25						
55		总计数	51						

图 3-3-16 分类汇总表

操作提要

① 将光标定位在“分类汇总”工作表“性别”字段的任意单元格中，单击“开始”选项卡中的“排序”下拉按钮，在打开的下拉菜单中选择“升序”或“降序”命令，对数据表中数据按“性别”字段排序。

② 单击“数据”选项卡中的“分类汇总”按钮，在弹出的“分类汇总”对话框中设置分类字段为“性别”，汇总方式为“计数”，选定汇总项为“性别”，单击“确定”按钮即可完成性别人数的统计，如图 3-3-17 所示。

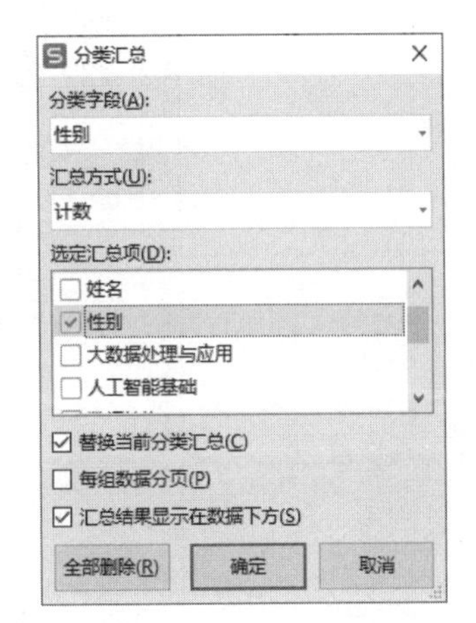

图 3-3-17 “分类汇总”对话框

③ 单击“数据”选项卡中的“分类汇总”按钮，在弹出的“分类汇总”对话框中设置分类字段为“性别”，汇总方式为“平均值”，选定汇总项为各门课程名称，为了保留之前的汇总结果，需取消“替换当前分类汇总”复选项的勾选，如

图 3-3-18 所示，单击“确定”按钮即可保留性别人数统计的基础上，分性别统计所有课程的平均值，结果如图 3-3-19 所示。

图 3-3-18　汇总各门课程平均值

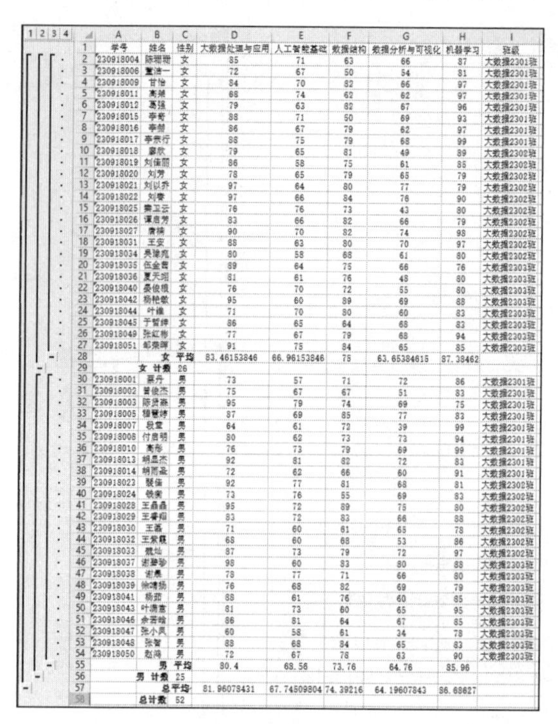

图 3-3-19　分类汇总结果

（6）复制工作表“原始成绩表”，将新工作表重命名为“数据透视表”，将工作表移至“分类汇总”工作表之后。在工作表“数据透视表”中使用数据透视表功能，统计出不同班级的男女生人数，将统计结果放置在当前工作表的 A55 单元格开始的区域，效果如图 3-3-20 所示。

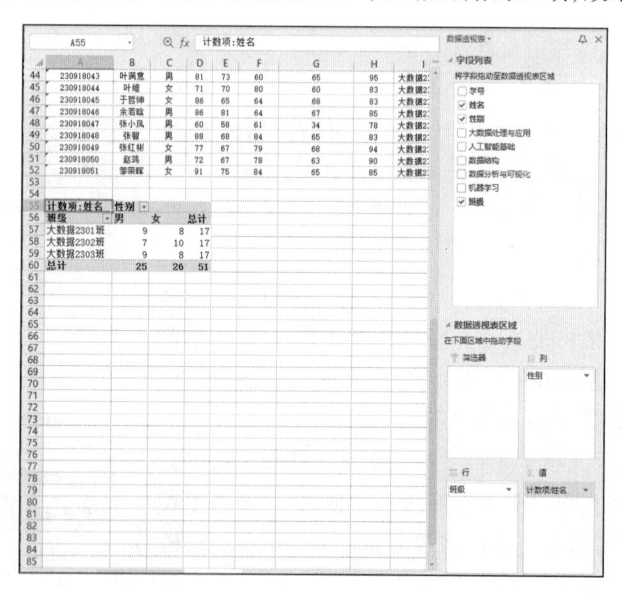

图 3-3-20　“数据透视表”结果

操作提要

① 将光标定位在“数据透视表”工作表中数据清单的任意单元格中，单击“数据”选项卡的“数据透视表”按钮，弹出“创建数据透视表”对话框，选中数据分析区域和透视表位置信息后，单击“确定”按钮，如图 3-3-21 所示。

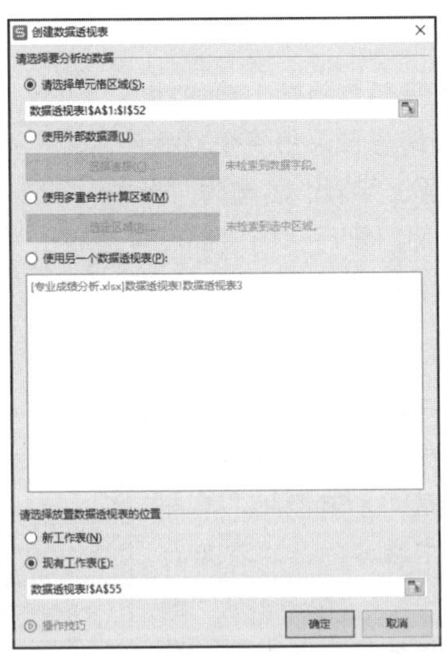

图 3-3-21 “创建数据透视表”对话框

② 在弹出的数据透视表任务窗格中选中要分析的字段，并将其拖至对应行列处，即可统计出不同班级的男女生人数，如图 3-3-22 所示。

图 3-3-22 设计数据透视表

（7）保存文件。

视 频
任务二

任 务 二

某公司的销售部门人员一年度销售数据存储在“销售数据.xlsx”中文件，请按下面具体要求完成数据处理。

（1）完成每一批销售记录的销售金额的计算，销售金额=单价*销售量。

① 使用公式完成第一条销售记录销售金额的计算。

② 使用快速填充完成剩余销售记录销售金额的计算。

（2）将原始数据表复制成新工作表，名称为“排序”。对“排序”工作表，按序列“销售部 1，销售部 2，销售部 3”对部门排序，同一部门再按职工号升序排序。

操作提要

① 使用“原始数据”表的右击快捷菜单中“移动或复制工作表”命令完成数据表的复制，对新生成数据表重命名为“排序”。

② 在“排序”工作表中，选中所有数据，单击“开始”选项卡中的“排序”下拉按钮，在打开的下拉菜单中选择“自定义排序”命令，在弹出的“排序”对话框中，勾选“数据包括标题”复选框，在“主要关键字”栏的展开选项中选择“部门”；“排序依据”栏的展开选项中选择“数值”；“次序”栏的展开选项中选择“自定义序列…”命令。在弹出的“自定义序列”对话框中，输入序列“销售部 1，销售部 2，销售部 3”后，单击“添加”按钮，将序列“销售部 1，销售部 2，销售部 3”作为排序序列添加到自定义序列中，如图 3-3-23 所示。单击“确定”按钮，在返回的“排序”对话框中，单击“添加条件”按钮，“排序”对话框中会出现进行排序次要关键字设置选项，在“次要关键字”栏的展开选项中选择“职工号”；“排序依据”栏的展开选项中选择“数值”；“次序”栏的展开选项中选择“升序”，如图 3-3-24 所示。

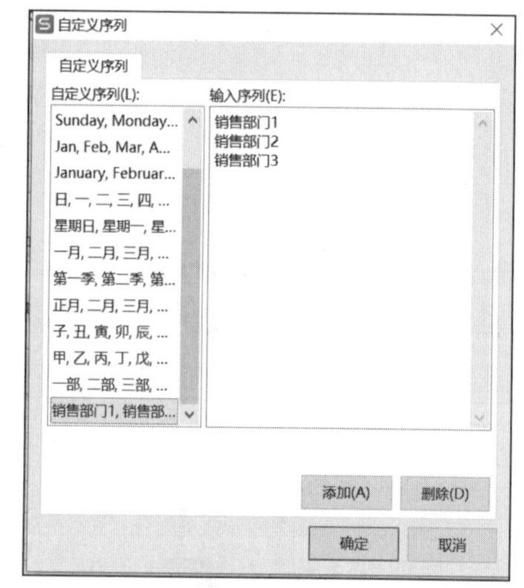

图 3-3-23　自定义序列

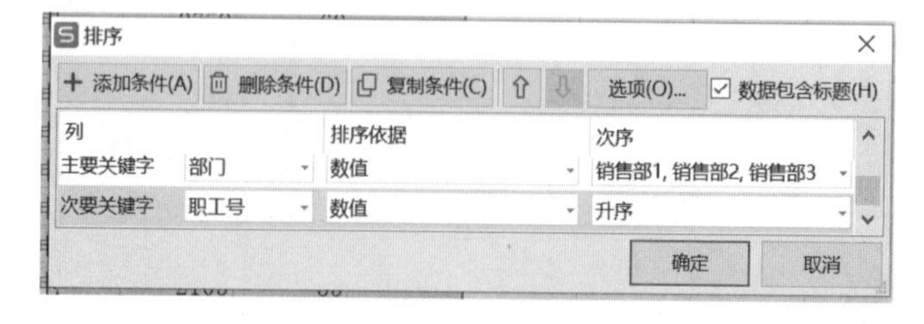

图 3-3-24　自定义排序

（3）将原始数据表复制成新工作表，名称为“筛选”，“筛选”工作表中筛选出“第一季度，单价超过 2 500 元洗衣机和空调”的销售记录。

① 使用“原始数据”表的右键快捷菜单中的“移动或复制工作表”命令完成数据表的复制，对新生成数据表重命名为“筛选”。

② 在“筛选”工作表中，选中所有数据，单击“开始”选项卡中的“筛选”下拉按钮，在打开的下拉菜单中选择“筛选”命令，此时会在工作表的第一行（行标题）处各列列名旁会出绿色向下三角按钮，如图 3-3-25 所示。

	A	B	C	D	E	F	G	H
1	季度	职工号	职工姓名	部门	商品名称	单价	销售量	销售额
2	第一季度	E001	赵萍	销售部1	彩电	3321	63	209223

图 3-3-25　筛选

③ 单击季度列名旁边的绿色向下三角按钮，在打开的下拉菜单中“内容筛选”选项卡中的“名称”栏中勾选“第一季度”，再单击商品名称列名旁边绿色向下的三角按钮；在打开的下拉菜单“内容筛选”选项卡的“名称”栏中同时勾选“洗衣机”和“空调”，最后单击单价列名旁边的下拉三角按钮，在打开的下拉菜单中选择“数字筛选”选项，在展开的选项中单击“大于或等于”，在弹出的“自定义自动筛选方式”对话框选择“大于或等于”栏中输入 2 500，如图 3-3-26 所示；筛选结果如图 3-3-27 所示。

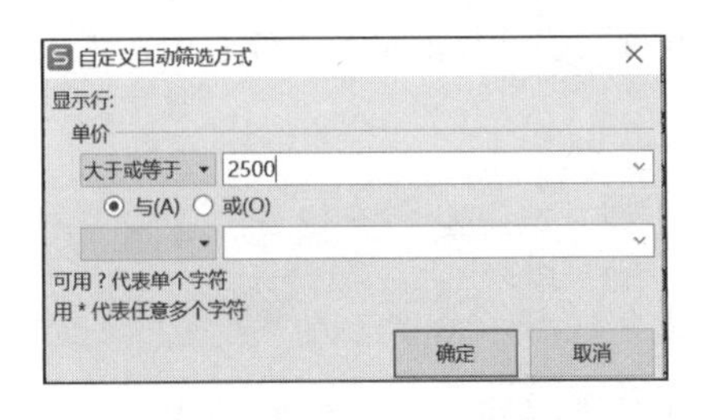

图 3-3-26　自定义自动筛选方式

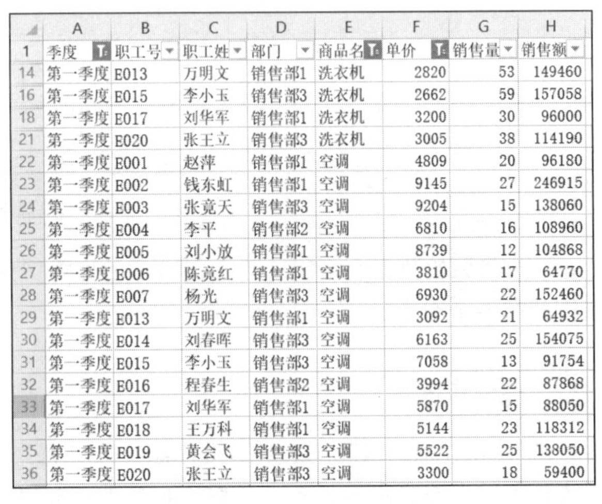

	A	B	C	D	E	F	G	H
1	季度	职工号	职工姓	部门	商品名	单价	销售量	销售额
14	第一季度	E013	万明文	销售部1	洗衣机	2820	53	149460
16	第一季度	E015	李小玉	销售部3	洗衣机	2662	59	157058
18	第一季度	E017	刘华军	销售部1	洗衣机	3200	30	96000
21	第一季度	E020	张王立	销售部3	洗衣机	3005	38	114190
22	第一季度	E001	赵萍	销售部1	空调	4809	20	96180
23	第一季度	E002	钱东虹	销售部1	空调	9145	27	246915
24	第一季度	E003	张竟天	销售部3	空调	9204	15	138060
25	第一季度	E004	李平	销售部2	空调	6810	16	108960
26	第一季度	E005	刘小放	销售部1	空调	8739	12	104868
27	第一季度	E006	陈竟红	销售部1	空调	3810	17	64770
28	第一季度	E007	杨光	销售部3	空调	6930	22	152460
29	第一季度	E013	万明文	销售部1	空调	3092	21	64932
30	第一季度	E014	刘春晖	销售部3	空调	6163	25	154075
31	第一季度	E015	李小玉	销售部3	空调	7058	13	91754
32	第一季度	E016	程春生	销售部2	空调	3994	22	87868
33	第一季度	E017	刘华军	销售部1	空调	5870	15	88050
34	第一季度	E018	王万科	销售部1	空调	5144	23	118312
35	第一季度	E019	黄会飞	销售部3	空调	5522	25	138050
36	第一季度	E020	张王立	销售部3	空调	3300	18	59400

图 3-3-27　筛选结果

（4）将上一步得到的筛选表复制成新工作表，名称为“高级筛选”，“高级筛选”工作表中筛选出“单价超过 3 000 元的洗衣机或单价超过 6 000 元的空调”的销售记录。

操作提要

① 在“筛选”工作表后面生成一张新的工作表，重命名为“高级筛选”，选中“筛选”工作表上一步操作得到数据复制到“高级筛选”工作表中。

② “高级筛选”工作表的单元格 K1:L3 区域输入筛选条件：单价超过 3 000 元的洗衣机

或单价超过 6000 元的空调，如图 3-3-28 所示。

③ 单击“开始”选项卡中的“筛选”下拉按钮，在打开的下拉菜单中选择“高级筛选”命令，在弹出的“高级筛选”对话框“方式”栏中选中“在原有区域显示筛选结果”单选按钮，列表区域设置为参加高级筛选的数据所在单元格区域“$A1:$H20”；条件区域设置为筛选条件所在单元格区域“$K$1:$L$3”，最后单击“确定”按钮，如图 3-3-29 所示，筛选结果如图 3-3-30 所示。

	K	L
1	商品名称	单价
2	洗衣机	>3000
3	空调	>6000

图 3-3-28　输入筛选条件

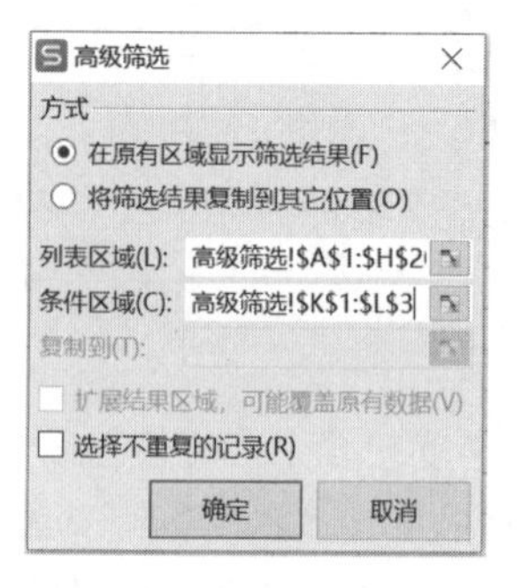

图 3-3-29　高级筛选设置

	A	B	C	D	E	F	G	H
1	季度	职工号	职工姓名	部门	商品名称	单价	销售量	销售额
4	第一季度	E017	刘华军	销售部1	洗衣机	3200	30	96000
5	第一季度	E020	张王立	销售部3	洗衣机	3005	38	114190
7	第一季度	E002	钱东虹	销售部1	空调	9145	27	246915
8	第一季度	E003	张竟天	销售部3	空调	9204	15	138060
9	第一季度	E004	李平	销售部2	空调	6810	16	108960
10	第一季度	E005	刘小放	销售部1	空调	8739	12	104868
12	第一季度	E007	杨光	销售部3	空调	6930	22	152460
14	第一季度	E014	刘春晖	销售部3	空调	6163	25	154075
15	第一季度	E015	李小玉	销售部3	空调	7058	13	91754

图 3-3-30　筛选结果

（5）将原始数据表复制成新工作表，名称为“分类汇总”，“分类汇总”工作表中实现各销售部在各个季度的销售总额统计。

① 使用“原始数据”表的右击快捷菜单中的“移动或复制工作表”命令完成数据表的复制，对新生成数据表重命名为“分类汇总”。

② 对表中所有数据先按“销售部 1，销售部 2，销售部 3”进行排序，同一销售部内再按“第一季度，第二季度，第三季度，第四季度”进行排序。

③ 单击“数据”选项卡中的“分类汇总”按钮，在弹出的“分类汇总”对话框中分类字段选择“部门”，汇总方式选择“求和”，选定汇总项勾选“销售额”，再勾选“替换当前分类汇总”和“汇总结果显示在数据的下方”选项，如图 3-3-31 所示，汇总后效果如图 3-3-32 所示。

图 3-3-31　（部门）分类汇总

	A	B	C	D	E	F	G	H
1	季度	职工号	职工姓名	部门	商品名称	单价	销售量	销售额
81				销售部1	汇总			12669170
107				销售部2	汇总			3901575
188				销售部3	汇总			13186895
189				总计				29757640

图 3-3-32 分类汇总结果 1

④ 在当前汇总的结果，再次单击“数据”选项卡中的“分类汇总”按钮，在弹出的“分类汇总”对话框中分类字段选择“季度”，汇总方式选择“求和”，选定汇总项勾选“销售额”，如图 3-3-33 所示，效果如图 3-3-34 所示。

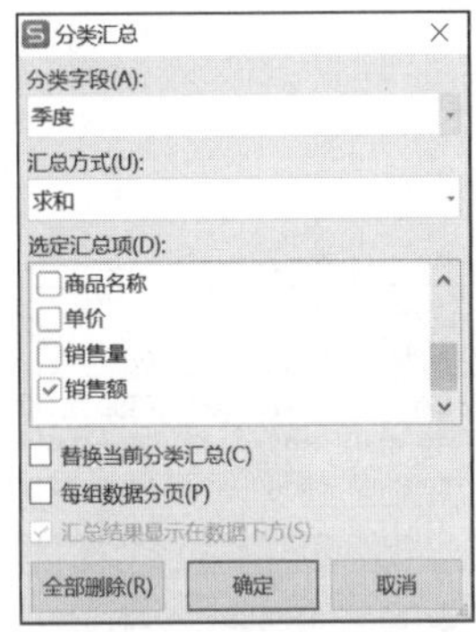

图 3-3-33 （季度）分类汇总

	A	B	C	D	E	F	G	H
1	季度	职工号	职工姓名	部门	商品名称	单价	销售量	销售额
23	第一季度	汇总						2773130
42	第二季度	汇总						2489808
62	第三季度	汇总						3107854
84	第四季度	汇总						4298378
85				销售部1	汇总			12669170
92	第一季度	汇总						853892
99	第二季度	汇总						912535
106	第三季度	汇总						983226
114	第四季度	汇总						1151922
115				销售部2	汇总			3901575
135	第一季度	汇总						2608725
156	第二季度	汇总						3539441
176	第三季度	汇总						2745224
199	第四季度	汇总						4293505
200				销售部3	汇总			13186895
201				总计				29757640

图 3-3-34 分类汇总结果 2

（6）用数据透视表呈现统计所有销售记录中各种销售商品在各个销售部门的销售金额数据，并将数据透视表放至新的工作表中，其工作表名称“数据透视表”。

操作提要

① 在原始数据表中选中所有销售数据，单击“数据”选项卡中的“数据透视表”按钮，在弹出的“创建数据透视表”对话框“请选择放置数据透视表的位置”栏中，勾选“新工作表”单选按钮，并将其表重命名为“数据透视表”，如图 3-3-35 所示。

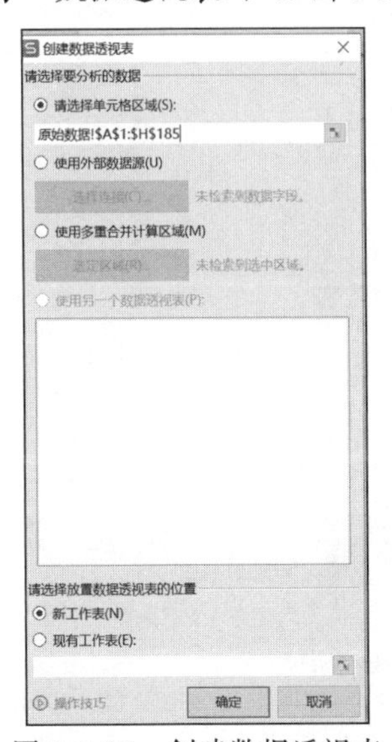

图 3-3-35 创建数据透视表

② 在“数据透视表”设置窗口，将行设置为“商品名称”，列设置为“部门”，值设置为“求和项：销售额”，如图 3-3-36 所示。效果如图 3-3-37 所示。

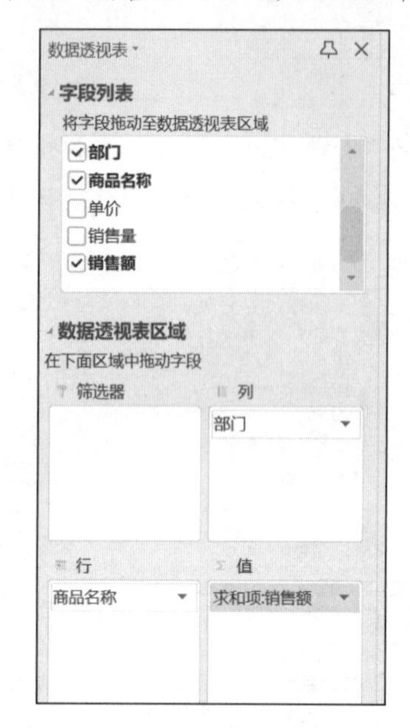

图 3-3-36　数据透视表设置

求和项:销售额	部门			
商品名称	销售部1	销售部2	销售部3	总计
彩电	4004686	1229909	2125629	7360224
电脑	1834626	631610	3234244	5700480
空调	3547761	1052115	3002593	7602469
手机	1936660	414150	2839799	5190609
洗衣机	1345437	573791	1984630	3903858
总计	12669170	3901575	13186895	29757640

图 3-3-37　数据透视表效果图

（7）保存文件。

第四章 WPS 演示文稿制作

实训一 演示文稿的整体设计

一、实训目的

1. 掌握创建、打开、保存和关闭演示文稿的方法。
2. 掌握幻灯片中基本的文本编辑操作：输入、编辑、格式和效果。
3. 掌握表格的使用方法：插入、编辑、设计和布局。
4. 掌握图片、形状的使用方法：插入、编辑、设计和布局。
5. 掌握 SmartArt 图形的使用方法：插入、编辑、设计和格式。
6. 理解图表的使用方法：插入、编辑、设计、布局和格式。
7. 理解幻灯片页脚的设置。

视 频

任务一

二、实训内容

任 务 一

利用 WPS Office 演示文稿相关排版技术及素材文档，制作一份教学课件类演示文稿，效果样张如图 4-1-1 所示。

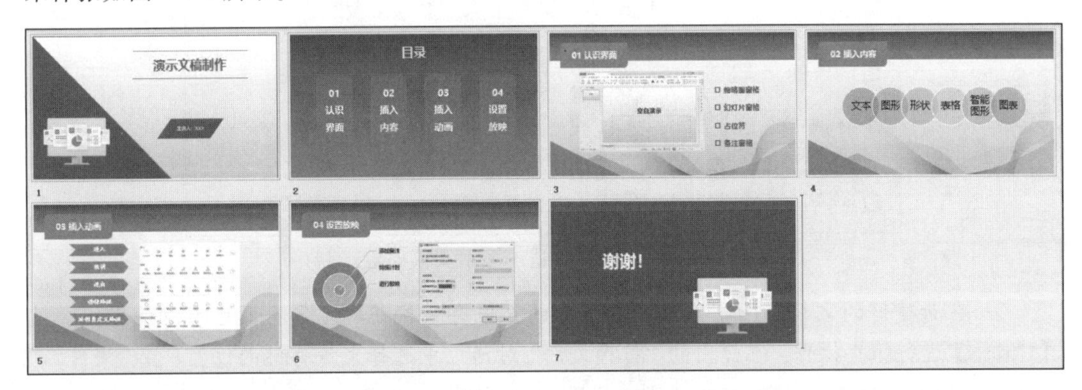

图 4-1-1 任务一效果样张图

具体要求如下：

（1）新建空白演示文稿，另存为“教学课件.pptx”文件。

操作提要

① 打开 WPS Office 软件，打开“新建”选项卡，选择“新建演示”命令，单击“新建空白演示”中的加号，如图 4-1-2 所示，即可创建一个演示文稿。其中，“新建空白演示”处有 3 种颜色可以选择，单击颜色方块可以选择文稿背景颜色。也可以在下方的“从稻壳模板新建”中选择合适的演示文稿模板去创建，如图 4-1-3 所示。

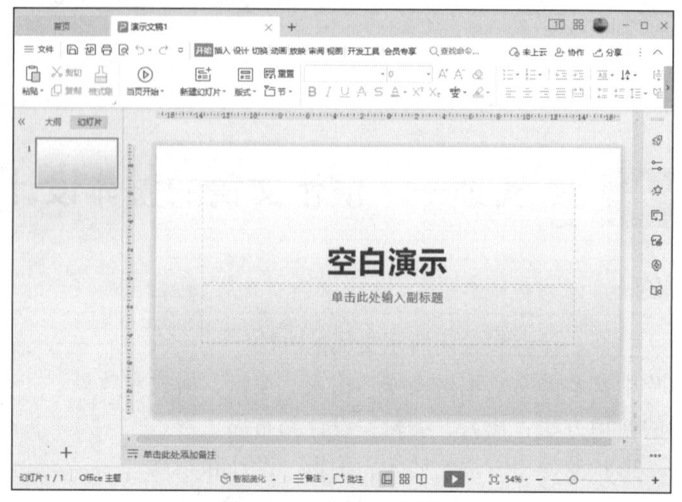

图 4-1-2　新建空白演示

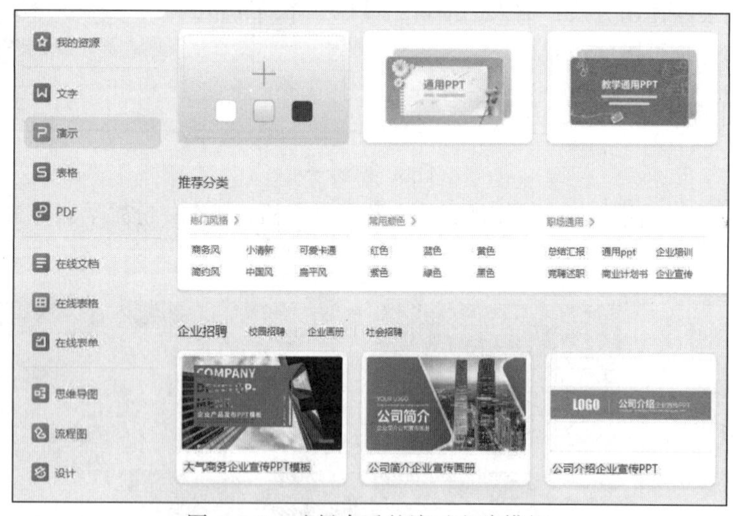

图 4-1-3　选择合适的演示文稿模板

② 在新建好的文档界面下，单击左上方的“保存”按钮即可保存，也可以使用组合键【Ctrl+S】进行保存操作。在弹出的“另存文件”对话框中选择文件存储的位置，在“文件名”文本框中输入“教学课件”，文件类型采用默认的“Microsoft PowerPoint 文件(*.pptx)”，单击“保存”按钮，如图 4-1-4 所示。将当前演示文稿保存为“教学课件.pptx”，成功保存文稿后，在编辑文稿的过程中，随时按下保存文稿快捷键【Ctrl+S】，可及时保存更新的文稿，有效避免文档内容因突发情况而丢失。

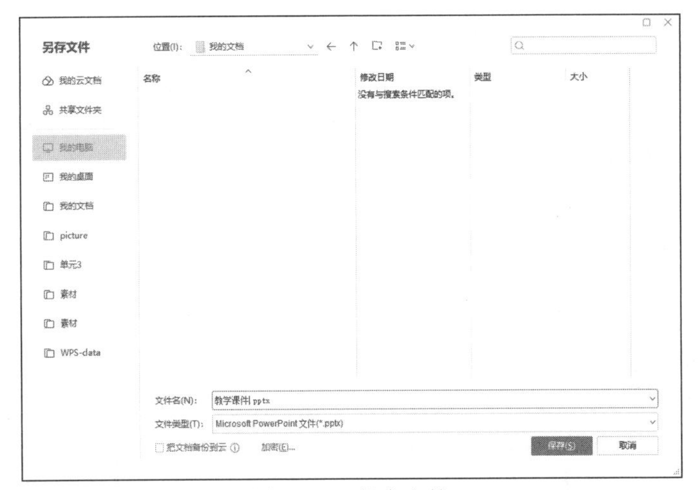

图 4-1-4 保存文档

（2）设计首页样式，效果如图 4-1-5 所示。

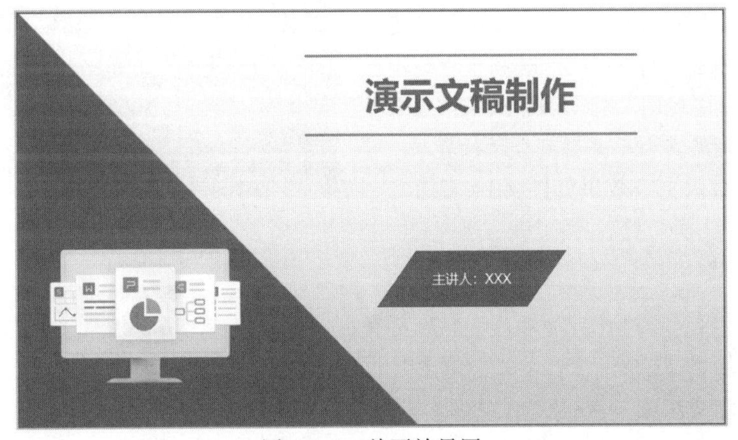

图 4-1-5 首页效果图

操作提要

① 选中第一页幻灯片中所有的占位符，单击【Delete】键，删除所选占位符；单击“插入”选项卡中的“形状”下拉按钮，在打开的下拉菜单中选择“矩形|矩形”，在第一页幻灯片拖动鼠标绘制全屏大小的矩形；在“绘图工具”选项卡中，设置填充为“无填充颜色”，轮廓为“蓝色”，轮廓线型为“4.5 磅”。

② 单击“插入”选项卡中“形状”下拉按钮，在打开的下拉菜单中选择“基本形状|直角三角形”，在第一页幻灯片左下角拖动鼠标绘制直角三角形；在“绘图工具”选项卡中，设置填充为“蓝色”，轮廓为“无边框颜色”，设置形状的高度与宽度均为 19.1 cm；选中“直角三角形”形状，单击“绘图工具”选项卡中的“旋转”下拉按钮，在打开的下拉菜单中选择“水平翻转”命令；单击“绘图工具”选项卡中的“对齐”下拉按钮，在打开的下拉菜单中选择“左对齐”和“底端对齐”命令。

③ 单击“插入”选项卡中的“文本框”下拉按钮，在打开的下拉菜单中选择“横向文本

框”选项，在该幻灯片中插入文本框，输入文字“演示文稿制作”，通过“开始”选项卡中相关命令设置字体为“微软雅黑，48 号，加粗，蓝色”。

④ 单击“插入”选项卡中的“形状”下拉按钮，在打开的下拉菜单中选择“线条|直线”，在标题文本框上方绘制水平“直线”；选中“直线”，在“绘图工具”选项卡中设置轮廓为“蓝色”，轮廓线型为“3 磅”，形状宽度为“16cm”。使用复制和粘贴命令，得到另一条直线，将其放至标题文本框下方；同时选中“直线”和“文本”两个对象，单击“绘图工具”选项卡中“对齐”下拉按钮，在打开的下拉菜单中选择“水平居中”命令。

⑤ 单击“插入”选项卡中的“形状”下拉按钮，在打开的下拉菜单中选择“基本形状|平行四边形”，在第一页幻灯片正中位置绘制平行四边形，在“绘图工具”选项卡中设置填充为“蓝色”，轮廓为“无边框颜色”；设置平行四边形高为 2.60 cm，宽为 9.14 cm；右击“平行四边形”对象，快捷菜单中选择“编辑文字”命令，输入“主讲人:× × ×”并设置其字体为“微软雅黑，18 号，居中对齐”。

⑥ 单击“插入”选项卡中的“图片”下拉按钮，在打开的下拉菜单中选择“本地图片”命令，在弹出的“插入图片”对话框中选择“图片素材 1.png”，单击“图片工具”选项卡中的“抠除背景”按钮，实现图片背景扣除效果。选中图片，根据样张调整其大小并移到合适位置。

（3）设计目录页，效果如图 4-1-6 所示。

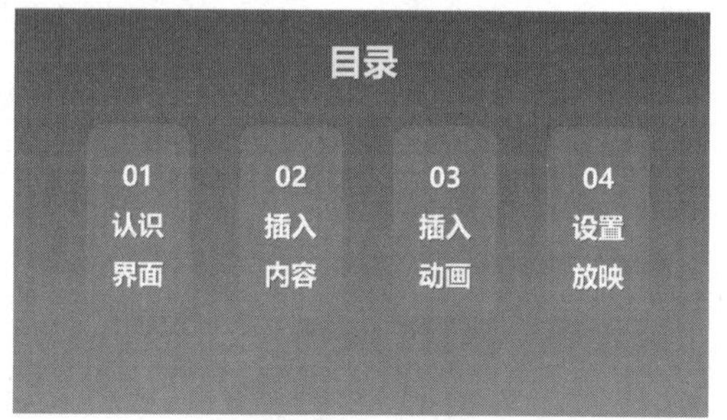

图 4-1-6　目录页效果图

① 在首页后，新建一页幻灯片，删除所有占位符。

② 在“设计”选项卡下，单击“背景”按钮，在右侧打开的“对象属性”任务窗格中，设置填充为“渐变填充”，设置渐变光圈“停止点 1”参数为“矢车菊蓝，着色 1，深色 50%”“位置 0%”，如图 4-1-7 所示。渐变光圈“停止点 2”参数为“矢车菊蓝，着色 1”“位置 100%”，如图 4-1-8 所示。

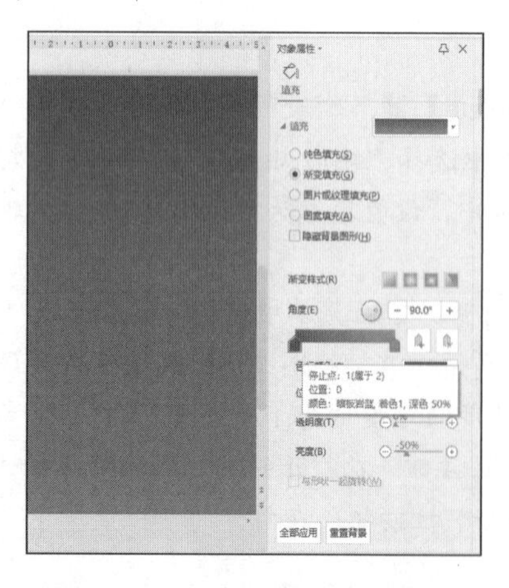

图 4-1-7　对象属性-渐变填充 1

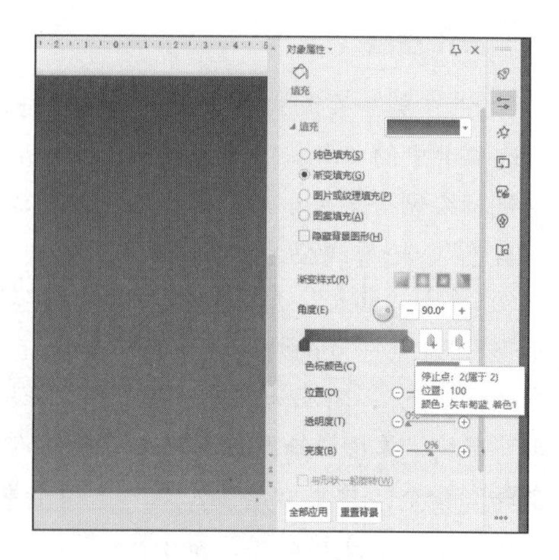

图 4-1-8　对象属性-渐变填充 2

③ 单击“插入”选项卡中的“文本框”下拉按钮，在打开的下拉菜单中选择“横向文本框”，输入“目录”，在“文本工具”选项卡设置文字为“微软雅黑，48，加粗，文字阴影，白色，背景 1，深色 5%，居中对齐”。

④ 插入“对角圆角矩形”形状，在“绘图工具”选项卡下，设置颜色为“矢车菊蓝，着色 1”，透明度设置为 50%，轮廓设置为“无边框颜色”，如图 4-1-9 所示。设置“形状高度”为 9 cm，“形状宽度”为 5 cm。选中形状，复制出 3 个一样的形状，调整到合适的位置，选中这 4 个形状，单击“绘图工具”选项卡上的“对齐”下拉按钮，在打开的下拉菜单中选择“智能对齐”中“分组顶部对齐”命令，完成对齐后，将这 4 个形状“组合”，调整到幻灯片的中央位置。

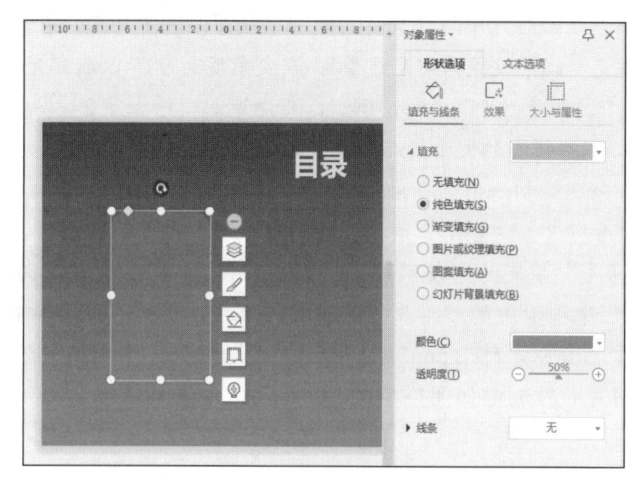

图 4-1-9　形状选项

⑤ 单击选中第一个“对角圆角矩形”，输入文字“01 认识界面”，调整字体为“微软雅黑，36，加粗，阴影，白色，背景 1，居中对齐，1.5 倍行距”，在“01”“认识”和“界面”之间按【Enter】键换行，按照此格式依次输入“插入内容”“插入动画”“设置放映”。

（4）设计内容页母版，效果如图 4-1-10 所示。

图 4-1-10　内容页母版

操作提要

① 单击“视图”选项卡中“幻灯片母版”按钮，进入到母版视图，在幻灯片缩略图中选一张任何幻灯片都没有使用的版式（或新建一页幻灯片版式）；在选定的幻灯片中，通过快捷键【Ctrl+A】全选页面中的所有元素，按【Delete】键删除。为了避免后面选择版式时产生混淆，可以给该版式重命名，选中版式左侧的缩略图，右击选择“重命名版式”命令，在弹出的对话框中输入新名称，单击“重命名”按钮完成操作，如图 4-1-11 所示。

图 4-1-11　重命名版式

② 在幻灯片母版视图下，单击“插入”选项卡中的“形状”下拉按钮，在打开的下拉菜单中选择“矩形”命令；在幻灯片中拖动鼠标绘制一个矩形；选中矩形，在“绘图工具”选项卡中设置填充为渐变填充，线条设置为“无线条”，渐变角度为 90°，渐变光圈“停止点 1”参数为“矢车菊蓝，着色 1，深色 50%”“位置 0%”，渐变光圈“停止点 2”参数为“矢车菊蓝，着色 1”“位置 100%”；调整矩形的大小，与幻灯片顶部对齐；单击“插入”选项卡中的“形状”下拉按钮，在左下角分别绘制一个“直角三角形”和“等腰三角形”形状，选中相应的形状，在“绘图工具”选项卡中设置“直角三角形”填充为“矢车菊蓝，着色 1”，轮廓为“无边框颜色”；设置“等腰三角形”填充为“矢车菊蓝，着色 1，浅色 40%”，轮廓为“无边框颜色”。

③ 单击“插入”选项卡中的“图片”下拉按钮，在打开的下拉菜单中选择“本地图片”命令，选择素材图片“图片素材 2.png”，单击“打开”按钮，素材图片就插入到幻灯片母版中，可以拖动素材图片的控制句柄调整其大小，拖动图片至合适的位置。

④ 完成版式设计后，单击“幻灯片母版”选项卡上的“关闭”按钮，即可退出母版编辑状态，切换成普通视图状态。

（5）应用母版制作内容页幻灯片。

操作提要

① 选择版式新建幻灯片。将光标定位到目录页（或目录页的后面），表示要在这里新建幻灯片，单击“开始”选项卡中“新建幻灯片”按钮，即可新建一页幻灯片，选中新建的幻灯片，单击“开始”选项卡中的“版式”按钮，在“母版版式”对话框中选择已设计的母版版式，如图 4-1-12 所示。

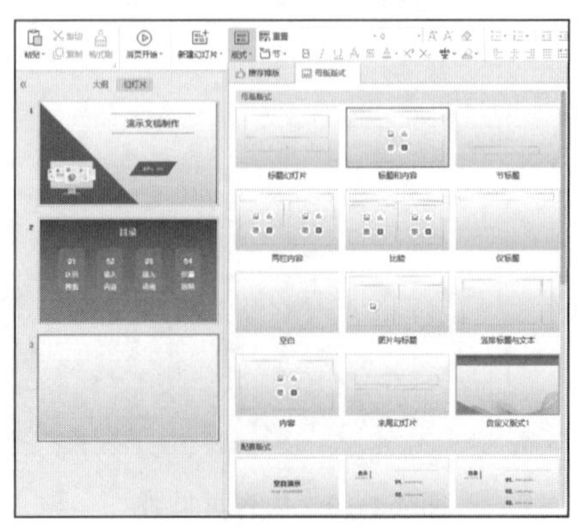

图 4-1-12　母版版式

② 单击“插入”选项卡中的“形状”下拉按钮，在打开的下拉菜单中选择插入“对角圆角矩形”形状，使用“绘图工具”选项卡中相关命令设置填充为“矢车菊蓝，着色 1”，轮廓为“无边框颜色”，并添加标题文字“01 认识界面”，字体为“微软雅黑，32 号，白色，加粗”，将其移动到左上角。选中第 3 页幻灯片，复制 3 次，完成剩余页面的创建，并将内容标题依次修改为“02 插入内容”“03 插入动画”和“04 设置放映”。

（6）设计第 3 页幻灯片内容，效果如图 4-1-13 所示。

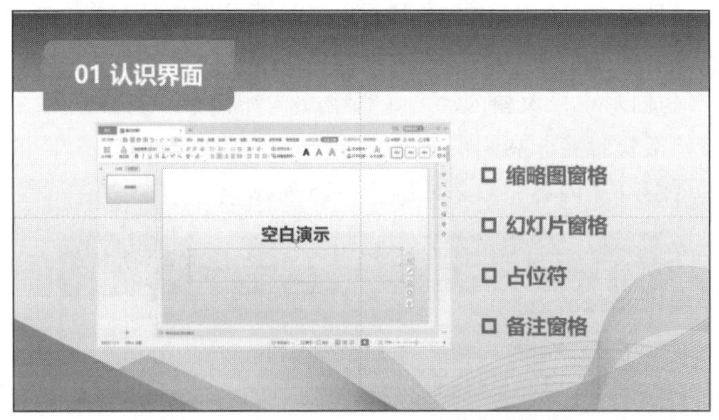

图 4-1-13　第 3 页幻灯片设计后效果图

操作提要

① 单击“插入”选项卡中的“图片”下拉按钮，在打开的下拉菜单中选择“本地图片”命令，选择素材图片“图片素的 3.png”，单击“打开”按钮，将素材图片插入到幻灯片中，通过素材图片的控制点调整大小和位置，使用“图片工具”中“边框”按钮为其加上“白色，背景 1，深色 5%”的边框。

② 单击“插入”选项卡中的“文本框”下拉按钮，在打开的下拉菜单中选择“横向文本框”选项，在当前幻灯片完成插入文本框操作；右击，在打开的快捷菜单中选择“编辑文字”命令，实现对文本框的输入文字“缩略图窗格”“幻灯片窗格”“占位符”“备注窗格”操作，并设置其字体为“微软雅黑，28 号，蓝色，加粗”，最后为文本框内文本加上方框项目符号。

（7）设计第 4 页幻灯片内容，效果如图 4-1-14 所示。

图 4-1-14　第 4 页幻灯片设计后效果图

操作提要

① 单击“插入”选项卡中“智能图形”按钮，在打开的“智能图形”对话框的“关系”选项中选择“线性维恩图”智能图形。

② 选中“线性维恩图”智能图形，单击“设计”选项卡中的“更改颜色”下拉按钮，在打开的下拉菜单中选择“着色 1”选项下的第 4 个预设颜色；选中智能图形第 4 个圆形，在“设计”选项卡上单击“添加项目”按钮，在打开的下拉菜单中选择“在后面添加项目”两次，在第 4 个圆形的后面添加两个圆形。

③ 在智能图形的圆形中依次输入“文本”“图片”“形状”“表格”“智能图形”和“图表”文字，设置字体为“微软雅黑，38 号，黑色”。

（8）设计第 5 页幻灯片内容，效果如图 4-1-15 所示。

图 4-1-15　第 5 页幻灯片设计后效果图

操作提要

① 单击“插入”选项卡中的“图片”下拉按钮，在打开的下拉菜单中选择“本地图片”命令，选择素材图片“图片素材 4.png”，单击“打开”按钮，将素材图片插入到幻灯片中，调整至合适的大小和位置。

② 单击“插入”选项卡中“形状”下拉按钮，在打开的下拉菜单中选择插入“燕尾形”形状，使用“绘图工具”选项卡中相关命令设置其填充“矢车菊蓝，着色 1”，轮廓“无边框颜色”；并在“燕尾形”形状中输入“进入”并设置字体格式为“华文楷体，24 号，白色，加粗”。选中燕尾形形状并复制粘贴四组，分别输入“强调”“退出”“动作路径”“绘制自定义路径”。

③ 选中所有“燕尾形”形状，在“绘图工具”选项卡中的“对齐方式”按钮的下拉菜单中选择“纵向分布”和“左对齐”，将它们移至图片中相应的位置。

（9）设计第 6 页幻灯片内容，效果如图 4-1-16 所示。

操作提要

① 单击“插入”选项卡中的“智能图形”按钮，在打开的“智能图形”对话框“关系”选项卡中选择“基本目标图”智能图形。

② 选中“基本目标图”智能图形，单击“设计”选项卡中的“更改颜色”下拉按钮，在打开的下拉菜单中选择“彩色”选项下第 5 个预设颜色。在“基本目标图”智能图形对应文

本占位符中依次输入“添加备注”“排练计时”“进行放映”，设置字体为“微软雅黑，20 号，黑色，加粗”。

③ 单击“插入”选项卡中的“图片”下拉按钮，在打开的下拉菜单中选择“本地图片”命令，选择素材图片“图片素材 5.png”，单击“打开”按钮，将素材图片插入到幻灯片中，调整至合适的大小和位置。

图 4-1-16　第 6 页幻灯片设计后效果图

（10）设计封底页，效果如图 4-1-17 所示。

图 4-1-17　封底页效果图

操作提要

① 在“幻灯片”窗格中选中第 6 页幻灯片，单击“开始”选项卡中的“新建幻灯片”按钮，在弹出的“新建幻灯片”对话框中“新建”命令的级联菜单中选择“母版版式|空白”版式的幻灯片；单击“设计”选项卡中的“背景”下拉按钮，在打开的下拉菜单设置幻灯片背景填充为“蓝色”。

② 单击“插入”选项卡中的“文本框”下拉按钮，在打开的下拉菜单中选择“横向文本框”，完成插入文本框操作；在文本框中输入文字“谢谢”，并设置其字体为“微软雅黑，66 号，白色，加粗”。

③ 将首页幻灯片中的图片复制到当前幻灯片，调整大小后移至幻灯片右下角。

（11）保存文件。

任 务 二

利用 WPS Office 演示文稿相关排版技术及素材文档，制作一份以品读苏轼撰写的诗词为主题的演示文稿，样张效果如图 4-1-18 所示。

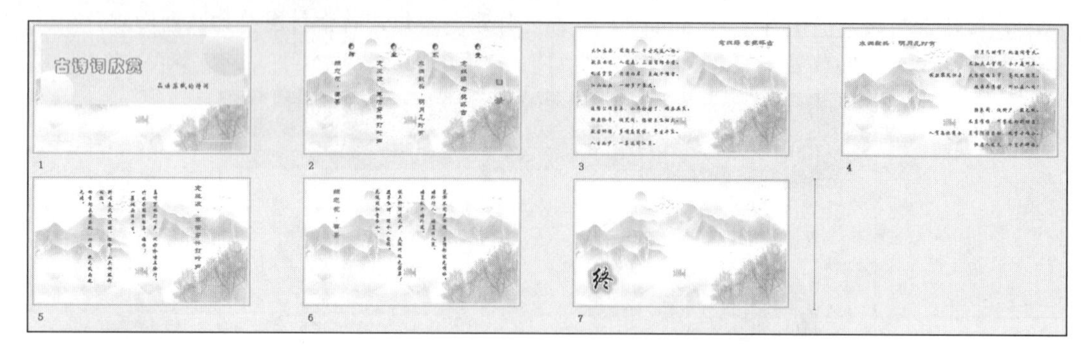

图 4-1-18　任务二样张效果图

视 频

任务二

（1）新建演示文稿，命名为“古诗词欣赏.pptx”。

操作提要

① 打开 WPS Office 软件，单击“新建”选项卡，选择“新建演示”，单击“新建空白演示”中的加号，如图 4-1-19 所示，即可创建一个演示文稿。

图 4-1-19　新建空白演示

② 单击“设计”选项卡中的“幻灯片大小”下拉按钮，在打开的下拉菜单选择“自定义大小”选项，在弹出的“页面设置”对话框中，幻灯片大小选择为“全屏显示（16:9）”，幻灯片编号起始值设为从 1 开始，如图 4-1-20 所示。

页面设置
幻灯片大小(S)
全屏显示(16:9)
宽度(W): 25.4 厘米
高度(H): 14.29 厘米
幻灯片编号起始值(N): 1
纸张大小(P)
A4
宽度(I): 21 厘米
高度(E): 29.7 厘米
操作技巧
方向
幻灯片
纵向(R)
横向(L)
备注、讲义和大纲
纵向(O)
横向(A)
确定
取消

图 4-1-20　页面设置

③ 单击快速访问工具栏中的“保存”按钮，或按【Ctrl+S】组合键即可完成保存文档的操作，文件名保存为“古诗词欣赏.pptx”。

（2）将演示文稿的所有幻灯片背景设置为古风图片。

操作提要

① 单击“设计”选项卡中的“背景”按钮，在打开的“对象属性”任务窗格“填充”选项卡的“填充”栏中选择“图片或纹理填充”，在“图片填充”栏选择“本地文件”，如图 4-1-21 所示，在“打开文件”窗口选择图片文件“背景.jpeg”。

② 在“对象属性”任务窗格，“透明度”设置为 63%，单击任务窗格最下方的“全部应用”按钮，用以将背景图片应用到所有的幻灯片，如图 4-1-22 所示。

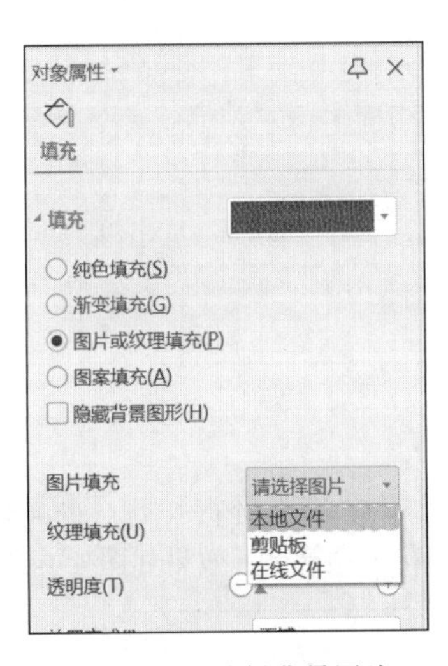

图 4-1-21 选择背景图片

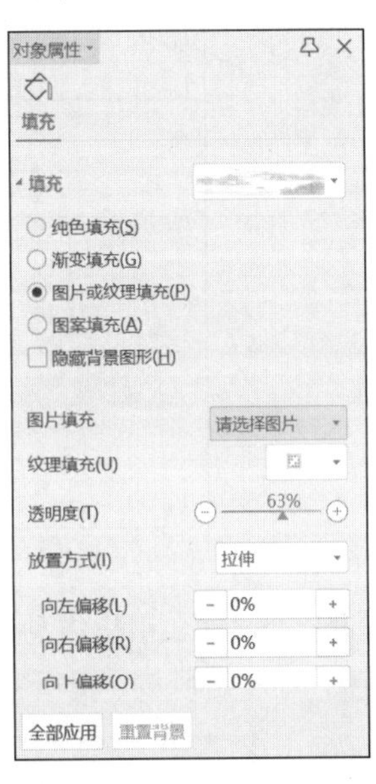

图 4-1-22 设置背景图片

（3）设置演示文稿的标题和副标题，标题是“古诗词欣赏”，副标题是“品读苏轼的诗词”，效果如图 4-1-23 所示。

图 4-1-23 标题页效果图

操作提要

① 演示文稿的标题及副标题信息应放在本演示文稿的首页。

② 选中第一张幻灯片，单击“开始”选项卡中的“版式”按钮，在打开的“母版版式”选项卡中选择“标题幻灯片”版式。如图 4-1-24 所示，在标题占位符中输入“古诗词欣赏”，设置字体格式为“华文彩云，54，粗体，左对齐”；在副标题占位符中输入“品读苏轼的诗词”，设置字体格式为“华文新魏，24，右对齐”。

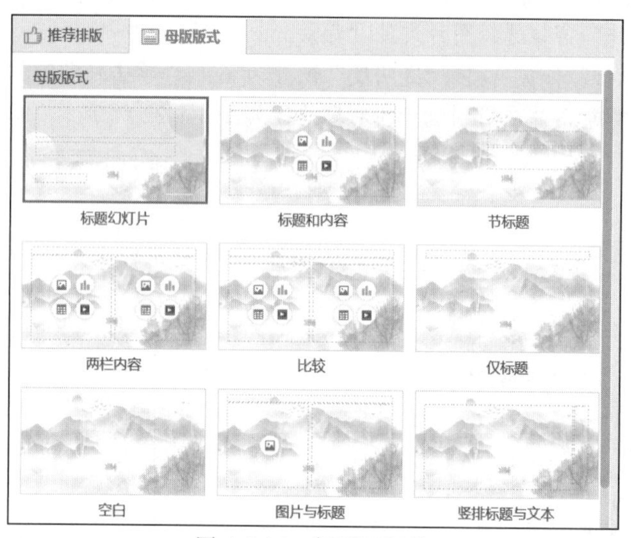

图 4-1-24　标题幻灯片

（4）设置目录页，引出需品读的四首古诗词（壹《念奴娇 赤壁怀古》，贰《水调歌头·明月几时有》，叁《定风波·莫听穿林打叶声》，肆《蝶恋花·春景》），效果如图 4-1-25 所示。

图 4-1-25　目录页效果图

操作提要

① 单击“开始”选项卡中的“新建幻灯片”下拉按钮，在展开的菜单中选择“新建”命令，在打开的“母版版式”选项卡中选择“竖排标题与文本”版式，如图 4-1-26 所示。

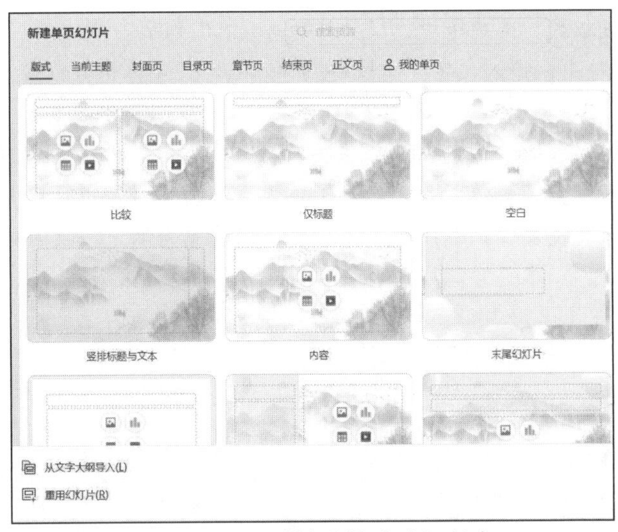

图 4-1-26 “竖排标题与文本”版式

② 在标题占位符中输入“目录”，格式设置为“隶书，36 磅，粗体”，字符间距：“加宽 22 磅”，居中对齐。

③ 在文本占位符中，设置项目符号为“☯”，大小为文本字体大小的 120%。单击“开始”选项卡中的“项目符号”下拉按钮，在打开的下拉菜单中选择“其他项目符号”，在弹出的“项目符号与编号”对话框中，大小设置为“120%”字高，如图 4-1-27 所示；单击“自定义”按钮，在弹出的“符号”对话框中，选择“Wingdings”字体，找到“☯”符号，如图 4-1-28 所示，单击“插入”按钮回到“项目符号与编号”对话框，单击“确定”按钮完成操作。

图 4-1-27 “项目符号与编号”对话框

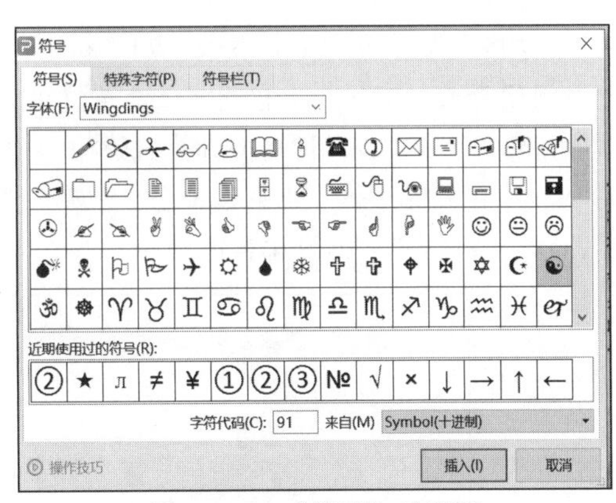

图 4-1-28 “符号”对话框

④ 依次输入文本信息：壹《念奴娇 赤壁怀古》，贰《水调歌头 · 明月几时有》，叁《定风波 · 莫听穿林打叶声》，肆《蝶恋花 · 春景》，字体格式设置为“华文隶书，24”。

（5）将四首诗词文字分别放置到 4 张幻灯片，要求：4 张幻灯片整体风格一致，但细节上有所区别。

操作提要

① 单击“开始”选项卡中的“新建幻灯片”下拉按钮，在打开的菜单中单击“新建”命

令，在出现的“母版版式”选项卡中选择“标题与内容”版式。

② 在标题占位符中，输入文字“念奴娇 赤壁怀古”，字体格式设置为“华文隶书，24，粗体，右对齐”。

③ 在内容占位符中，输入文字“大江东去，浪淘尽，千古风流人物。故垒西边，人道是：三国周郎赤壁。乱石穿空，惊涛拍岸，卷起千堆雪。江山如画，一时多少豪杰。遥想公瑾当年，小乔初嫁了，雄姿英发。羽扇纶巾，谈笑间，樯橹灰飞烟灭。故国神游，多情应笑我，早生华发。人生如梦，一尊还酹江月。”，字体格式设置为“华文行楷，18”，效果如图 4-1-29 所示。

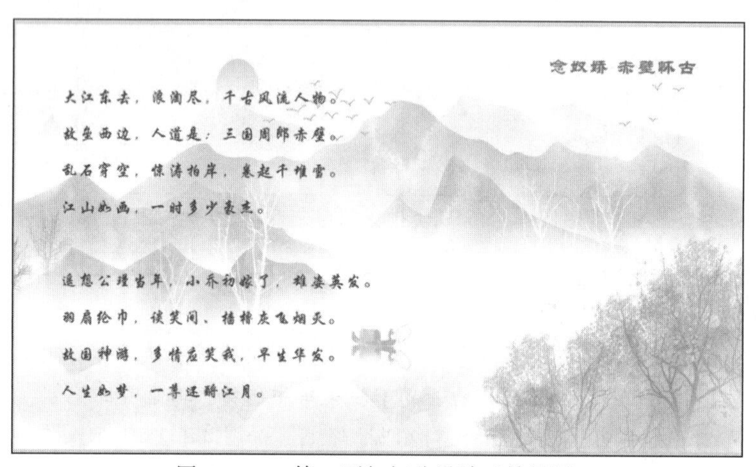

图 4-1-29　第 3 页幻灯片设计后效果图

④ 将第 3 张幻灯片复制为第 4 张幻灯片。标题栏中文字信息改为“水调歌头 · 明月几时有”，字体格式设置为“华文隶书，24，粗体，左对齐”；内容栏中文字信息改为“明月几时有？把酒问青天。不知天上宫阙，今夕是何年。我欲乘风归去，又恐琼楼玉宇，高处不胜寒。起舞弄清影，何似在人间？转朱阁，低绮户，照无眠。不应有恨，何事长向别时圆？人有悲欢离合，月有阴晴圆缺，此事古难全。但愿人长久，千里共婵娟。”，字体格式设置为“华文行楷，18，右对齐”，如图 4-1-30 所示。

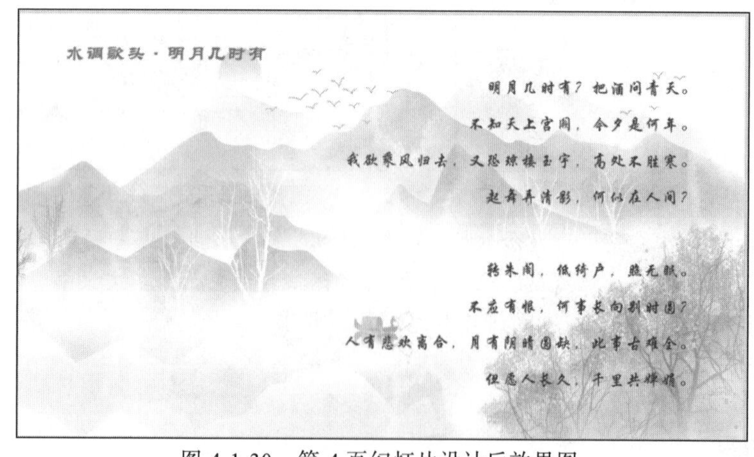

图 4-1-30　第 4 页幻灯片设计后效果图

⑤ 同样的操作生成第 5 张、第 6 张幻灯片。按要求调整相关标题和内容的文字信息。

⑥ 在第 5 张幻灯片中，选中诗词内容，在“文本工具”选项卡中单击“文字方向”下拉按钮，在打开的下拉菜单中选择“竖排（从右向左）”命令；选中诗词的题目，在“文本工具”选项卡中单击“文字方向”下拉按钮，在打开的下拉菜单中选择“竖排（从右向左）”命令，如图 4-1-31 所示；调整标题占位符的大小和位置，效果如图 4-1-32 所示。

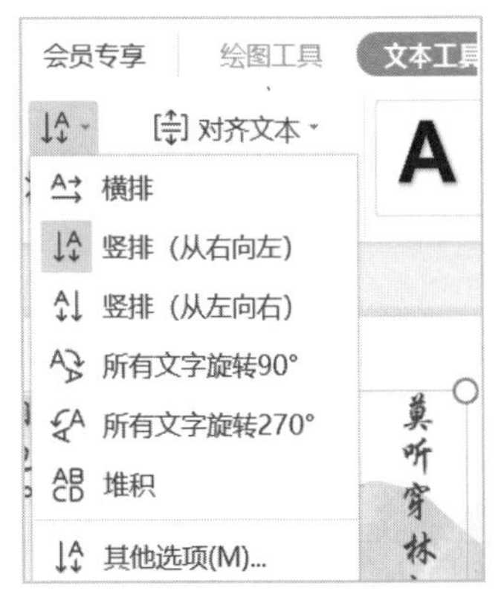

图 4-1-31　文字方向

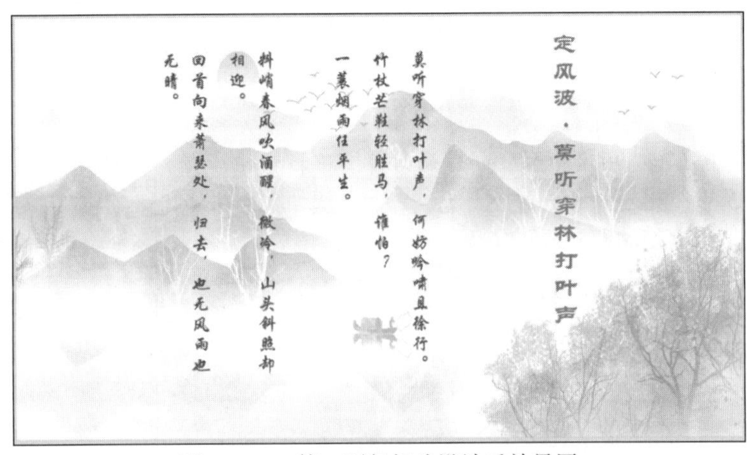

图 4-1-32　第 5 页幻灯片设计后效果图

⑦ 在第 6 张幻灯片中，选中诗词内容，在“文本工具”选项卡中单击“文字方向”下拉按钮，在打开的下拉菜单中选择“竖排（从左向右）”命令；选中诗词的题目，在“文本工具”选项卡中单击“文字方向”下拉按钮，在打开的下拉菜单中选择“竖排（从左向右）”命令，调整标题占位符的大小和位置，效果如图 4-1-33 所示。

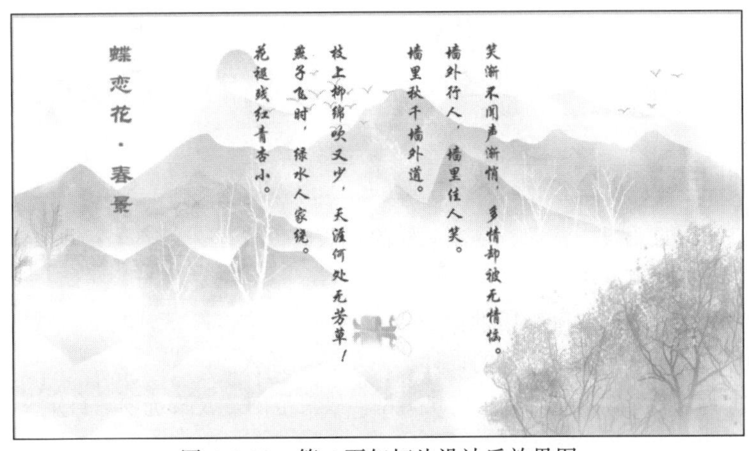

图 4-1-33　第 6 页幻灯片设计后效果图

（6）制作封底页，表示古诗词欣赏的演示文稿至此结束，效果如图 4-1-34 所示。

图 4-1-34　封底页效果图

① 单击“开始”选项卡中的“新建幻灯片”下拉按钮，在打开的下拉菜单中单击“新建”命令，在“母版版式”选项卡中选择“空白”版式。

② 在幻灯片的左下角，单击“插入”选项卡中的“艺术字”下拉按钮，在打开的下拉菜单中选择“填充-黑色 文本 1，轮廓-背景 1，清晰阴影-背景 1”，输入文字信息“终”，字体格式设置为“华文行楷，96，粗体”。

③ 选择“终”字，单击“文本工具”选项卡中的“文本效果”下拉按钮，在打开的下拉菜单中选择“更多设置”命令，在右侧打开的“对象属性”任务窗格“文本选项”选项卡“效果”标签下“发光”栏中将颜色设置为“黑色，文本 1，浅色 35%”，大小设置为“17 磅”，透明度设置为“72%”，如图 4-1-35 所示。

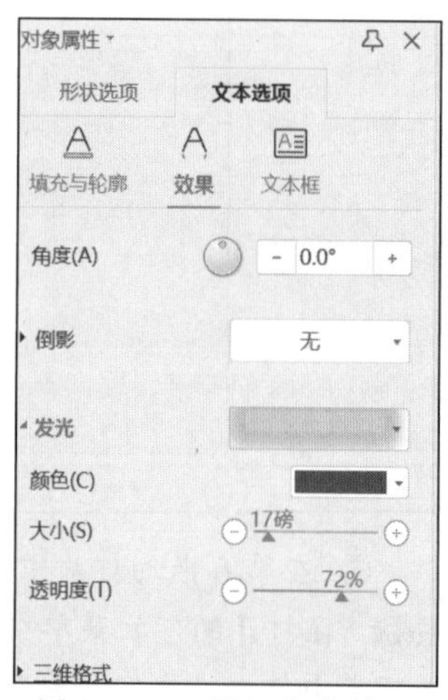

图 4-1-35　设置文本效果

（7）保存文件。

实训二　演示文稿的演示设计

一、实训目的

1. 掌握幻灯片的插入、移动、复制、删除、版面设置。
2. 理解主题的应用方法。
3. 理解视图模式切换的应用场景。
4. 掌握母版的应用方法，版式的设计，占位符的插入。
5. 理解幻灯片放映的相关设置：放映类型、放映范围、放映选项、自定义放映、排练计时等。
6. 掌握幻灯片打印的相关设置：打印属性（幻灯片大小、纸张打印方向）、打印内容等。

二、实训内容

视 频

任务一

任 务 一

当公司需要向新员工或者外来访问者介绍公司信息时，需要设计公司宣传的演示文稿，为了增强效果，要对制作好的“公司介绍.pptx”演示文稿进行演示设计，包括切换动画和内容动画的设计以及放映准备和预演，效果如图 4-2-1 所示。

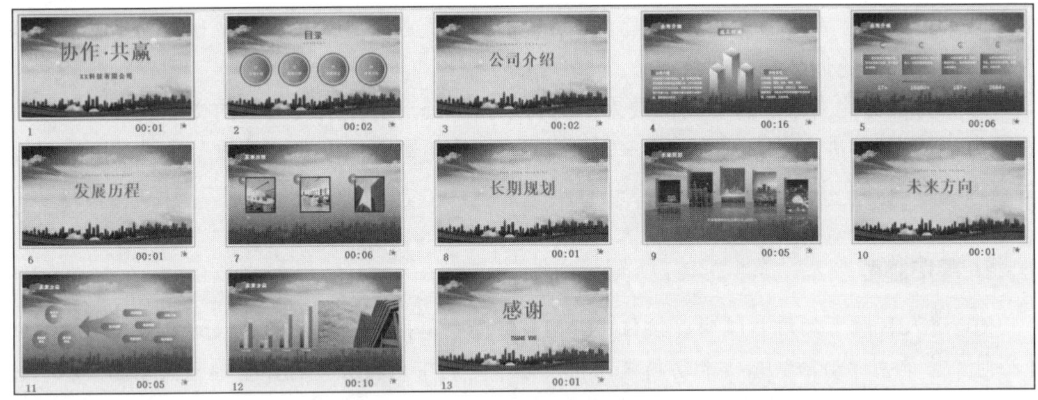

图 4-2-1　任务一样张效果图

（1）为增强视觉冲击力，提高信息的生动性，提高演讲效果，分别为过渡页设置“梳理”切换效果，为目录页设置“推出”切换效果，为内容页设置“擦除”切换效果，为封底页设置“百叶窗”切换效果。

操作提要

① 打开素材“公司介绍.pptx”演示文稿文件，对 1、3、7、9、11 页的切换动画设置为“梳理”。将演示文稿切换到“幻灯片浏览”视图方式下，按住【Ctrl】键依次单击第 1、3、7、9、11 页幻灯片缩略图，同时选中这 5 张幻灯片，单击“切换”选项卡中切换效果框右下角的展开按钮，选择“梳理”选项即可完成设置，如图 4-2-2 所示。

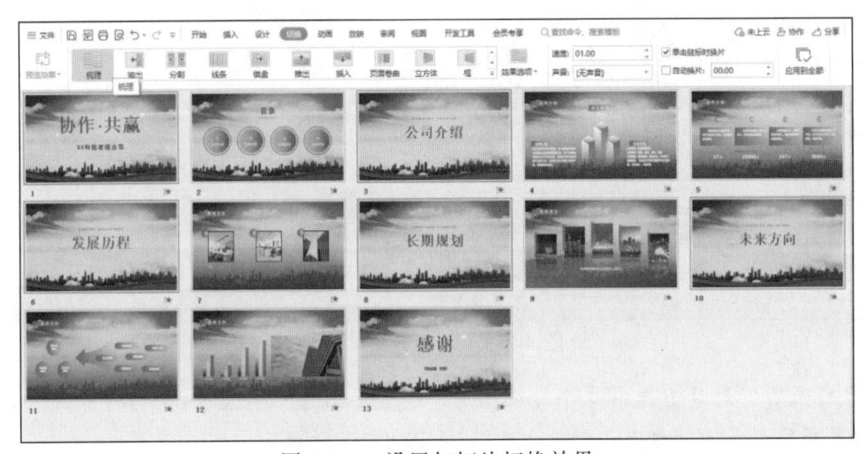

图 4-2-2　设置幻灯片切换效果

② 选中第 2 页目录页幻灯片，单击“切换”选项卡效果列表框中的“推出”选项，设置切换效果为“推出”。

③ 内容页的切换动画尽量设置得简洁，如果有需要突出强调的页面，可以单独设置强调动画。在“幻灯片浏览”视图方式下，按住【Ctrl】键依次单击第 4、5、7、9、11、12 页缩略图，选中所有内容页，单击“切换”选项卡中效果列表框中的“擦除”选项；再单击“切换”选项卡中效果列表框中的“速度”文本框，设置速度为“0.8”。

④ 选中封底页，设置切换动画为“百叶窗”，再单击“效果选项”下拉按钮，在打开的下拉菜单中选择“垂直”选项，将百叶窗切换动画设置成垂直效果，其他切换动画也可以根据需要进行方向的调整。

（2）为页面元素添加各种动画效果。为目录页中圆形对象及其内部的文字设置进入动画效果为“切入”，进入的方式为“上一动画之后”，为轮廓圆形设置“缩放”进入动画，将开始方式设置为“在上一动画之后”。

操作提要

① 进入目录页幻灯片编辑，按住【Shift】键逐个单击 4 个圆形的目录文本框，同时选中 4 个对象。单击“动画”选项卡动画效果框中右下角的下拉按钮，打开全部预设动画。在“进入”动画类型下，单击“更多选项”按钮，打开所有类型的进入动画，选择“切入”选项。

② 选择“动画”选项卡中的“动画窗格”按钮，打开“动画窗格”（也可以通过右侧任务窗格打开）。在该窗格中，可以看到刚刚设置好的 4 个圆形目录文本框的切入动画，在第一个动画前面有一个鼠标的形状，说明默认“单击时”播放。要设置某个动画的属性时，需要先选中动画，也可以同时选中多个动画一起设置。选中第一个动画，展开动画开始方式折叠框，选择“在上一动画之后”，这样动画在放映时就可以自动播放了，如图 4-2-3 所示。

图 4-2-3　动画效果-切入

③ 在目录页幻灯片上选中 4 个轮廓圆形，设置动画为“缩放”，在动画窗格选中第 5 个动画，设置开始方式为“在上一动画之后”，如图 4-2-4 所示。

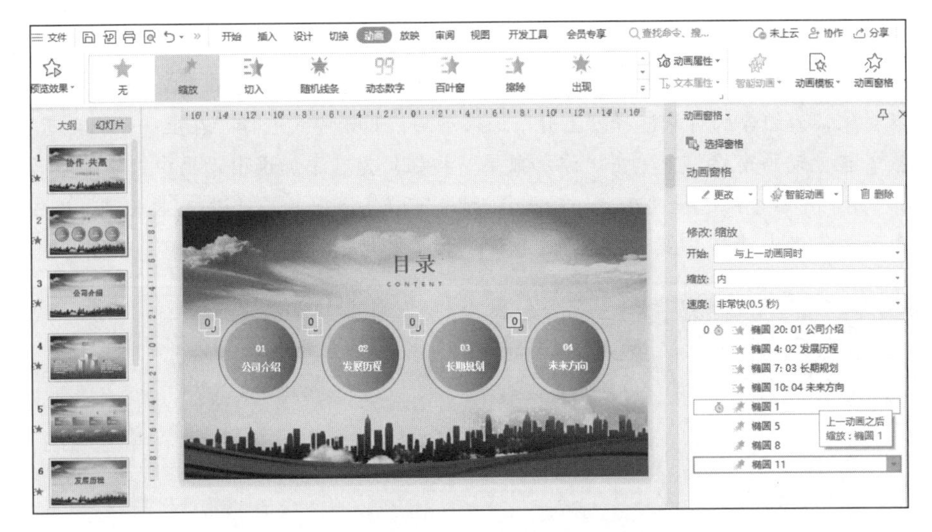

图 4-2-4 动画效果设置-缩放

（3）为第 4 页幻灯片添加动画。为标题设置“擦除”进入动画，方向设置为“自左侧”，并用动画刷给其他页面的标题设置同样的动画效果。为其他元素依次设置“上升”进入动画和“下降”退出动画，开始方式为“在上一动画之后”，将退出动画延迟时间设置为“02:00”。

操作提要

① 进入第 4 页幻灯片编辑，单击选中左上角“公司介绍”文本框，设置动画为“擦除”进入动画，打开“动画窗格”，开始方式选择“在上一动画之后”，方向选择“自左侧”，如图 4-2-5 所示。

图 4-2-5 “公司介绍”形状动画效果

> **注 意：** 设置好标题进入动画后，为了节省时间，可以用动画刷将此动画效果应用到其余页面的标题上。使用动画刷时，和格式刷的使用方法一样，先选中作为复制源的对象，单击“动画刷”按钮，此时，光标旁多了一个“刷子”的图标，单击其他页面的标题，将动画格式复制到被单击的对象上。动画刷单击一次只能复制到一个对象上，如果需复制给多个对象，可以双击“动画刷”按钮，可以持续复制动画。

② 回到第 4 页幻灯片编辑，首先单击页面中间的立方体形状，在“动画”选项卡中选择其动画为“上升”进入动画，开始方式选择“在上一动画之后”。接着选中“成立时间”和“2010”两个文本对象，为组合的对象选择“上升”进入动画，开始方式选择“在上一动画之后”，如图所示。接着在“动画窗格”中单击“添加效果”按钮，为其添加退出动画中“下降”效果，如图 4-2-6 所示。开始方式选择“在上一动画之后”，可以将退出效果延迟 2s 再出现，选中“动画窗格”中的红色退出动画，在“动画”选项卡下设置其延迟时间为“02:00”，如图 4-2-7 所示。

图 4-2-6　动画效果设置-上升

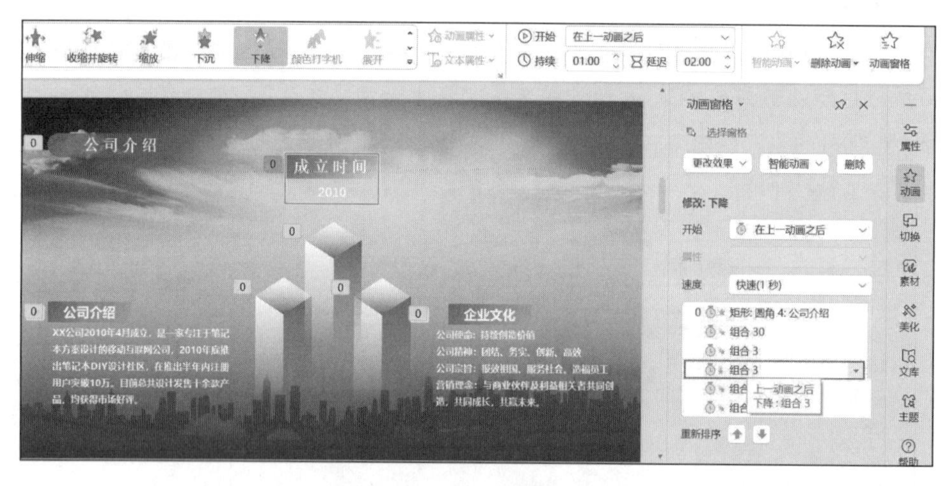

图 4-2-7　动画效果设置-下降

（4）为第 5 页幻灯片添加动画。选中第一组元素，设置擦除动画，方向为“自左侧”，开始方式为“在上一动画之后”。选中第一个数字“17+”，设置“动态数字”进入效果，设置开始方式为“在上一动画之后”，设置动画持续时间为“00.60”。按照同样的方式，为后面 3 组内容设置相同的动画效果。

操作提要

① 进入第 5 页幻灯片编辑，可以看到页面中有 4 组内容，选中第一组内容，在“动画”

选项卡中设置动画效果为“擦除”进入效果，设置方向为“自左侧”，开始方式为“在上一动画之后”。

② 选中第一个数字“17+”，在“动画”选项卡中选择“动态数字”进入效果，设置开始方式为“在上一动画之后”，将速度设置为“00.60”，如图 4-2-8 所示。

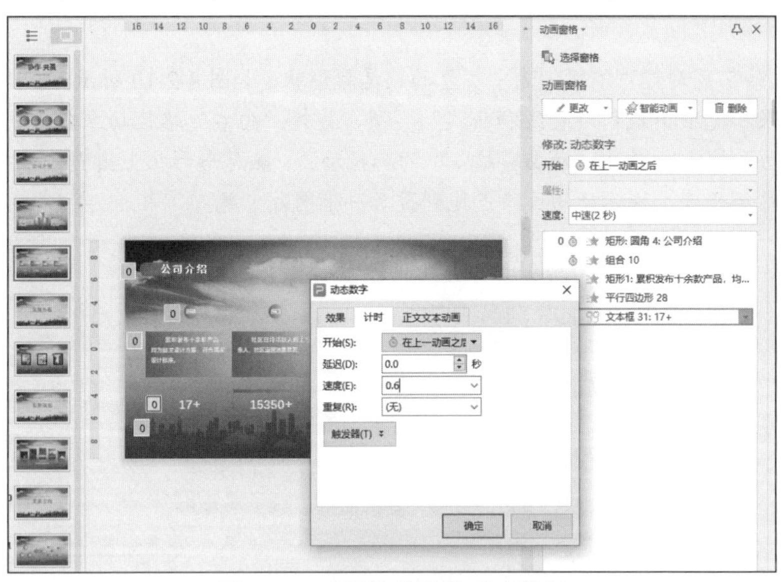

图 4-2-8　动画效果设置-动态数字

③ 使用“动画”选项卡中“动画刷”按钮，为后面 3 组内容设置相同的动画效果，设置完成后的效果如图 4-2-9 所示。

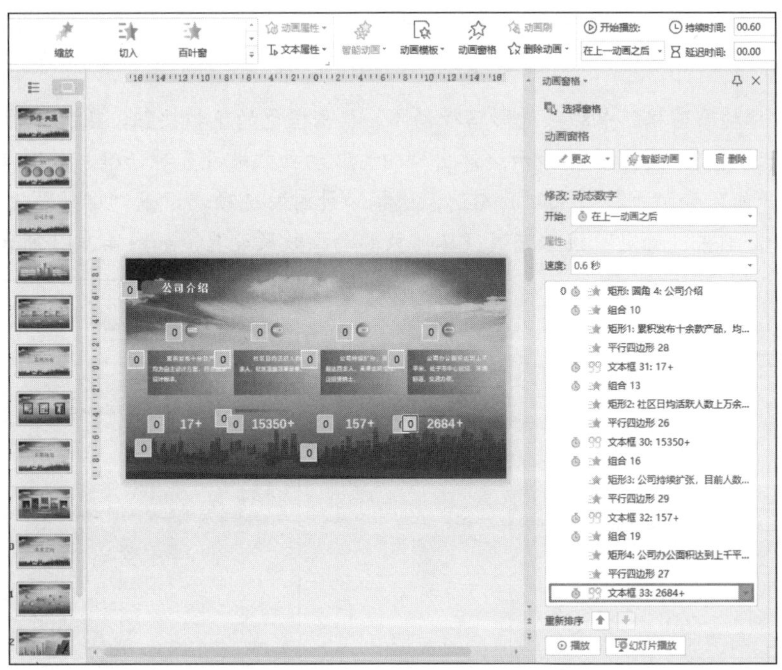

图 4-2-9　使用“动画刷”后的动画效果

（5）为第 7 页幻灯片添加动画。选中黄色的燕尾形形状，设置“向右”路径动画效果，开始方式为“在上一动画之后”，将路径动画终点拖到最后一张图片后面，并为路径动画设置一个循环播放的效果。

操作提要

① 进入第 7 页幻灯片编辑，选中黄色的燕尾形形状，如图 4-2-10 所示，在“动画”选项卡“动画效果”选项中找到“直线和曲线”类型，选择“向右”路径动画效果，开始方式选择“在上一动画之后”。选中“动画窗格”中的路径动画，燕尾形形状上出现一个绿色的三角，可拖动调整路径长度，将路径动画终点拖到最后一张图片末尾。

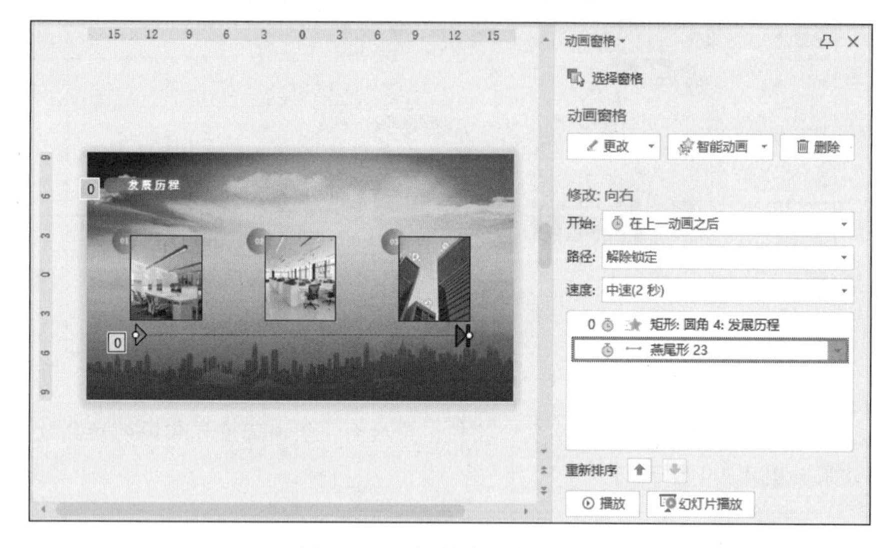

图 4-2-10 调整动画路径长度

② 选中“动画窗格”中的燕尾形路径动画，单击橙色的下拉按钮，在打开的下拉菜单中选择“效果选项”，如图 4-2-11 所示；弹出“向右”动画效果设置对话框，如图 4-2-12 所示，取消“平稳开始”和“平稳结束”的勾选；选择“计时”选项，设置“重复”次数为“直到下一次单击”，单击“确定”按钮完成循环播放的动画效果设置，如图 4-2-13 所示。

图 4-2-11 动画效果下拉菜单

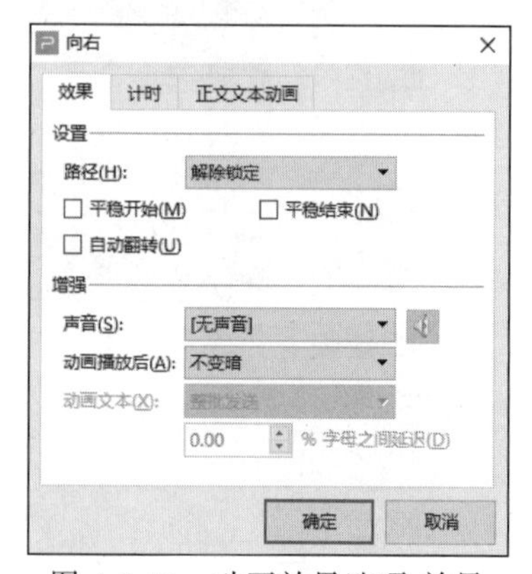

图 4-2-12 动画效果选项-效果

（6）为第 9 页幻灯片添加动画。为幻灯片上的 5 张照片设置“渐变式回旋”进入动画，将第一个动画开始方式设置为“在上一动画之后”。为 5 个渐变形状设置“擦除”进入动画，将第一个矩形的动画开始方式设置为“在上一动画之后”。为文本对象设置“出现”进入动画，“在上一动画之后”“逐字播放”，将“字母之间延迟秒数”改为“0.1”，添加“打字机”声音。

向右
效果 计时 正文文本动画
开始(S): 在上一动画之后
延迟(D): 0.0 秒
速度(E): 中速(2 秒)
重复(R): (无)
触发器(T)
(无)
2
3
4
5
10
直到下一次单击
直到幻灯片末尾
取消

图 4-2-13　动画效果选项-计时

操作提要

① 进入第 9 页幻灯片编辑，为 5 张照片设置“渐变式回旋”进入动画，将第一个动画开始方式设置为“在上一动画之后”。为 5 个渐变形状设置“擦除”进入动画，设置开始方式“在上一动画之后”，如图 4-2-14 所示。

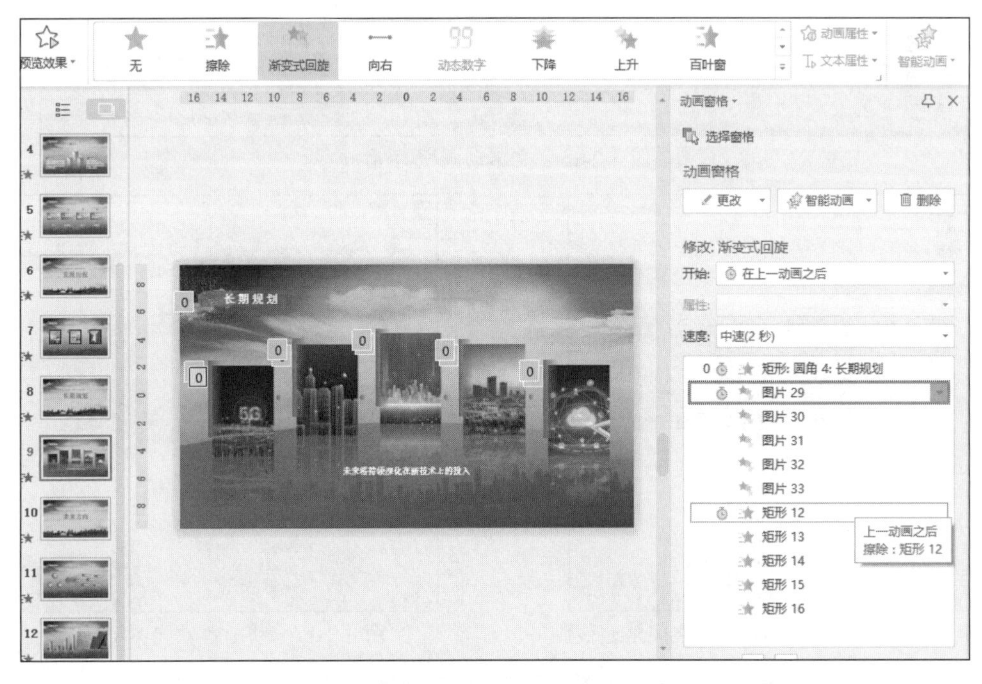

图 4-2-14　动画效果设置-渐变式回旋

② 单击选中文本“未来将持续深化在新技术上的投入”，在“动画”选项卡中设置“出现”进入动画，开始方式设置为“在上一动画之后”。单击“动画”选项卡中的“文本属性”下拉按钮，在打开的下拉菜单中选择“逐字播放”命令，如图 4-2-15 所示。

③ 单击“动画窗格”中该动画后面的橙色下拉按钮，弹出有效果选项的对话框，将字母之间延迟秒数改为“0.10”，如图 4-2-16 所示。接着单击“声音”下拉按钮，在打开的下拉菜单中选择“打字机”，如图 4-2-17 所示，单击“确定”按钮，则将文字动画设置为逐字出现，并且伴随打字机的声音。

图 4-2-15　文本动画-逐字播放

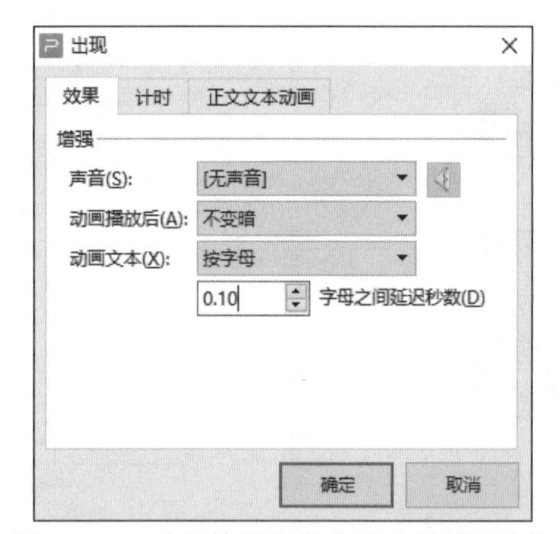

图 4-2-16　动画效果选项-字母之间延迟秒数

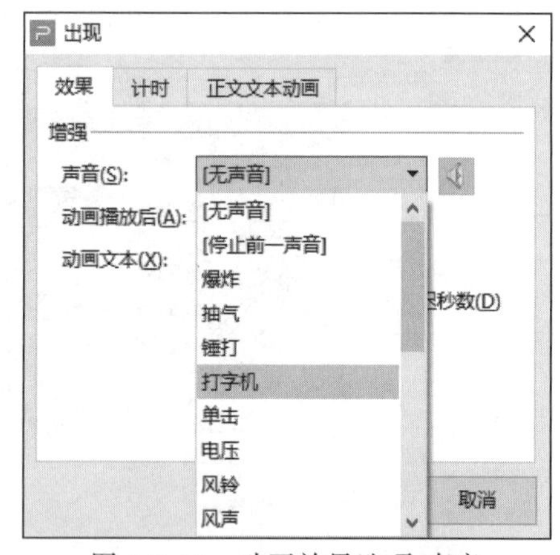

图 4-2-17　动画效果选项-声音

（7）进入第 11 页幻灯片编辑，为第 11 页幻灯片添加动画。为右侧圆角矩形设置“飞入”的进入动画，为箭头设置“擦除”的进入动画，并设置重复效果为“直到下一次单击”，为左侧圆形设置“缩放”的进入动画和“忽明忽暗”的强调动画，开始方式都设置为“在上一动画之后”。

操作提要

① 进入第 11 页幻灯片编辑，同时选中页面右边的 6 个圆角矩形，设置动画效果为“飞入”，在“动画属性”中调整动画方向为“自右侧”，将第一个圆角矩形动画设置“在上一动画之后”，如图 4-2-18 所示。

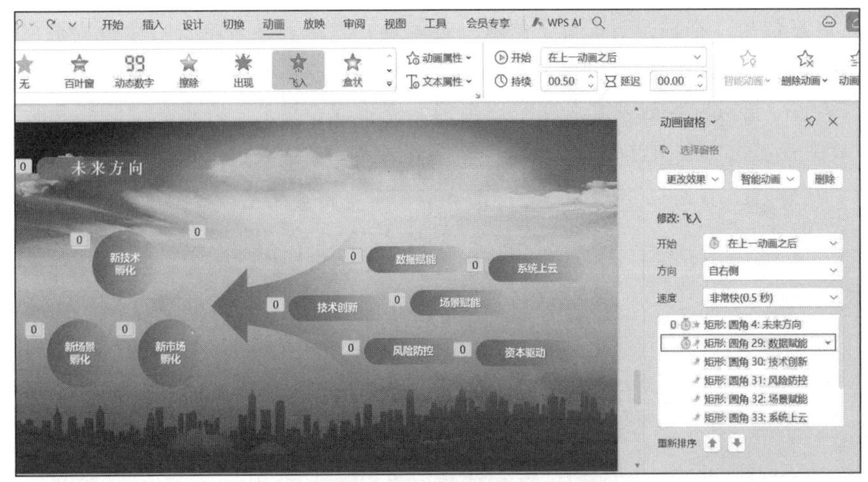

图 4-2-18　设置动画效果-飞入

② 选中页面中间的箭头，设置“擦除”动画效果，设置方向为“自右侧”，开始方式为“在上一动画之后”，如图 4-2-19 所示。单击其后的橙色三角下拉按钮，弹出“效果选项”对话框，在“计时”选项卡下设置重复为“直到下一次单击”，单击“确定”按钮完成设置，如图 4-2-20 所示。

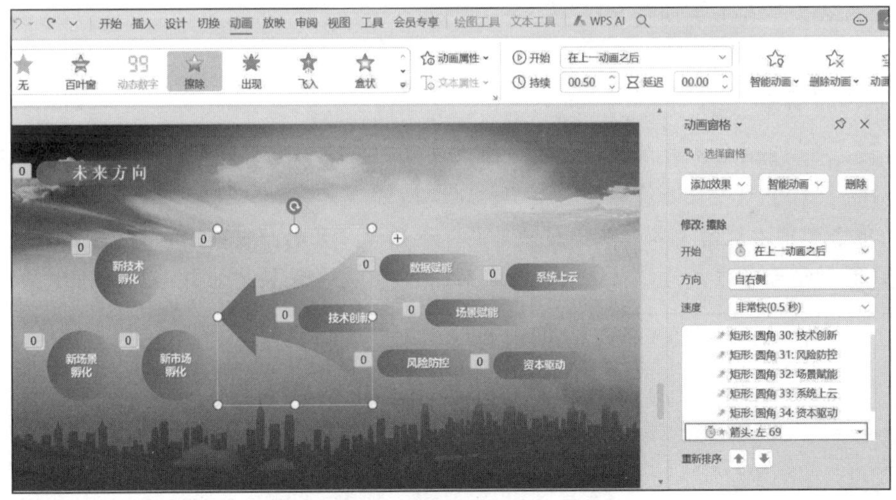

图 4-2-19　设置动画效果-擦除

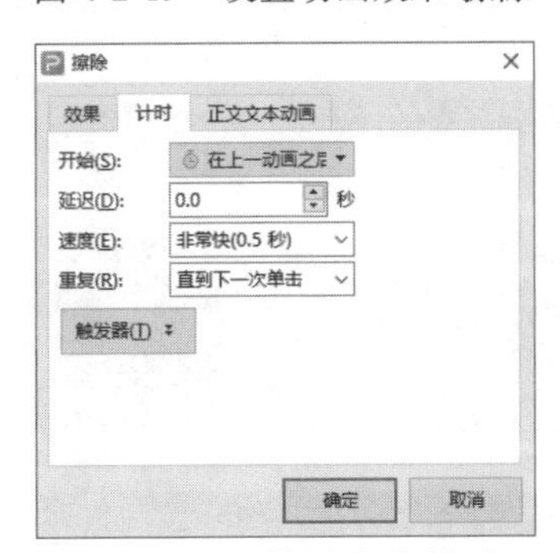

图 4-2-20　效果选项-计时

③ 选中左侧的 3 个圆形，设置“缩放”进入动画效果，接着单击“动画窗格”中“添加效果”按钮，为其添加“忽明忽暗”强调动画效果，将需要单击的动画都设置为“在上一动画之后”。单击“播放”按钮，完成 3 个圆形形状先出现“缩放”再出现“忽明忽暗”闪烁的强调动画效果设置，如图 4-2-21 所示。

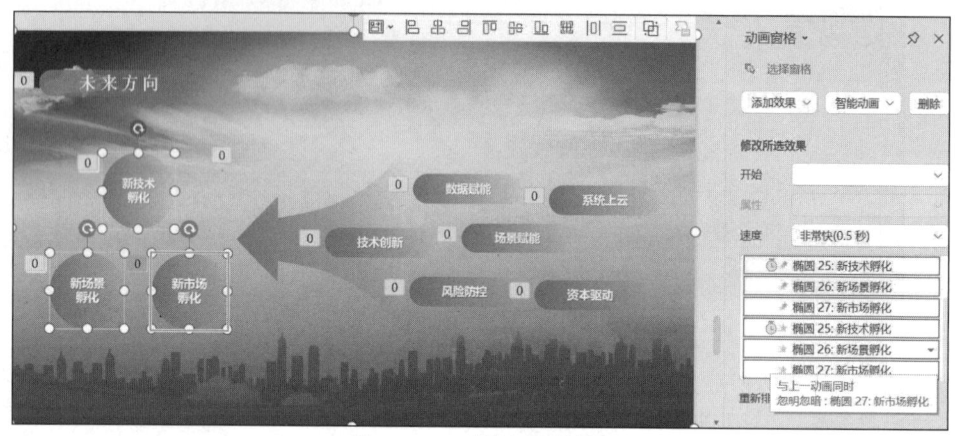

图 4-2-21　强调动画效果

（8）为第 12 页幻灯片添加动画。为图表设置“擦除”进入动画，为视频设置“自动”播放，开始方式为“在上一动画之后”。

操作提要

① 进入第 12 页幻灯片编辑，为左边图表设置“擦除”进入动画，开始方式为“在上一动画之后”。

② 单击选中右边的视频，在“视频工具”选项卡“开始:”下拉列表框中选择“自动”命令，设置动画开始方式为“在上一动画之后”，即可完成设置，如图 4-2-22 所示。

图 4-2-22　视频播放方式设置

（9）设置备注帮助演讲。在制作幻灯片后，可以提炼页面中的内容，添加到备注中，在演讲时作为提词使用。

注　意：备注内容注意不要过多，简短的思路提醒、关键内容提醒就可以，提炼好关键词。如果内容过多，就无法快速找到重点，演讲时长时间盯着备注看会影响演讲效果。设置好备注后要设置“显示演示者视图”，打开“演讲者备注”才可以看到备注的内容。

操作提要

① 设置备注有两种方法，短的备注可以直接在幻灯片下方添加，长的备注可以进入备注视图添加。在当前正在编辑的演示文稿中，进入需要添加备注的页面，如第 5 页幻灯片，单击幻灯片下方的“备注”按钮。

② 输入备注内容。在打开的“备注窗格”中输入备注内容，如果备注内容太长，可以打开备注页视图。单击“视图”选项卡下的“备注页”按钮，如图 4-2-23 所示，进入备注页视图。

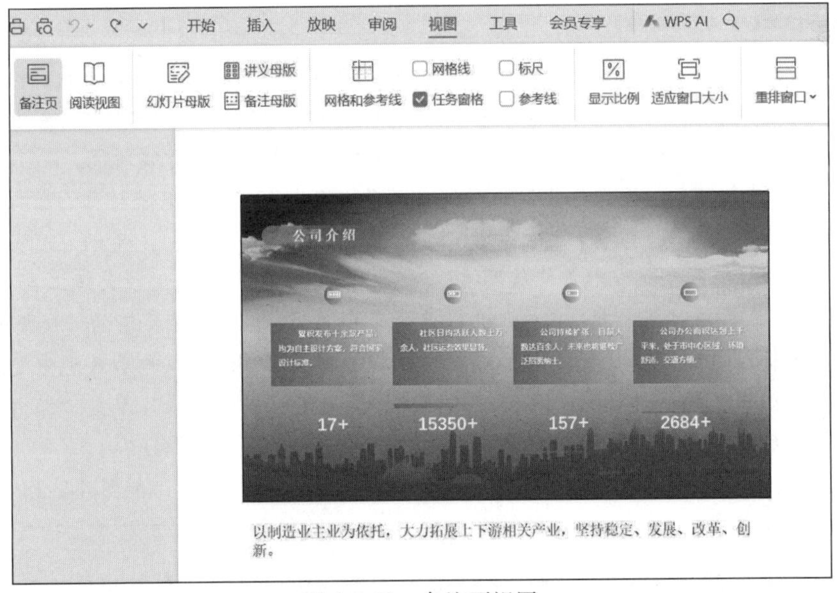

图 4-2-23　备注页视图

注　意：放映时使用备注。设置好备注内容后，按幻灯片放映快捷键【F5】，进入幻灯片播放状态。在进入到有备注的第 5 页幻灯片的时候，右击，在打开快捷菜单中选择“演讲备注”命令，就可以阅读备注内容，如图 4-2-24 所示。阅读结束后，单击“确定”按钮即可关闭备注内容窗格。

（10）在放映前预演幻灯片。在完成演示文稿的制作后，可以进入排练计时状态播放幻灯片，将放映过程每一页停留时间的长短和操作步骤录制下来，以此来回放分析演讲中存在的问题，进行调整改进，也可以让预演完成的幻灯片自动播放。当演示的流程、时间和操作步骤都确定后，还可以将排练计时后的演示文稿导出为视频，避免在低版本软件中演示时不能呈现的一些高级效果。

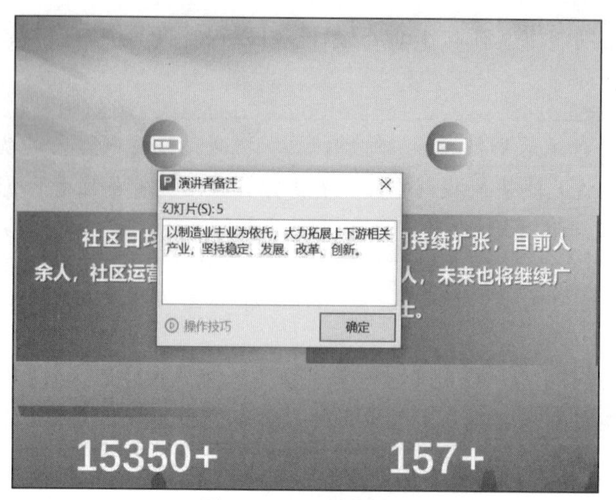

图 4-2-24　演讲备注

操作提要

① 排练计时的作用是记录每张幻灯片所使用的时间，可保存用于自动放映。单击“放映”选项卡上的“排练计时”按钮，进入放映状态，开始排练计时，在放映界面的左上角出现了计时窗格，计时窗格会记录每一页停留的时间，以及演示文稿的总放映时间。

② 在幻灯片放映时，将光标指针移动到左下角，单击左下角的笔状按钮，在打开的菜单中选择荧光笔或水彩笔，对画面进行标注，方便演讲者指向重要内容。荧光笔是半透明的画笔，线条粗；水彩笔线条细，颜色比较明显。对于重点内容，可以使用放大镜工具进行放大。

③ 在幻灯片放映时，右击，在打开的快捷菜单中单击“演示焦点”下的“放大镜”按钮，移动鼠标，光标经过的地方就会被放大。当幻灯片完成所有页面的放映后或者中途退出播放时，会弹出对话框，询问是否保存在幻灯片中使用荧光笔绘制的注释，单击“保留”按钮即可；保留注释后会弹出对话框询问是否保留计时，单击“是”按钮即可。

④ 结束放映后，可以看到每一页幻灯片下面都记录了放映时长，如图 4-2-25 所示。

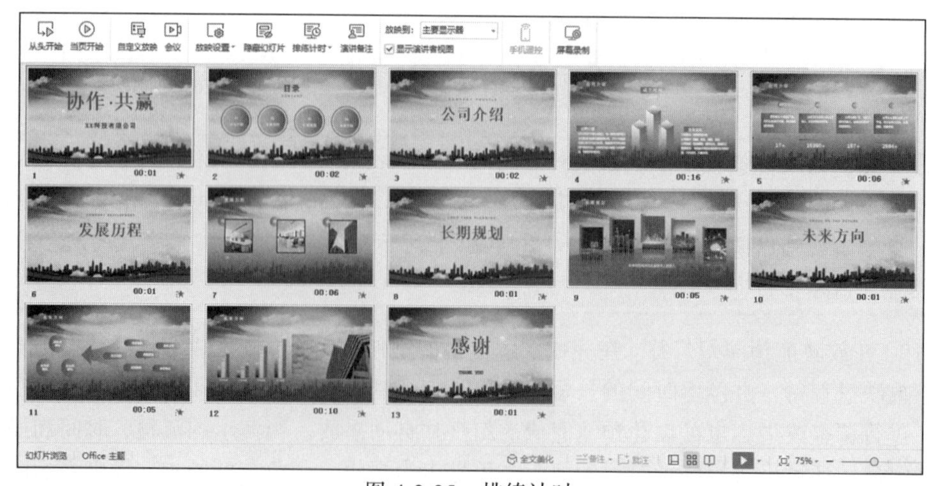

图 4-2-25　排练计时

（11）幻灯片放映设置：按快捷键【F5】可以直接从头开始放映幻灯片，按【Shift+F5】组合键可以从当前页开始放映，也可以单击右下角的“放映”按钮，默认从当前页面开始放映。

操作提要

在放映幻灯片的过程中，演讲者对幻灯片的放映类型、选项、数量和换片方式等有不同的需求，可单击“放映”选项卡中的“自定义放映”按钮，在弹出的“自定义放映”对话框中，如图4-2-26所示，单击该对话框中的“新建”命令，在弹出的“定义自定义放映”对话框中输入放映方案的名称，选择要放映的幻灯片，单击“添加”按钮即可保存自定义放映设置，如图4-2-27所示。关闭“定义自定义放映”对话框后，单击“放映”选项卡下的“自定义放映”按钮，在弹出的“自定义放映”对话框中选择刚刚设置好的放映方案，单击“放映”按钮即可开始自定义放映，如图4-2-28所示。

图4-2-26　新建自定义放映方案

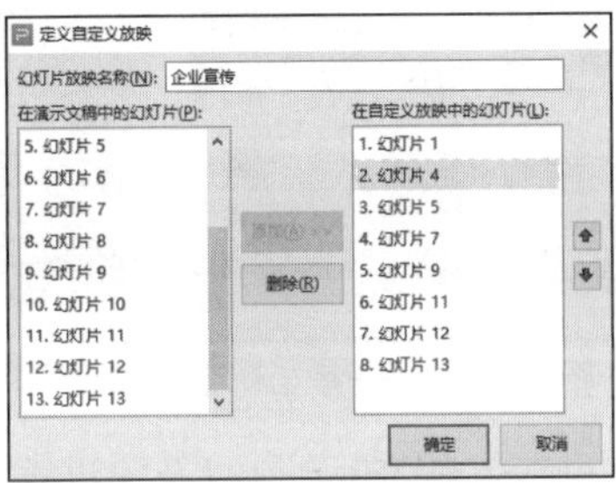

图4-2-27　定义自定义放映

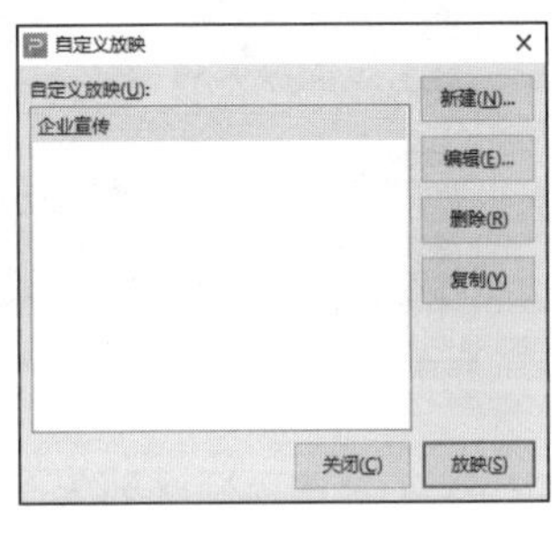

图4-2-28　执行已定义的放映方案

注　意： 幻灯片的放映有很多地方可以单独设置，单击“放映”选项卡的“放映设置”下拉按钮，如图4-2-29所示，在打开的下拉菜单中选择“放映设置”命令，弹出“设置放映方式”对话框，可以根据需要设置放映方式，如图4-2-30所示。

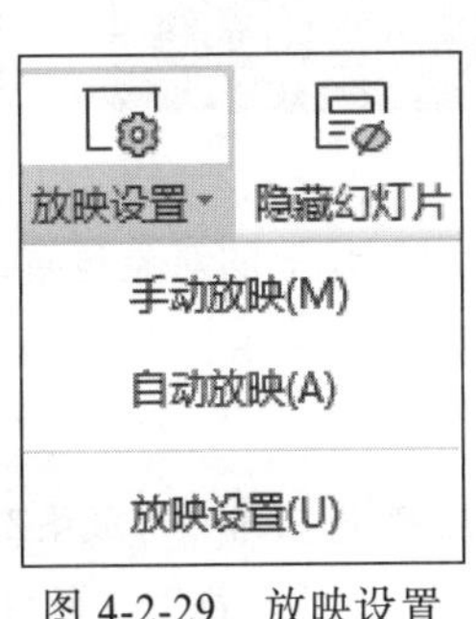

图4-2-29　放映设置

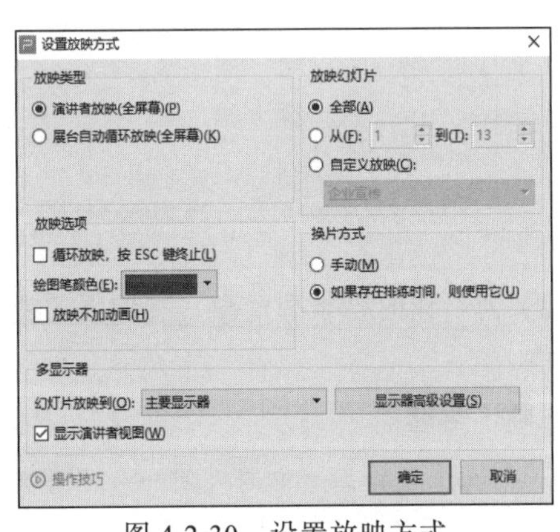

图4-2-30　设置放映方式

（12）保存文件。

任　务　二

视　频

任务二

我国首次火星探测任务于2016年正式批复立项，计划通过一次任务实现火星环绕、着陆和巡视，对火星进行全球性、综合性的环绕探测，在火星表面开展区域巡视探测。天问一号探测器由环绕器和着陆巡视器组成，着陆巡视器包括“祝融号”火星车及进入舱。为了更好科普我国火星探测任务制作了有关“祝融号”介绍的演示文稿，为了增强效果，要对制作好的“祝融号.pptx”演示文稿进行演示设计，包括切换动画和内容动画的设计以及放映准备和预演，样张效果如图4-2-31所示。

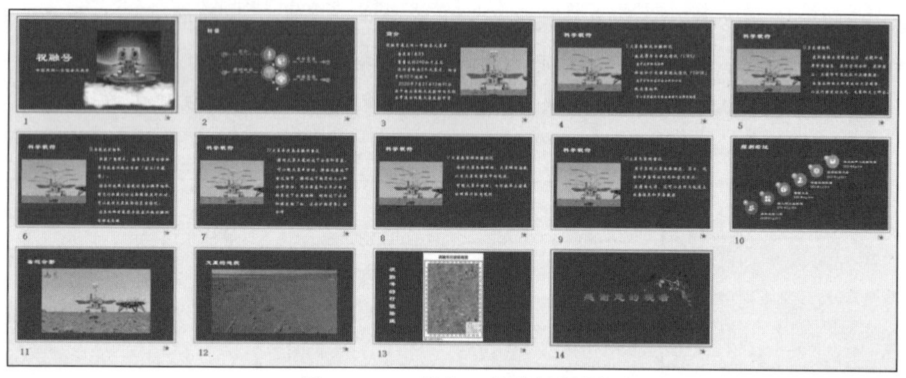

图 4-2-31　任务二样张效果图

（1）为了增强视觉冲击力，提高信息的生动性以及演讲效果，为整个演示文稿添加幻灯片的切换效果。

操作提要

选中第1张幻灯片，选择“切换”选项卡效果列表框中的“随机”选项，速度设为2秒，最后单击“切换”选项卡中的“应用到全部”按钮，如图4-2-32所示。

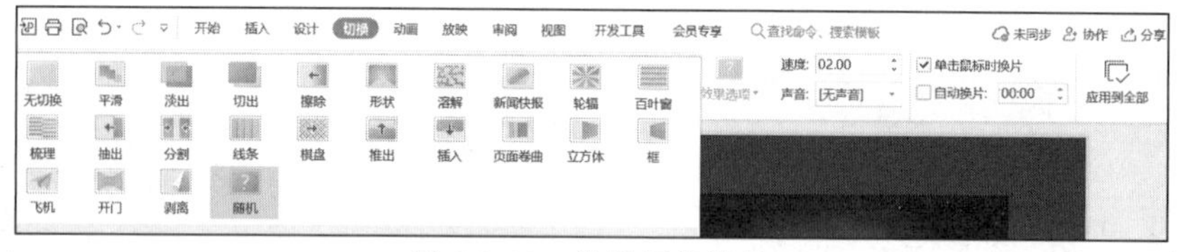

图 4-2-32　设置切换效果

（2）为了让内容条理清晰，有较强的视觉冲击力，可对幻灯片上的对象设置动画。

操作提要

① 先选中副标题“中国天问一号任务火星车”，选择“动画”选项卡中“效果”栏中“百叶窗”效果；再选中图片“祝融号”，单击“动画”选项卡中的“智能动画”下拉按钮，在打开的下拉菜单选择“轰然下落”选项；最后单击“动画”选项卡中的“动画窗格”按钮，在“动画窗格”任务窗格中，选择“图片3”和“PA_文本框6”，在其右键快捷菜单中选择“与上一动画同时”，完成第一张幻灯片的动画设置如图4-2-33所示。

② 因第2张幻灯片中的目录项是智能图形对象，所以其动画设置与第一张动画设置有所不同。先选中目录项智能图形对象，单击其右边小灯泡的图标，在打开的“智能对象设置”选项卡中选择“演示动画”标签项，在具体的效果栏中选择“放大进入”，如图4-2-34所示。具体的动画出现的时机，可通过“动画窗格”进行细微调整。

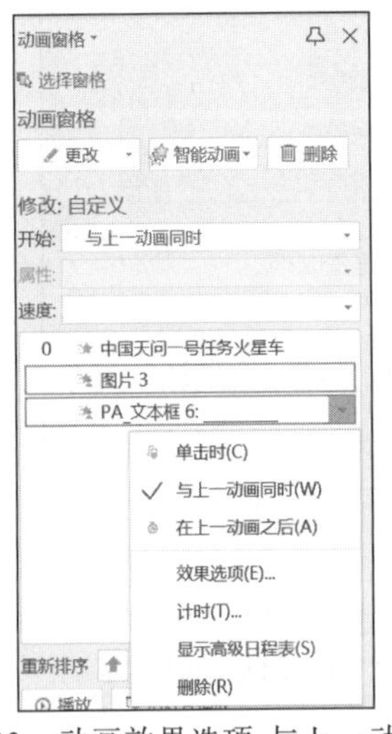

图4-2-33 动画效果选项-与上一动画同时

图4-2-34 演示动画-放大进入

③ 第3张幻灯片的动画设置，先选中幻灯片右侧的文本，在“动画”选项卡效果列表框中选择“进入-细微”类中“展开”选项，如图4-2-35所示；在打开的“动画窗格”任务窗格中选择“祝融号是天问一号任务火星车”的后续多个文本，右击，在打开的菜单中选择“在上一动画之后”，速度设置为“中速（2秒）”，右击，在打开的菜单中选择“计时”，在弹出的“展开”对话框“计时”选项卡中延迟设置为“0.5”秒，如图4-2-36所示；再选中幻灯片右侧的图片，单击“动画”选项卡中的“效果”栏中的“轮子”，单击“动画”选项卡中的“动画属性”下拉按钮，在打开的下拉菜单中选择“8轮辐图案”，如图4-2-37所示；在打开的“动画窗格”任务窗格中选择“图片占位符4”选项，单击“动画窗格”任务窗格最下方的“上移”按钮，将其移至文本“祝融号是天问一号任务火星车”之后，如图4-2-38所示。

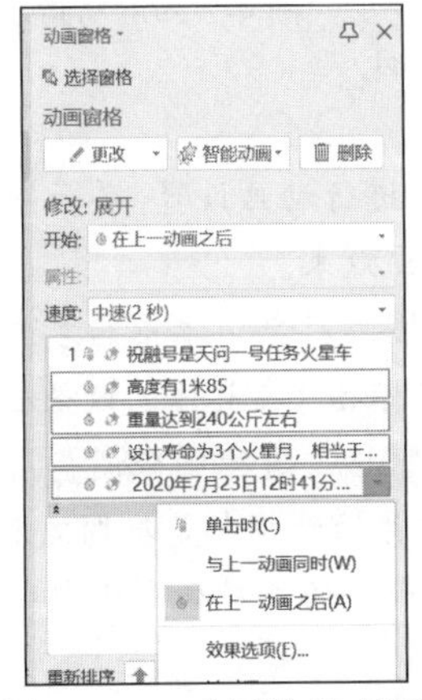

图4-2-35 动画效果-展开

图4-2-36 动画效果选项-计时

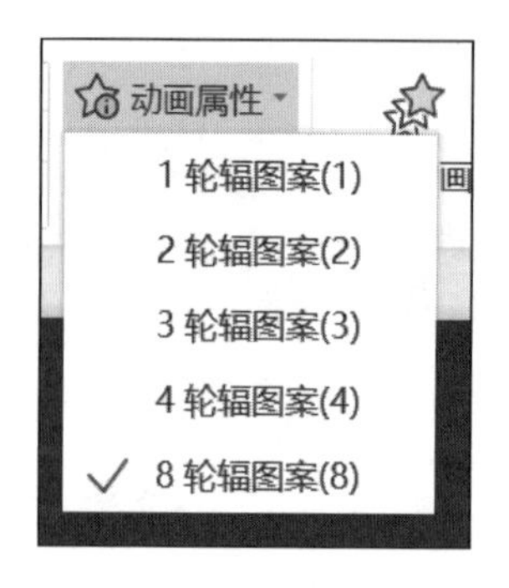

图 4-2-37　动画属性

图 4-2-38　调整动画顺序

④ 第 4 张幻灯片的动画设置，先选中幻灯片左侧的图片，单击“动画”选项卡效果列表框中的“随机效果”选项，再选中幻灯片右侧文本的第一行，单击“动画”选项卡中的效果列表框中的“擦除”选项，在“动画窗格”任务窗格中选择该文本对象，右击，在打开的菜单中选择“在上一动画之后同时”选项，右击，在打开的菜单中选择“效果选项”选项，在弹出的“擦除”对话框“效果”选项卡“增强”栏中“动画文本”选择“按 10%字母之间延迟”效果，如图 4-2-39 所示；最后选中幻灯片右侧的除第一行外的其余文本，选择“动画”选项卡中的效果列表框中的“擦除”选项，在“动画窗格”任务窗格中选择添加动画的文本对象，右击，在打开的菜单中选择“在上一动画之后”，速度设置为“中速（2 秒）”，右击菜单中选择“计时”选项，在弹出的“展开”对话框“计时”选项卡中延迟设置为“0.5”秒。

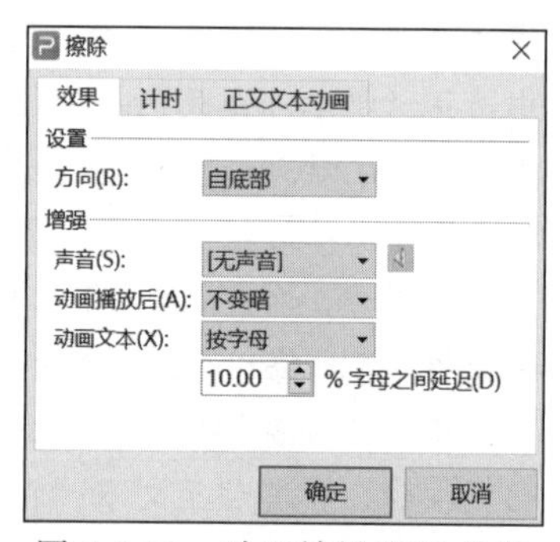

图 4-2-39　动画效果选项-效果

⑤ 重复第④步操作为第 5 张至第 9 张幻灯片中的对象进行动画设置。关于图片的动画设置可以使用“动画”选项卡中“动画刷”来复制相应的动画效果。

⑥ 第 10 张幻灯片的动画设置，选中幻灯片中的智能图形对象，单击其右边小灯泡的图标，在弹出的“智能对象设置”选项卡中选择“演示动画”标签，在具体的效果栏中选择“依次底部弹入”选项。具体的动画出现时机，可通过“动画窗格”进行细微调整。

⑦ 第 11 张至第 13 张幻灯片的动画设置，此 3 张幻灯片的结构都是标题文本和图片，只需对图片进行动画设置，依次选中图片，在“动画”选项卡中的效果列表框中分别选择“百叶窗”，“棋盘”和“扇形展开”选项。

⑧ 最后一张幻灯片的动画设置，先选中文本，在打开的“动画”选项卡中的效果列表

框中“强调”类中的选择“透明”选项，单击“动画”选项卡中的“动画属性”下拉按钮，在打开的下拉菜单中选择“50%”，如图 4-2-40 所示；再次选中图片，在打开的“动画”选项卡中效果列表框“绘制自定义路径”类中选择“任意多边形”选项，绘制该对象动画路径，如图 4-2-41 所示；最后在“动画窗格”任务窗格中，将两个对象的动画播放时机设置为同一时间。

图 4-2-40　设置动画属性　　　图 4-2-41　绘制对象动画路径

（3）保存文件。

实训三　演示文稿的综合应用

一、实训目的

1. 掌握为幻灯片上的各种元素添加动画的方法：进入、强调、退出、动作路径，以及动画刷的使用。
2. 掌握为幻灯片上的各种元素添加超级链接和动作按钮的方法。
3. 掌握幻灯片切换效果的设置方法：切换方式、切换效果、切换声音。
4. 掌握逻辑节的应用方法：新建、删除和重命名。
5. 掌握设置背景样式和格式的方法。
6. 掌握在幻灯片中插入音频和视频的方法。

二、实训内容

任　务　一

完成演示文稿的进一步优化设计与预演，效果如图 4-3-1 所示。打开“遇见赣州-素材文档.pptx”旅游宣传演示文稿，文稿已初步完成了与主题相关的制作工作。

图 4-3-1　任务二效果图

（1）将演示文稿中的幻灯片按内容分组，即在第 4、10、14、19、24 张幻灯片前插入节，节名分别为“赣州文化”“特色美食”“风景名胜”“红色旅游”和“结束页”。

操作提要

① 幻灯片缩略窗格中，在需要分节的两张幻灯片中间，右击，在弹出的快捷菜单中选择“新增节”命令（或单击“开始”选项卡的“节”下拉按钮，在打开的下拉菜单中选择“新增节”命令），在当前位置即会出现一个“无标题节”。

② 右击新出现的节（“无标题节”），在弹出的快捷菜单中选择“重命名节”命令，在弹出的“重命名”对话框中输入节名称即可，如图 4-3-2 所示。

图 4-3-2　重命名节

③ 重复以上步骤完成其他各节的创建，效果如图 4-3-3 所示。

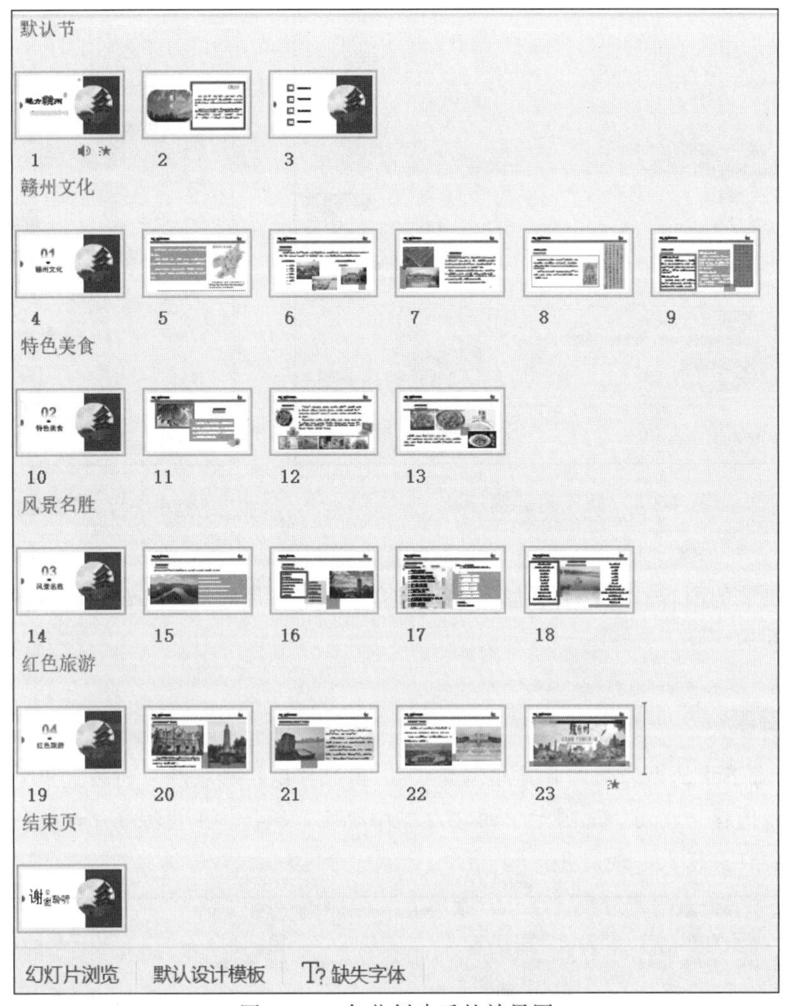

图 4-3-3　各节创建后的效果图

（2）对演示文稿中的幻灯片进行交互设计，要求将第 3 张幻灯片中“赣州文化”“特色美食”“风景名胜”“红色旅游”等文字对象设置超链接，分别链接到演示文稿中的第 4、10、14、19 页幻灯片，要求设置超链接后的文字对象没有下画线且颜色不发生变化。

操作提要

① 在幻灯片窗格中第 3 张幻灯片上选择要添加超链接的文本(如“赣州文化”)，单击“插入”选项卡中“超链接”下拉按钮，在打开的下拉菜单中选择“本文档幻灯片页”(也可以在文本或图片上右击，选择“超链接”命令)，在弹出的“插入超链接”对话框中选择“本文档中的位置”选项，并选中“幻灯片标题”中的“幻灯片 4”，如图 4-3-4 所示。

② 在“插入超链接”对话框中单击“超链接颜色”按钮，在打开的“超链接颜色”对话框中完成超链接“颜色”和“下划线”的设置操作，如图 4-3-5 所示，并单击“应用到全部”，返回“插入超链接”对话框，单击“确定”按钮，即可完成第一组文字的超链接设置。

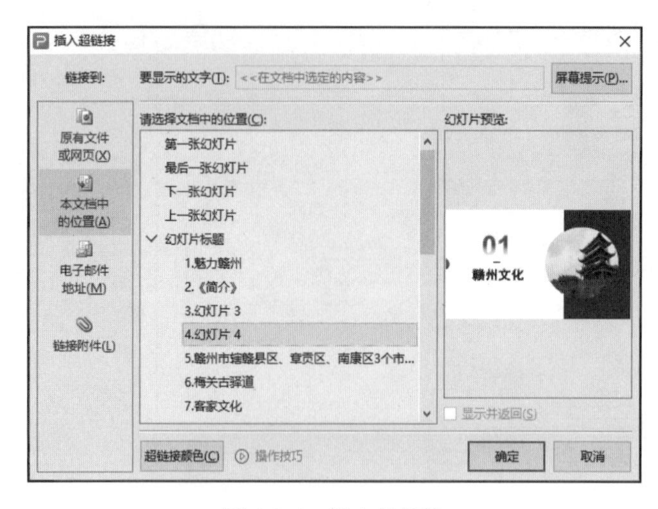

图 4-3-4　插入超链接

图 4-3-5　设置超链接颜色

③ 重复以上步骤完成其他各组文字的超链接设置。

（3）在每节的内容幻灯片上添加能返回到第 3 张幻灯片的动作按钮，以方便演示文稿放映时幻灯片间的交互。

操作提要

① 由于每节中的内容幻灯片是相同的版式，因此可以在母版对应的版式中完成动作按钮的添加操作。选择“视图”选项卡中的“幻灯片母版”命令，在“幻灯片母版”视图中选中对应的内容幻灯片版式，如图 4-3-6 所示。

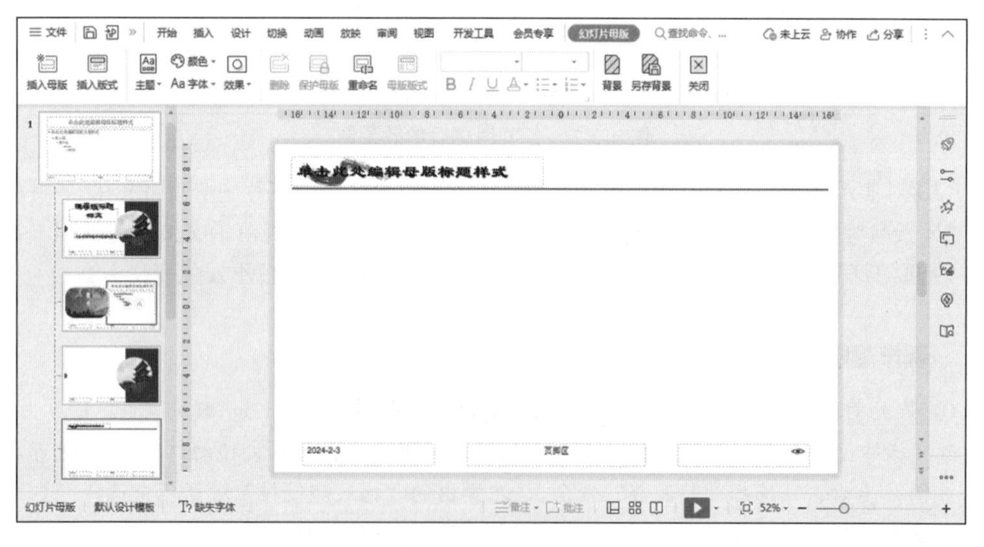

图 4-3-6　幻灯片母版

② 在母版视图中单击“插入”选项卡中的“形状”下拉按钮，在打开的下拉菜单中选择“燕尾形箭头”，如图 4-3-7 所示。

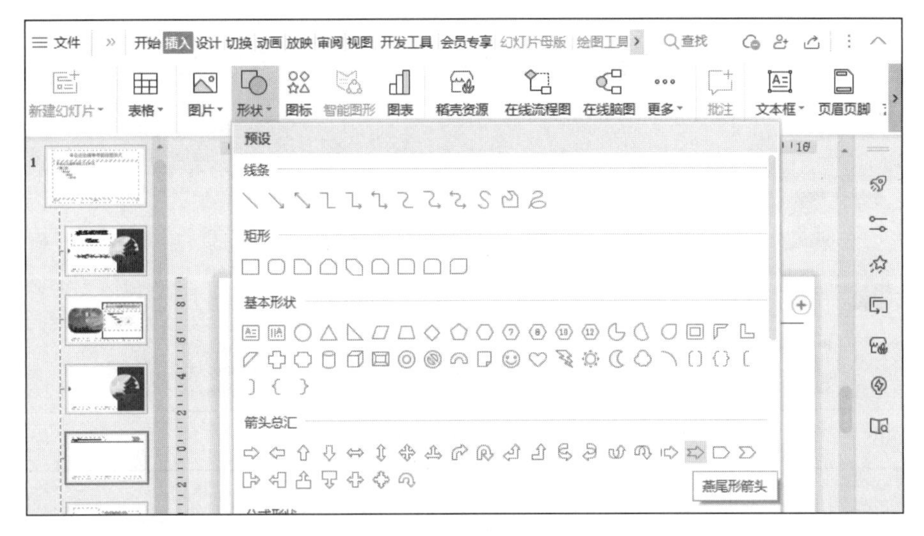

图 4-3-7　插入形状-燕尾形箭头

③ 拖动鼠标，在当前幻灯片的右上角绘制一大小适中的“燕尾形箭头”形状，选中该形状，单击“绘图工具”选项卡中的“旋转”下拉按钮，在打开的下拉菜单中选择“水平翻转”命令，将形状调整为水平翻转，如图 4-3-8 所示。

图 4-3-8　旋转-水平翻转

④ 在插入的“燕尾形箭头”形状上右击，在弹出的快捷菜单中选择“填充图片”|“本地图片”命令，如图 4-3-9 所示；在弹出的“填充图片”对话框中选择“宋城夜景.png”素材图片，将图片填充在形状中。

⑤ 选中已填充图形的“燕尾形箭头”形状，选择“插入”选项卡中的“动作”命令，在弹出的“动作设置”对话框中选择“鼠标单击”选项卡中的“超链接到”单选按钮，在打开的下拉列表中选择“幻灯片”选项，弹出“超链接到幻灯片”对话框，如图 4-3-10 所示；选择对话框“幻灯片标题”列表框的“幻灯片 3”选项，单击“确定”按钮即可完成动作的设置操作。

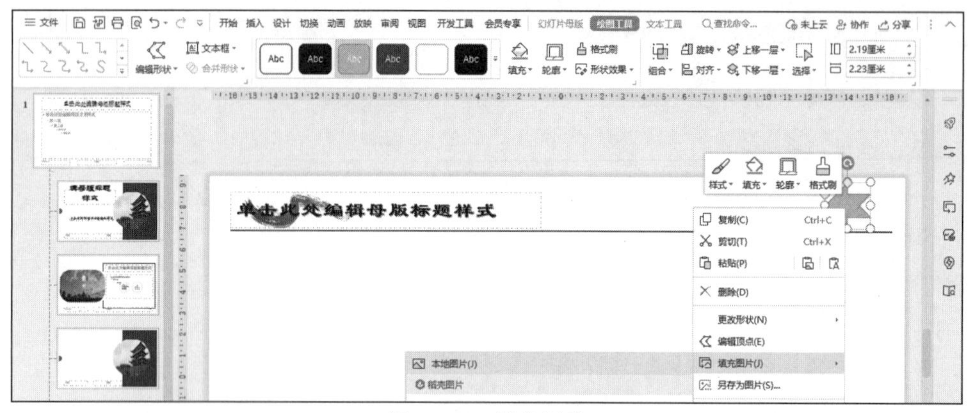

图 4-3-9　填充图片

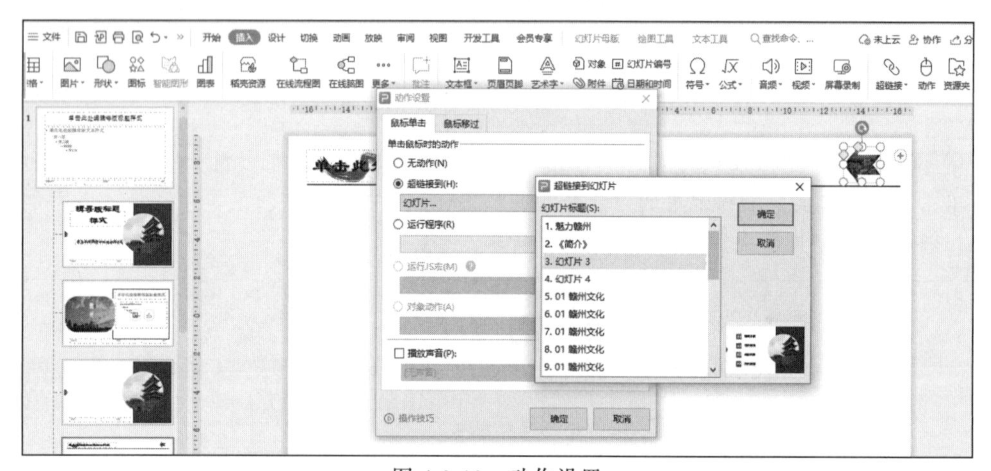

图 4-3-10　动作设置

⑥ 单击“幻灯片母版”选项卡上的“关闭”按钮，关闭母版视图，返回普通视图，如图 4-3-11 所示。

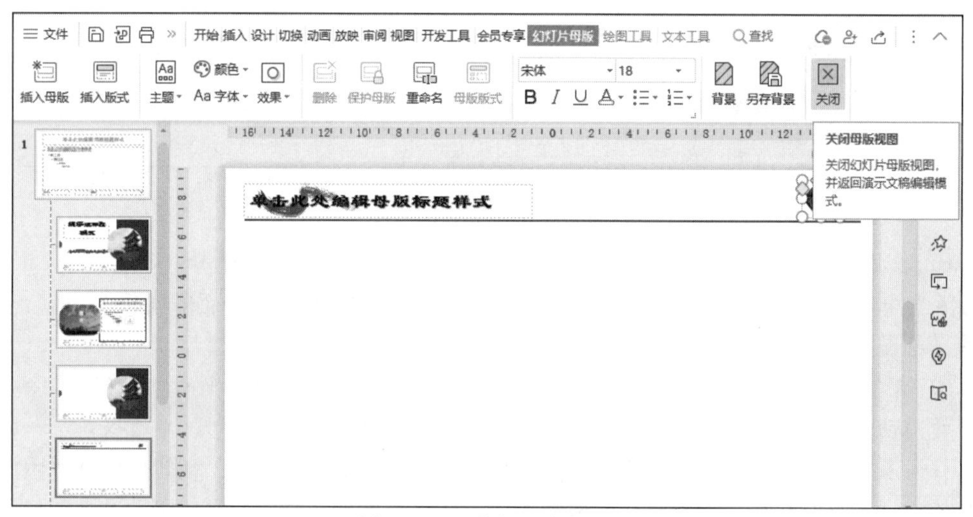

图 4-3-11　关闭母版视图

（4）为演示文稿增加“背景音乐.mp3”音频文件，跨幻灯片播放（从 1 至 22 张幻灯片），放映时不显示图标。

操作提要

① 选择演示文稿的第一张幻灯片，在幻灯片窗格中单击“插入”选项卡中的“音频”下拉按钮，在打开的下拉菜单中选择“嵌入音频”命令，如图 4-3-12 所示，在弹出的“插入音频”对话框中选择素材文件“背景音乐.mp3”，当前幻灯片上出现一个音频图标。

图 4-3-12 插入音频

② 选中音频图标，在“音频工具”选项卡中，单击“跨幻灯片播放”单选按钮，在文本框中输入 22，勾选“循环播放，直至停止”和“放映时隐藏”复选框，如图 4-3-13 所示。

图 4-3-13 音频工具

（5）根据个人喜好，为演示文稿中的幻灯片添加切换效果，并对各幻灯片上的对象按需设置动画效果，以增强文档的视觉冲击力，提高演示效果，最后保存文件。

任 务 二

完成演示文稿的进一步优化设计与预演，效果如图 4-3-14 所示。打开“国宝.pptx”旅游宣传演示文稿，文稿已初步完成了与主题相关的制作工作。

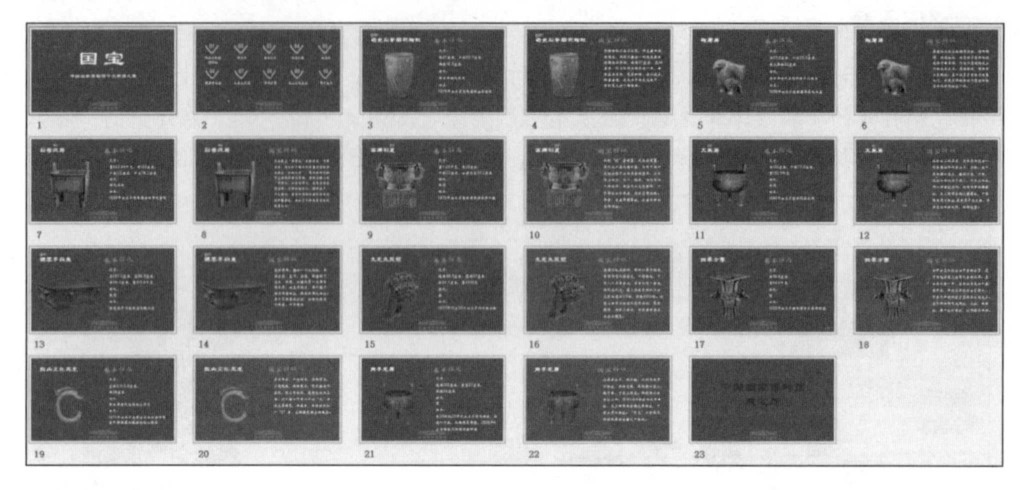

图 4-3-14 任务二样张效果图

视 频

任务二

（1）将演示文稿中的幻灯片按内容分组，即在第 1、3、23 张幻灯片前插入节，节名分别为“片头”“国宝介绍”和“片尾”。

① 幻灯片缩略窗格中，选择第 1 张幻灯片，单击“开始”选项卡中的“节”下拉按钮，在打开的下拉菜单中选择“新增节”，则在第 1 张幻灯片之前的位置会出现一个“无标题节”，再选中此“无标题节”，单击“开始”选项卡中的“节”下拉按钮，在打开的下拉菜单中选择“重命名节”命令，在弹出的“重命名”对话框中，输入节名“片头”。如图 4-3-15 所示。

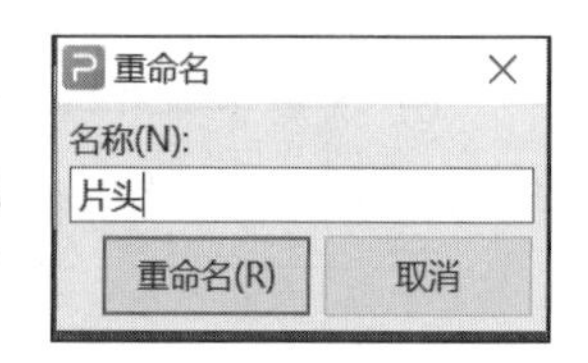

图 4-3-15 新增节-片头

② 同样操作分别作用在第 3、23 张幻灯片，新增“国宝介绍”和“片尾”两个节。操作完成后，效果如图 4-3-16 所示。

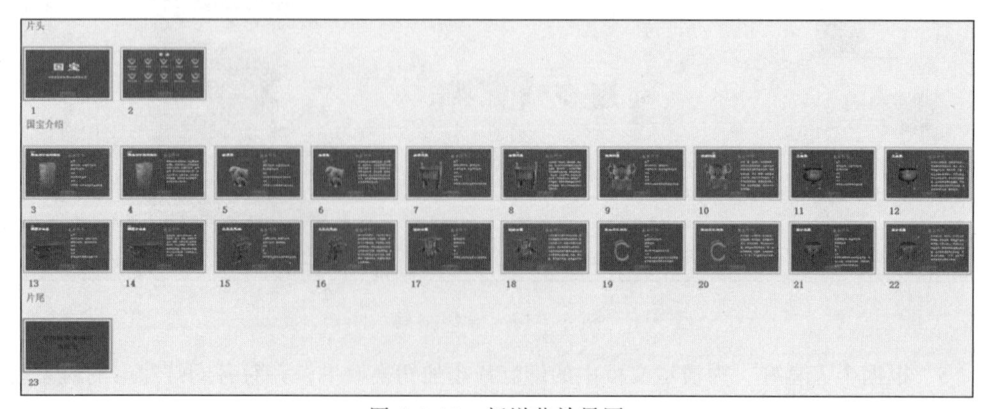

图 4-3-16 新增节效果图

（2）对演示文稿中的幻灯片进行交互设计，要求将第 2 张幻灯片中各个国宝名称的文字对象设置超链接，分别链接到演示文稿中该国宝介绍的幻灯片，要求设置超链接后的文字对象没有下画线且颜色不发生变化。

操作提要

① 在幻灯片窗格中，选中第 2 张幻灯片，让其成为当前工作的幻灯片，在此幻灯片中选择要添加超链接的文本（如“鹳鱼石斧图彩陶缸”），单击“插入”选项卡中的“超链接”下拉按钮，在打开的下拉菜单中选择“本文档幻灯片页”命令，在弹出的“插入超链接”对话框中选择“本文档中的位置”选项，并选中“幻灯片标题”中的“幻灯片 3”，如图 4-3-17 所示。

② 在“插入超链接”对话框中，单击“超链接颜色”按钮，在弹出的“超链接颜色”对话框中完成超链接“颜色”和“下划线”的设置操作，如图 4-3-18 所示，并单击“应用到全部”按钮，返回“插入超链接”对话框，单击“确定”按钮即可完成第一组文字的超链接设置。

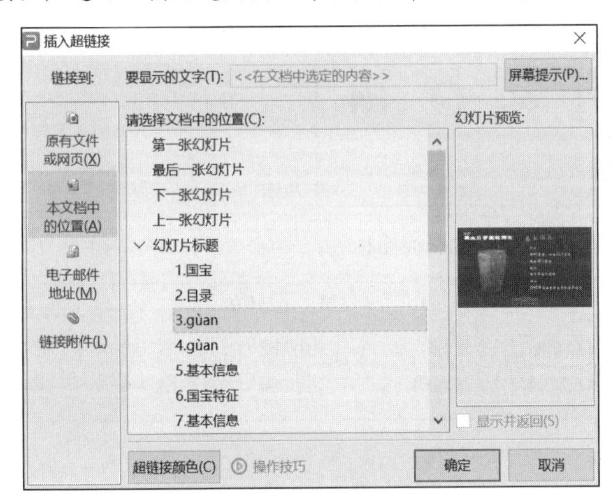

图 4-3-17　插入超链接

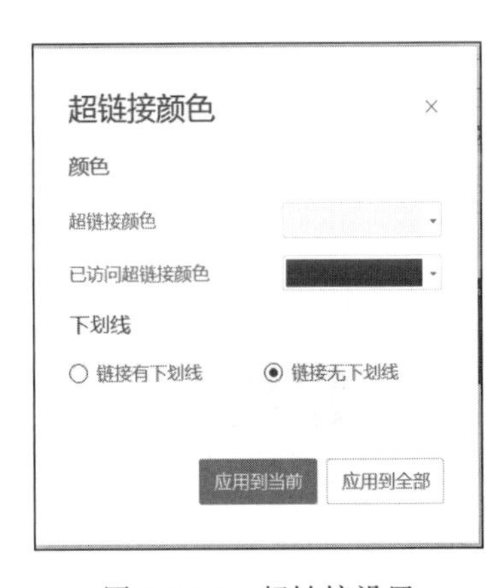

图 4-3-18　超链接设置

③ 重复以上步骤完成其他各组文字的超链接设置。

（3）使用“动作”对演示文稿中的幻灯片进行交互设计，要求将每件国宝介绍完成即在“国宝特征”对应的幻灯片中设置一个动作按钮，链接到演示文稿中目录所在幻灯片。

操作提要

① 选中第 4 张幻灯片，其主要内容是介绍鹳鱼石斧图彩陶缸的特征，单击“插入”选项卡中的“图标”按钮，在展开“稻壳图标”窗口搜索栏中输入“返回上一层”，单击“搜索”按钮后，在出现的图标集中选择合适的图标，如图 4-3-19 所示，单击选中该图标，移至幻灯片的右下角，可在“图形工具”选项卡中“图形填充”和“图形轮廓”命令（见图 4-3-20）对其进行美化。

② 选中该图标，单击“插入”选项卡中的“动作”按钮，在弹出的“动作设置”对话框中，选择“超链接到”选项，在展开的下拉列表中选择“幻灯片”选项，如图 4-3-21 所

示；在弹出的“超链接到幻灯片”的对话框中，选择第 2 张幻灯片（目录所在的幻灯片），如图 4-3-22 所示。

图 4-3-19　搜索需要的稻壳图标

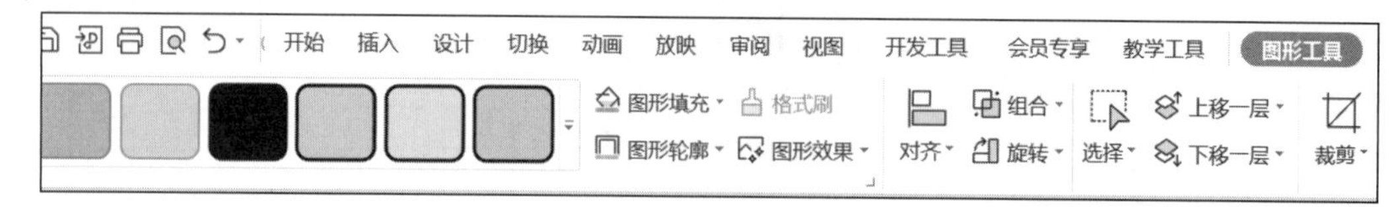

图 4-3-20　编辑图标

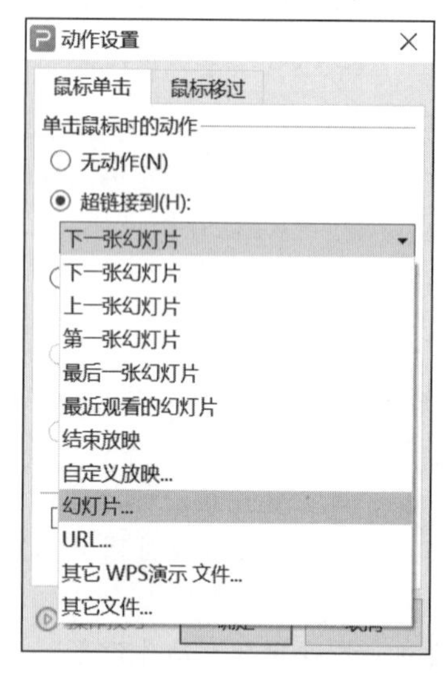

图 4-3-21　动作设置

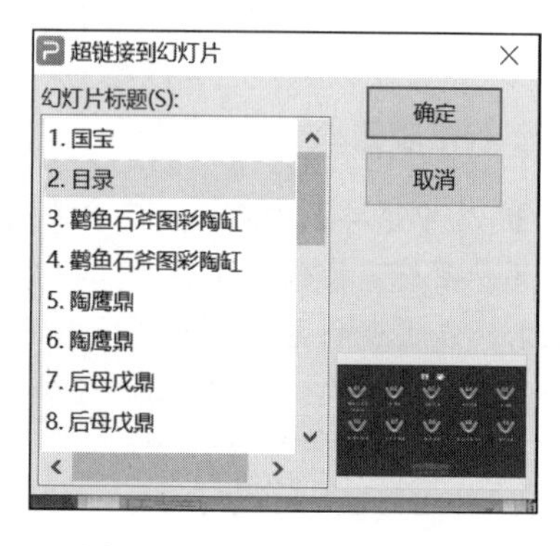

图 4-3-22　超链接到幻灯片

③ 选中此图标，分别在第 6、8、10、12、14、16、18、20、22 张幻灯片上复制出此图标。

（4）为演示文稿增加“流光 music.mp3”音频文件，跨幻灯片播放（从第 1 至第 22 张幻灯片），放映时不显示图标。

操作提要

① 选择演示文稿的第一张幻灯片，单击“插入”选项卡中的“音频”下拉按钮，选择“嵌入音频”命令，在弹出的“插入音频”对话框中选择素材文件“流光 music.mp3”，当前幻灯片上出一个音频图标，同时菜单栏会出现“音频工具”选项卡，在此选项卡上单击“跨幻灯片播放”单选按钮，在文本框中输入 22，同时勾选“放映时隐藏”选项，如图 4-3-23 所示。

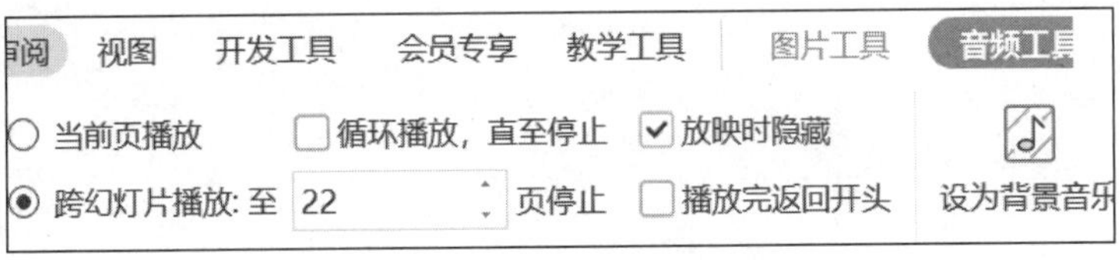

图 4-3-23　插入音频

② 选中音频图标，在“音频工具”选项卡中可设置背景音乐的播放效果，并设置淡入时间为“0.75”和淡出时间为“0.75”，也可单击“裁剪音频”，如图 4-3-24 所示；在弹出的“裁剪音频”对话框中对背景音乐适当截取，如图 4-3-25 所示。

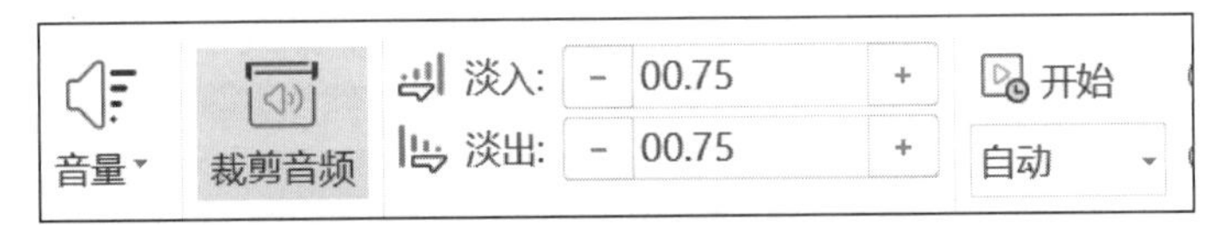

图 4-3-24　设置背景音乐的播放效果

图 4-3-25　裁剪音频

（5）在演示文稿片尾之前添加“中国国家博物馆的主线历史.mp4”视频文件，播放此页幻灯片时，视频自动播放且放映时不显示图标，以加强演示文稿的宣讲效果。

操作提要

① 选择演示文稿最后一张幻灯片，单击“开始”选项卡中的“新建幻灯片”下拉按钮，在展开的“新建幻灯片”选项“母版版式”中选择“内容版式”选项。

② 可参照前述操作，将新增的幻灯片单独放在“宣传片”节中。

③ 单击此幻灯片上的“插入媒体”图标，如图 4-3-26 所示；在弹出的“打开”对话框中选择素材文件“中国国家博物馆的主线历史.mp4”，当前幻灯片上出一个视频播放界面，同时菜单栏会出现“视频工具”选项卡，在此选项卡上单击“开始”栏下拉式列表中“自动”按钮，同时适当调整播放界面的大小。

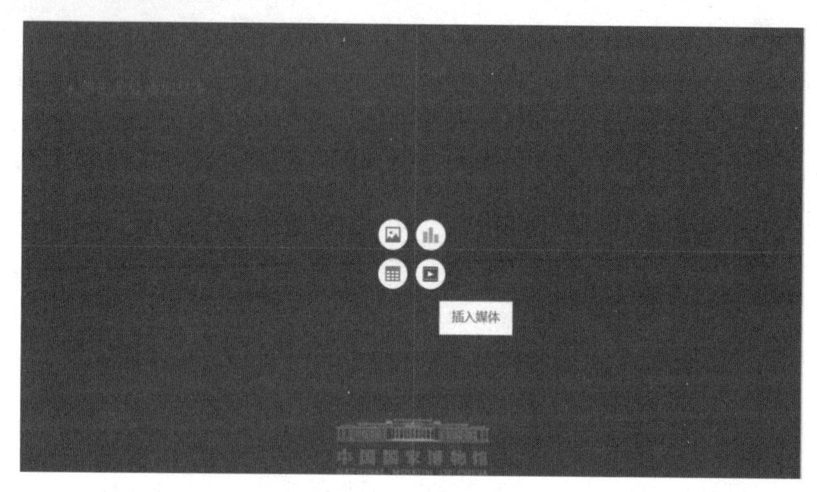

图 4-3-26　插入媒体

④ 选中视频，单击“视频工具”选项卡中的“视频封面”下拉按钮，在打开的下拉菜单中选择“来自文件”，在打开“选择图片文件”窗口中选择“中国国家博物馆 logo.jpeg”，则“中国国家博物馆 logo”图片会出现在视频的播放界面，如图 4-3-27 所示。

图 4-3-27　视频封面

⑤ 此时演示文稿的框架如图 4-3-28 所示。

（6）为了更好地控制演示文稿的播放效果，在第二张幻灯片上增加一个播放按钮，单击该按钮，演示文稿会自动跳转到第 23 张幻灯片，进入视频“中国国家博物馆的主线历史.mp4”的播放；在最后一页幻灯片增加一个文字按钮，单击该按钮，演示文稿会退出播放状态。

图 4-3-28　演示文稿的框架

操作提要

① 选中第二张幻灯片，单击“插入”选项卡中的“形状”下拉按钮，在打开的下拉菜单中选择“箭头总汇”中“虚尾箭头”形状选项，单击该图形，移至幻灯片的右下角，在“图形工具”选项卡中的“图形填充”和“图形轮廓”命令对其进行美化。

② 右击该图形，在打开的快捷菜单中选择“编辑文字”命令，添加文字信息“PLAY”，文字可通过“开始”选项卡中的“字体”命令对其进行美化。

③ 选中该图标，单击“插入”选项卡中的“动作”按钮，在弹出的“动作设置”对话框中，单击选中“超链接到”选项，在打开的下拉列表中选择“幻灯片”选项，在弹出的“超链接到幻灯片”的对话框中，选择第 23 张幻灯片（视频所在的幻灯片）。

④ 选中最后一张幻灯片，单击“插入”选项卡中的“文本框”按钮，插入一个文本框，在文本框内输入文字信息“退出”，文字可通过“开始”选项卡中的“字体”和“文本工具”相关命令对其进行美化。

⑤ 选中“退出”文本框，单击“插入”选项卡中的“动作”按钮，在弹出的“动作设置”对话框中，单击选中“超链接到”选项，在打开的下拉列表中选择“结束放映”选项。

（7）根据个人喜好，为演示文稿中的幻灯片添加切换效果，并对各幻灯片上的对象按需设置动画效果，以增强文档的视觉冲击力，提高演示效果，保存演示文稿。

第五章　WPS PDF 文档处理

实训一　PDF 文档的基本应用

一、实训目的

掌握 WPS Office 对 PDF 文档的创建、编辑。

二、实训内容

视 频

任务一

任　务　一

现有一篇 PDF 文档（“人工智能时代的高等教育白皮书.pdf”），请按具体要求完成该 PDF 文档的编辑。

（1）打开 PDF 文档。

操作提要

启动 WPS Office 软件，选择“文件”菜单下的“打开”命令，在弹出的“打开文件”对话框中选择“人工智能时代的高等教育白皮书.pdf”文件，单击“确定”按钮即可打开该文件。

（2）在“人工智能时代的高等教育白皮书.pdf”文档首页标题下插入图片“封面插图.jpeg”，在首页的下端插入“2024 年 1 月”（字体格式要求：楷体　小三，居中对齐）。效果如图 5-1-1 所示。

图 5-1-1　首页效果图

操作提要

① 单击“插入”选项卡中的“图片”按钮，在弹出的“打开文件”对话框中选择“封面插图.jpeg”图片文件，单击“确定”按钮即可完成图片插入。

② 单击选中该图片，在右侧快捷工具栏中选择“编辑图片”选项，如图 5-1-2 所示。单击“图片编辑”选项卡中“翻转”按钮，实现将插入的图片水平翻转。

③ 单击“插入”选项卡中的“文字”按钮，在首页出现的文本输入框中输入“2024 年 1 月”，

单击文字框边框选中该文字块，使用“文字编辑”选项卡相关设置命令实现“楷体 小三，居中对齐”字体格式设置。如图 5-1-3 所示。

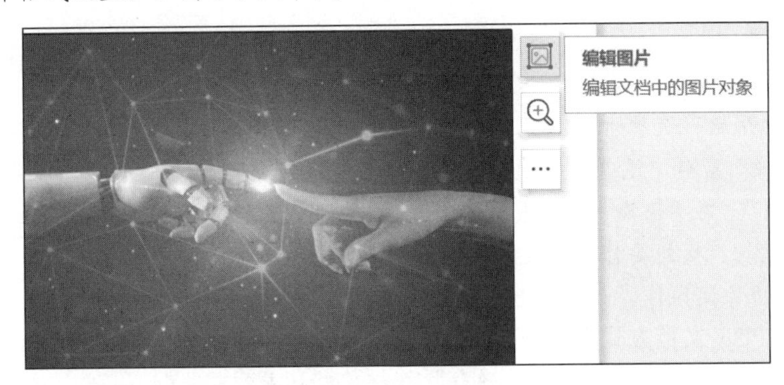

图 5-1-2 编辑图片

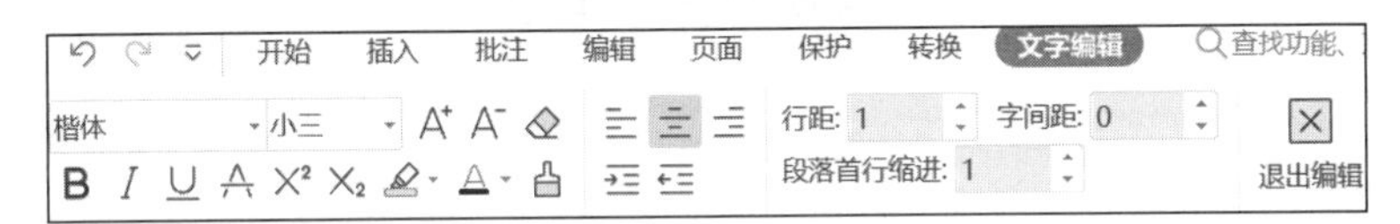

图 5-1-3 文字编辑

（3）删除文档的空白页。

操作提要

单击当前文档工作窗口的左边任务栏中“查看文档缩略图”按钮，打开当前文档的缩略图窗口，选择相应的空白页面，右击，在弹出的快捷菜单中选择“删除页面”命令，如图 5-1-4 所示。

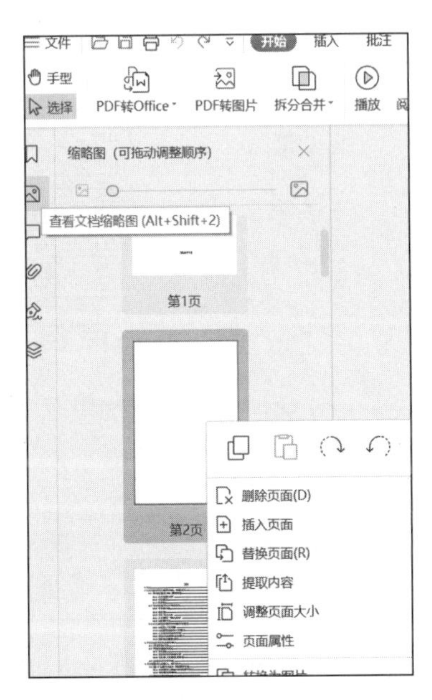

图 5-1-4 删除页面

（4）将文档的第 5 页“1.1.3 终身学习”内容中的“AI”替换成“人工智能”。

操作提要

① 将光标移至“1.1.3 终身学习”部分的第一段之前。

② 单击“开始”选项卡中“查找与替换”按钮，在打开的“查找替换”窗口中选择“替换”选项卡，在查找的文本框中输入“AI”，在“替换”的文本框中输入“人工智能”，单击“查找”按钮，找到要替换之处，再单击“替换”按钮，完成相关字词的替换操作，如图 5-1-5 所示。

图 5-1-5　查找替换

（5）保护 PDF 文档方式中有添加水印一项，为本文档添加文字水印：“人工智能时代的高等教育”，字体格式：“楷体，18，粗体”，倾斜 45 度，不透明度为 15%，封面页不添加水印。

操作提要

单击“保护”选项卡中的“水印”按钮，在打开的下拉菜单中选择“自定义水印”|“单击添加”命令，在弹出的“添加水印”对话框“来源”栏选择“文本”选项，并在相应文本框中输入“人工智能时代的高等教育”，“字体”选择“楷体”，字号选择“18”，单击“B”按钮；“外观”栏“旋转”选择“旋转 45°”，不透明度设置为“15%”；“位置”栏“应用于”选择“自定义”，在其下方输入“2-21”；最后单击“确定”按钮完成操作，如图 5-1-6 所示。

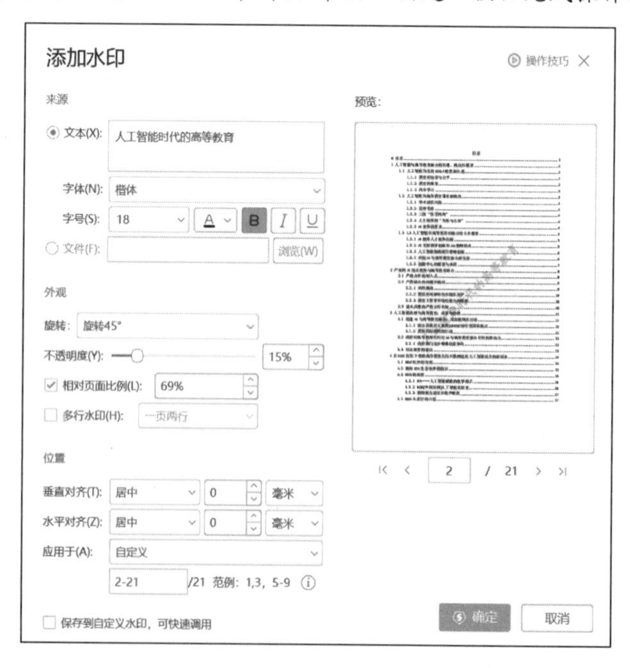

图 5-1-6　添加水印

（6）保存 PDF 文档。

任　务　二

现有一份记录成绩的 PDF 文档，请按下列要求完成对此 PDF 文档的编辑。

（1）将文档标题“课程成绩登记表”改为“成绩登记表”。

任务二

操作提要

单击“编辑”选项卡中“编辑内容”按钮，在打开的下拉菜单中选择“插入文字”选项，如图 5-1-7 所示。此时弹出文字编辑选项组，将插入点定位至标题中“课程”处，如图 5-1-8 所示，按【backspace】键删除“课程”二字即可。

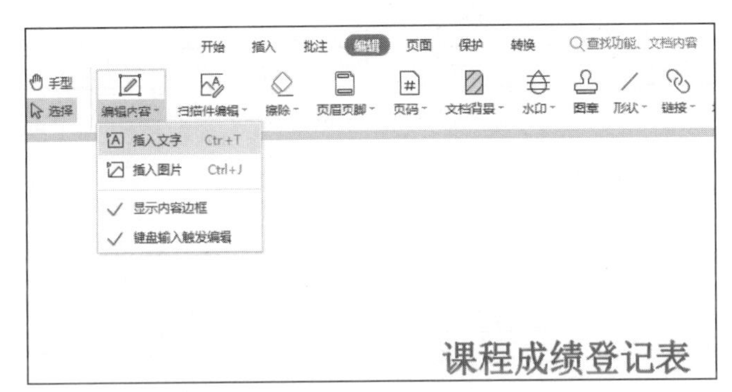

图 5-1-7　进入文字编辑状态

图 5-1-8　编辑内容

另外，也可以单击“编辑”选项卡中的“擦除”按钮，在打开的下拉菜单中选择“矩形擦除”选项，将光标移至标题中“课程”处，按住左键拖动鼠标即可擦除相应的文字。

（2）对于总评成绩低于 60 分的学生的学号和姓名信息高亮标记。

操作提要

单击“批注”选项卡中“高亮”按钮，在打开的下拉颜色面板中选择合适颜色，将光标移至总评成绩低于 60 分的学生（如：吴飞、林琳）的学号和姓名处，按住左键拖动鼠标即可标记相应的文字，如图 5-1-9 所示。

成绩登记表

课程名称：大学计算机

课程学分：2　　平时成绩比重：40%

学号	姓名	出勤成绩	课堂表现	实验实训	大作业	平时成绩	期末成绩	总评成绩	成绩绩点	总评等级	总评排名
		20%	20%	30%	30%						
23070001	李亚男	70	87	81	82	80	89	85	1.6	B	10
23070002	吴飞	0	88	85	70	64	55	59	0	F	35
23070003	叶德伟	100	92	82	89	90	88	89	1.7	B	6
23070004	刘晶卉	90	83	90	71	83	64	72	1.3	C	29
23070005	王昊	90	91	97	76	88	68	76	1.4	C	23
23070006	黄泽佳	100	96	85	71	86	61	71	1.3	C	31
23070007	王超	100	91	88	97	94	99	97	1.9	A	1
23070008	林育明	80	92	80	86	84	84	84	1.6	B	11
23070009	刘业颖	90	94	83	80	86	68	75	1.4	C	25
23070010	邓子业	90	90	78	85	85	79	81	1.5	B	15
23070011	陈宇建	90	90	92	80	88	77	81	1.5	B	15
23070012	江悦强	90	89	90	78	86	76	80	1.5	B	18
23070013	庄虹星	100	90	85	89	90	87	88	1.7	B	8
23070014	袁旭斌	90	95	90	95	93	97	95	1.9	A	2
23070015	黄国滨	90	98	98	93	95	87	90	1.8	A	5
23070016	何宇业	80	90	100	96	93	94	94	1.9	A	3
23070017	王志华	90	88	86	78	85	67	74	1.4	C	26
23070018	吴妙辉	100	86	96	85	92	77	83	1.6	B	13
23070019	谢雨光	100	93	87	70	86	60	70	1.3	C	32

图 5-1-9　标记内容

（3）成绩表中“成绩绩点”计算公式在文档中标记说明，效果如图 5-1-10 所示。

计算公式：
成绩绩点=1+（总评成绩-60）/40

成绩登记表

课程名称：大学计算机

课程学分：2　　平时成绩比重：40%

学号	姓名	出勤成绩	课堂表现	实验实训	大作业	平时成绩	期末成绩	总评成绩	成绩绩点	总评等级	总评排名
		20%	20%	30%	30%						
23070001	李亚男	70	87	81	82	80	89	85	1.6	B	10
23070002	吴飞	0	88	85	70	64	55	59	0	F	35
23070003	叶德伟	100	92	82	89	90	88	89	1.7	B	6
23070004	刘晶卉	90	83	90	71	83	64	72	1.3	C	29
23070005	王昊	90	91	97	76	88	68	76	1.4	C	23
23070006	黄泽佳	100	96	85	71	86	61	71	1.3	C	31
23070007	王超	100	91	88	97	94	99	97	1.9	A	1

图 5-1-10　批注效果图

操作提要

单击“批注”选项卡中“指示批注”按钮，在成绩表“成绩绩点”处，按住鼠标左键拖动画出指示批注框，在框中输入绩点的计算公式“成绩绩点=1+(总评成绩-60)/40”，可通过“指示批注”选项卡中的命令，美化指示批注的内容，如图 5-1-11 所示。

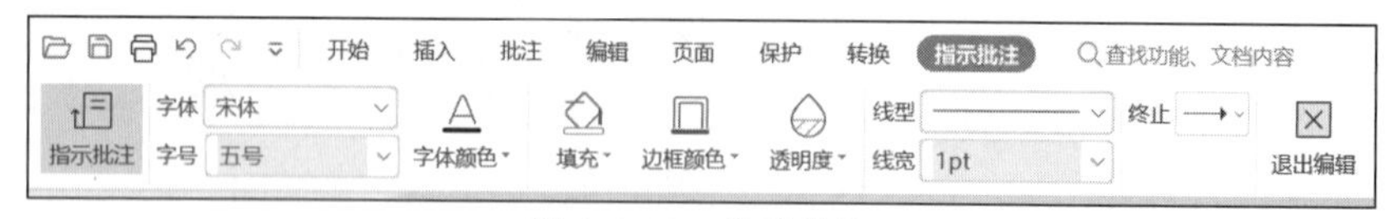

图 5-1-11　指示批注

（4）保存文档。

实训二　PDF 文档的高级应用

一、实训目的

掌握使用 WPS Office 对 PDF 文档合并与拆分。

二、实训内容

视 频

任务一

任 务 一

需将一批有关上海期货交易所期货交易品的交割实施细则 PDF 文档合并为一个文档，文档名：上海期货交易所期货交易品的交割实施细则汇编。

操作提要

① 打开需合并的 PDF 文档，集中放在第一位的 PDF 文件，如“上海期货交易所交割细则（2023 年 8 月修订）.pdf”。

② 单击“开始”选项卡中的“拆分合并”按钮，在打开的下拉菜单中选择“合并文档”选项，弹出“金山 PDF 转换”对话框，选择“PDF 合并”任务栏，单击“添加文件”按钮，将需合并的其他文件按合并顺序逐一添加，如图 5-2-1 所示。

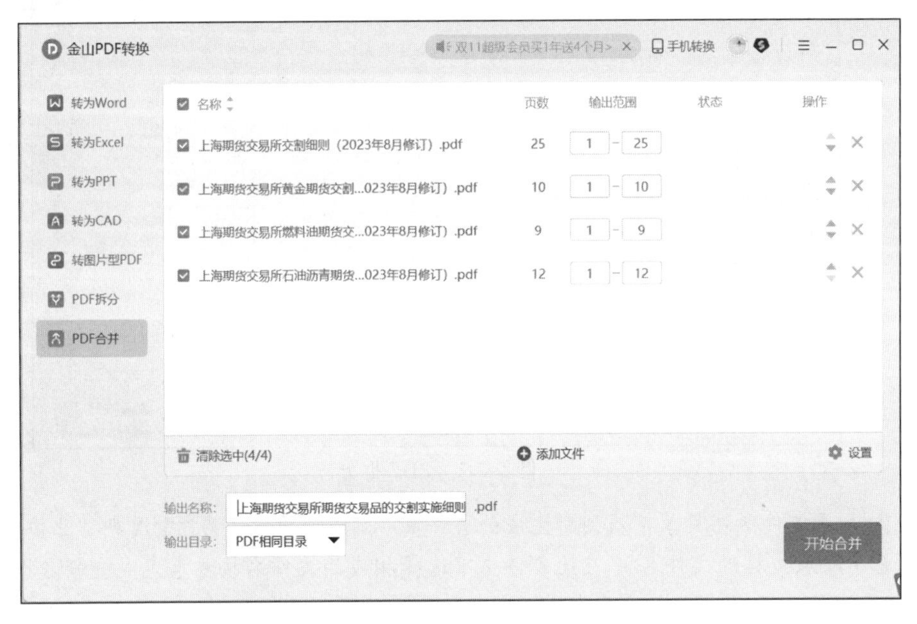

图 5-2-1 PDF 合并

③ 在弹出的“金山 PDF 转换”对话框中“输出名称”文本框中输入合并后的新文件名“上海期货交易所期货交易品的交割实施细则汇编”，同时在“输出目录”的下拉菜单中设置合并后文件存储目录，默认是与需合并的文件同目录。

任 务 二

视 频

任务二

任务要求：现有一篇“中国期货业协会管理制度汇编.pdf”文档，其中包含中国期货业协会会员管理办法和中国期货业协会会费收取办法，计划将此文档分解为两个 pdf 文档，一个为“中国期货业协会会员管理办法.pdf”，另一个为“中国期货业协会会费收取办法.pdf”。

操作提要

① 打开“中国期货业协会管理制度汇编.pdf”文档，仔细分析文档中关于中国期货业协会会员管理办法在原文档所占页码信息和中国期货业协会会费收取办法在原文档所占页码信息，前者为第 1-7 页，后者为第 8-9 页。

② 单击“开始”选项卡中“拆分合并”按钮，在打开的下拉菜单中选择“合并文档”选项，弹出“金山 PDF 转换”对话框，选择“PDF 拆分”任务栏，在“拆分方式”下拉列表中选择“选择范围”选项，输入“1-7,8-9”拆分的页码信息，同时在“输出目录”的下拉列表中设置合并后文件存储目录，默认是与需合并的文件同目录，单击“开始拆分”按钮完成拆分操作，如图 5-2-2 所示。

图 5-2-2　PDF 拆分

③ 在原文件所在目录下找到新生成的文件夹，文件夹的名字为“中国期货业协会管理制度汇编”(即原文档的文件名)，在此文件夹下选择相应的文件名按要求完成重命名操作即可，如图 5-2-3 所示。

名称	修改日期	类型
中国期货业协会管理制度汇编_1-7.pdf	2024/02/19 10:42	WPS PDF 文档
中国期货业协会管理制度汇编_8-9.pdf	2024/02/19 10:42	WPS PDF 文档

图 5-2-3　重命名文件